## 中国特色文化与特色文化产业研究丛书编委会

主 任 委 员：周　宗　范建华　江　克
副主任委员：张天平　李　春　施海涛
委　　　员：周　宗　范建华　江　克　张天平　李　春
　　　　　　施海涛　柴　伟　陈　曦　杨远梅　金丽霞
　　　　　　卢　桦　杨宇明　李　炎　字开春　郑　宇
　　　　　　张睿莲　宋　磊　周　丽　古忠明　王　佳
　　　　　　徐媛媛　刘　成
主　　　编：范建华
副 主  编：张天平　李　春　施海涛

中国特色文化与特色文化产业研究丛书

丛书主编　范建华

# 中国烟文化与烟文化产业

张睿莲　著

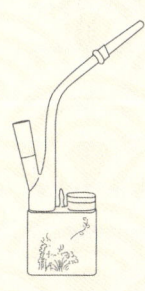

云南大学出版社
YUNNAN UNIVERSITY PRESS

图书在版编目（CIP）数据

中国烟文化与烟文化产业 / 张睿莲著. — 昆明：云南大学出版社，2018
（中国特色文化与特色文化产业研究丛书）
ISBN 978-7-5482-3271-1

Ⅰ. ①中… Ⅱ. ①张… Ⅲ. ①烟草—文化—中国②烟草工业—产业发展—中国 Ⅳ. ①TS4②F426.89

中国版本图书馆CIP数据核字（2017）第323410号

策划编辑：陈 曦 段 然
责任编辑：陈 曦
责任校对：严永欢
装帧设计：刘 雨

中国特色文化与特色文化产业研究丛书

丛书主编　范建华

# 中国烟文化与烟文化产业

张睿莲　著

出版发行：云南大学出版社
印　　装：云南宏乾印刷有限公司
开　　本：787mm×1092mm 1/16
印　　张：15
字　　数：230千
版　　次：2018年1月第1版
印　　次：2018年1月第1次印刷
书　　号：ISBN 978-7-5482-3271-1
定　　价：37.50元

社　　址：云南省昆明市一二一大街182号（云南大学东陆校区英华园内）
邮　　编：650091
电　　话：（0871）65033244　65031071　65031070
网　　址：http://www.ynup.com
E-mail：market@ynup.com

本书若有印装质量问题，请与印厂联系调换，联系电话：0871-64167045。

# 中国特色文化与特色
# 文化产业发展论纲(代总序)

范建华

我国历史悠久,民族众多,在长期的历史演进过程中,创造了无数璀璨深厚、特色鲜明的民族文化,这些类型坚实的文化体现着我们先民的实践智慧,同时为发展特色文化产业提供了坚实的内容支持。

2014年8月,文化部、财政部出台的《关于推动特色文化产业发展的指导意见》指出:发展特色文化产业对深入挖掘和阐发中华优秀传统文化的时代价值、培育和弘扬社会主义价值观、优化文化产业布局、推动区域经济社会发展、促进社会和谐、加快经济转型升级和新型城镇化建设,发挥文化育民、乐民、富民作用,具有重要意义。现阶段,大力发展特色文化产业不仅可以促进中华优秀文化得以更好地传承、发展,丰富人们的精神生活,而且可以为人们提供高品质的文化产品和精神食粮。回顾文化产业发展取得的成就,特色文化产业表现出色、贡献巨大，已经成为推动我国文化产业发展的重要力量。在大力发展文化产业、实现文化产业成为国民经济支柱性产业目标的背景下，加快发展特色文化产业日益被提上日程，特色文化产业将成为"十三五"时期我国发展文化产业的新亮点。

特色文化产业是指依托各地独特的文化资源，通过创意转化、科技提升和市场运作，提供具有鲜明区域特点和民族特色的文化产品和服务的产业形态。在这个概念的界定中，特色指的是具有自身一体化的特殊性，文化则是其灵魂，产业则强调的是其规模化问题。十里不同风，百里不同俗。节庆文化产业、酒文化产业、茶文化产业、花文化产业、珠宝玉石文化产业、民族民间工艺产业、大型实景演出产业等都属于特色文化产业的范畴。

## 一、中国特色文化与特色文化产业主要业态分析

中国特色文化的类型是多样的，特色文化产业发展的情况也存在差异性，选取典型的特色文化及其做基底衍生出的特色文化产业类型进行业态分析，具有总结的意味，也有对其他文化及文化产业类型产生借鉴的作用。

**——中国节庆文化与节庆文化产业**。节庆的产生根源于人类社会的精神生产活动，是一个民族在其历史发展进程中逐渐形成的。节庆活动与人类文明起源同步，它是一个民族的集体记忆。它在特定时间、特定地点，由特定族群用特定仪式所进行的对祖先的追思或对自然的崇拜，并以此获得祖先的庇佑和自然的恩赐。最早的节庆以祭祀

为主要目的,有固定的节期和相当规模的祭仪就可以演化成节日。①节庆文化作为一种文化现象,有传统节庆与现代节庆之分。根据不完全统计,当前全国范围内各种节庆活动约有 5000 个以上,其中以民族为单位的传统节庆活动约有 500 个。现代节庆以文化资源为核心、以创意创新为特征、以文化消费为目的、以身心愉悦为目标、以公共参与为形式、以现代旅游为载体。节庆活动吸引游客和市民参与,能够拉动"食住行游购娱"旅游综合消费,带动相关产业链的互动。节庆产业立足于地方特色文化,发展特色经济,从而带动本地区的经济发展。可以促进所在地区的文明建设,创造更多就业岗位,促进区域经济发展,同时满足人的精神需求,增进人际关系的和谐友好,产生巨大的经济社会利益。

——**中国茶文化与茶文化产业**。种茶、饮茶始于中国,同时中国也是茶文化的发祥地。随着社会文明的进步,茶叶从茗菜、药用变为饮用,又从单纯的解渴、保健提升为重视高尚礼仪的茶艺、茶礼、茶道等。民间以茶会友,商人以茶为市,不仅促进人们之间的商业往来,也增进人们之间的情感联络。茶文化包含了茶道、茶德、茶精神、茶联、茶书、茶具、茶画、茶学、茶故事、茶艺等。中国茶文化的发展,丰富了人类的物质生活与精神文明。茶叶作为中国特色农业的重要经济作物,具有极大的经济价值与社会意义。在市场经济条件下,茶文化与茶消费相结合,形成了消费持久、稳定的特色文化商品,而且能进入较高层次,形成茶叶商品的高价位状态。尤其是在现阶段,以经营茶文化特色产业为主体的企业越来越多,并且已经形成

---

① 范建华:《论节庆文化与节庆产业》,载《学术探索》2011 年第 2 期。

茶文化产业集群,主要包括茶馆业、茶设计包装业、茶传媒业、茶旅游业、茶培训业等,为整个茶文化产业带来巨大的经济产值。①

——**中国酒文化与酒文化产业**。酒,是同时穿越人类农耕文明、工业文明和生态文明不同发展阶段的优秀民族传统产业。酒文化是制酒饮酒活动过程中形成的特定文化形态。酒不仅仅是一种单纯的饮品,更是民族悠久历史和灿烂文化相结合的典范,与民族性格紧密相连。以酒治病,以酒养老,以酒成礼,以酒盟誓,酒文化已经渗透到人类社会生活中的各个领域,对人文生活、文学艺术、医疗卫生、工农业生产、政治经济各个方面都有着巨大影响和作用,酒与酒文化在中国人生活中占有重要的位置。我国拥有多样且深厚的酒文化资源,汾酒源远流长的杏花村诗酒文化,太白酒张口即来的酒仙文化,杜康酒耳熟能详的酒祖文化……都是很好的行业支撑。无酒不成宴,无酒不成礼,随着人们追求生活的高质量、崇尚健康、理性饮酒的消费理念已经成为新常态和时尚。酒产业的健康发展,为酒文化的兴旺提供了坚实的基础,繁荣的酒文化成为推动酒文化产业发展的重要动力。

——**中国花文化与花文化产业**。"蒹葭苍苍,白露为霜,所谓伊人,在水一方。"中华民族是一个崇尚自然,追求真、善、美的民族,对花草树木有着独特的情感和审美情趣,几千年的花卉栽培历史和丰富的花卉资源,形成了中华民族独特的花文化。中华丰厚的花文化底蕴,表现出对花卉的热爱。文人墨客寄情花卉,赋予花卉情感,陶渊明的咏菊,陆游的咏梅,林和靖"梅妻鹤子"的传说,周敦颐"出淤泥而不染"的爱莲说等,千百年来,人们对花卉的喜爱经久不衰。在

---

① 龚永新:《产业融合对茶文化产业形成的影响》,载《广东茶业》2009年第6期。

中国文人眼里，牡丹的高贵、兰花的清幽、梅花的冷艳、菊花的肃杀、百合的高洁等都赋予了她们浓烈情感与诗化的想象。总的来说，花文化是围绕观赏花卉而展开的各类社会、文化活动及其成果的总称，包括花市、花展、花节、花膳、花画、花诗、花歌、花舞、花工艺品、插花艺术等。随着经济的发展，中国必将成为一个花卉消费大国和生产大国。随着人民生活水平和审美素养的不断提升，花卉消费习惯也渐渐走进寻常百姓家，花卉成为人们日常生活和工作的必需品，花卉产业繁荣的时代已经来临。

——**香文化与香料文化产业**。人类使用天然香料的历史久远，早在春秋战国时期，中国汉民族在长期的社会生产实践中，围绕各种香品的制作、炮制、搭配与使用而逐步形成了能够体现出汉族的精神气质、民族传统、美学观念、价值观念、思维模式与世界观之独特性的一系列物品、技术、方法、习惯、制度与观念。人类对香的喜好，乃是与生俱来的天性，有如蝶之恋花，木之向阳。中华民族自用香以来，经过长久的发展，形成了悠久而丰富的香文化。香在祖先们的日常生活中，有着极其重要的、不可替代的作用。"心清闻庙香"，先贤们认为分享是修养人格、辅正行为最有效的方法。现代生活中，香的作用越来越丰富和多元。人们用熏香净化空气，现代都市白领用香薰缓解压力和改善睡眠，香文化日渐流行，成为一种引领时尚潮流的趋势。品香虽然也有许多养生功效，但其精髓在于心境的平和、修为的提升和智慧的参悟。尤其是随着中国经济的发展和国民生活水平的提高，以及全球香料香精工业的跨国转型，我国香料香精行业发展较快，市场规模不断扩大。

——**玉文化与珠宝玉石文化产业**。我国是世界上用玉最早，且绵

延时间最长的国家，出土古玉8000年历史，玉器盛行上下约3000年，素有"玉石之国"的美誉。玉文化包含着"宁为玉碎"的爱国民族气节，"化为玉帛"的团结友爱风尚，"润泽以温"的无私奉献品德，"瑕不掩瑜"的清正廉洁气魄。在古代诗文中，常用玉来比喻和形容一切美好的人或事物。翡翠、和田玉、红宝石、蓝宝石、金绿宝石等作为天然珠宝玉石，深受人们喜爱。"黄金有价玉无价"这句话充分说明了玉石的高价值。玉石文化在中国传承千年，现在它以丰富的种类和灿烂的文化得到了前所未有的发展机遇，中国已成为世界上最大的玉石加工和消费国。

——**中国陶瓷文化与陶瓷文化产业**。陶器制作和广泛使用正是原始社会末期人类从野蛮迈向文明的关键一步，是人类第二次大分工即农业与手工业分工的标志。中华民族发展史的一个重要组成部分是陶瓷发展史。从山顶洞人、红山文化、龙山文化、马家窑文化的早期制陶到唐三彩的出现，中国由陶器时代向陶瓷并用时代的逐渐发展，到了宋代，陶瓷业得到蓬勃发展，并开始对欧洲及南洋诸国进行大量输出。以钧、汝、官、哥、定为代表的众多有各自特色的名窑在全国各地兴起，制作工艺水平日益提高，产品的型制、颜色、品种日趋丰富。元代，枢府窑，景德镇成为中国陶瓷产业中心，青花瓷自此起兴。明代，景德镇陶瓷制造在工艺技术和艺术水平上独占突出地位，同时还出现了福建的德化窑、浙江的龙泉窑、河北的磁州窑。现代的陶瓷艺术不但注重传统的青花彩绘和单一的器皿表现形式，而且注重体现艺术欣赏和审美性。陶瓷作为一种工艺美术，也是一种民间艺术和民俗文化，表现出相当浓厚的地域文化特色，广泛地反映了我国人民的社会生活、世态人情、审美观念、审美价值、审美情趣和审美追

求。我国是全球艺术陶瓷和日用陶瓷第一生产和消费大国。陶瓷文化产业的创新发展,以使其发展成为一个重要的特色文化产业门类。

——**红木文化与木雕艺术文化产业**。红木文化是以中国传统文化艺术和审美思想为依托的,凝结在红木制品上(红木家具、红木小件、红木装饰构件)的信息、艺术、技术的总称,红木文化是祖先遗留下来的传统文化精髓。在古代只有达官贵人、贵族名胄才能使用红木家具,这是一种身份的象征。一木一世界,一器一文化,陈之厅堂,雅室生辉;用之舒适宜人,顿减尘劳;观之赏心悦目,陶冶性情;品之意驰神往,荡气回肠。红木家具是红木文化中最为璀璨的一颗明星,高雅而尊贵,唯美而奢华,备受人们青睐。近年来,材质珍贵、独具匠心且经久耐用的红木家具愈发受到人们的喜爱,在某种程度上,已成为了使用者品位、修养的一种标志。现在的红木家具既有简洁大方的仿明式,又有雕龙画凤、精雕细琢的仿清式,适合不同人的审美需求,使用价值、欣赏价值与收藏价值均很高。

——**中国服饰文化与扎染刺绣布艺文化产业**。服饰是人类特有的劳动成果,它既是物质文明的结晶又具有精神文明的含义。人们的生活习俗、审美情趣、色彩爱好以及种种文化心态、宗教观念都沉淀于服饰之中,构筑成服饰文化的精神内涵。在中华各民族服饰发展的历程中,形成了丰富多彩的服饰文化,每个民族都有典型的色彩、图案、造型、工艺。例如土家族服饰色彩崇尚黑白,善于织造西兰卡普;苗族人民喜欢穿戴银饰,善于苗绣蜡染等传统服饰技艺。[①] 我国许多民族没有文字,往往可通过服饰的图案、色彩、造型设计追

---

① 薛倩:《创意产业背景下中国民族服饰文化的创新发展》,载《产业经济》2015年第5期。

述其历史发展的脉络,透过其图案纹饰折射出的是这个民族走过的历程。所以有学者说:"民族服饰坠着这个民族千年的历史。"① 民族服饰是体现民族特色风情的有效方式,我国五十六个民族百花齐放、多姿多彩的服饰文化,从图案造型到装饰工艺,从民族图腾到自然花草,丰富的民族图案元素和装饰手法是现代时尚服饰设计的灵感源泉,并因传统工艺技艺与现代时尚审美设计相结合,而形成了巨大的服饰文化产业。

**——中国收藏文化与文物艺术品拍卖文化产业**。中华文化源远流长,灿烂丰富,民间收藏由来已久。中国上千年的收藏史盛行于宋代,从宋太宗到宋徽宗,喜好书法绘画,钟情古玩,酷爱收藏。上有所好,下有所效,在他们的带动影响下,整个社会收藏意识都得到提升。古人收藏多以陶冶情趣、玩赏自娱为主,并不追求交易获得利益,往往集毕生精力、财力永久收藏,世代相传。随着人民生活水平的不断提高,收藏已经成为普通寻常百姓的"雅好",并有力地催生了当下收藏的平民化、市场化,文物艺术品拍卖进入产业化、规模化发展的现阶段。随着以收藏、拍卖为主导的特色文化产业的发展,有力推动了社会各界的文化审美进一步提高,人们对城市文化生活环境更为重视,人们在日常生活中,也希望欣赏、收藏到更多更好的艺术作品。书画、玉器、瓷器、石雕、竹雕、木雕、钱币、邮票等收藏门类更臻完善。收藏、拍卖特色文化产业与当下社会生活的融合,令艺术收藏成为一种生活方式。现阶段,收藏文化的大发展、大繁荣带动了文物、

---

① 邓君耀:《民族服饰:一种文化符号——中国西南少数民族服饰文化研究》,云南人民出版社 1991 年版。

古玩及拍卖行业的崛起和兴盛。

——**中国山水文化与大型实景旅游演艺产业**。中国地大物博，山水或雄伟壮阔，或秀丽蜿蜒，蕴含着无穷美感。自古以来，文人士大夫一直将自然山水视为精神家园，登山涉水、赏花木鸟鱼，结庐而居超然自得，行吟山水对饮明月……便是文人墨客的生活理念。山水文化则是人类认识自然、适应自然的产物。中国山水文化的发生是从人类发现自然美的那一天开始的，人们在众多自然审美追求中，畅其精神，激其心志，以至于发至于笔端，成为山水画、山水诗词、山水游记、风光音乐等，形成有宗教、审美、科学等多重价值的中国山水文化。随着社会主义市场经济在我国的确立，社会经济快速发展，一种依托山水自然资源，挖掘山水文化内涵，把演艺与山水实景相结合的大型山水实景旅游演艺业态自2003年《印象刘三姐》始，便在全国遍地开花，成为中国特色文化产业百花园中的一朵奇葩，夺目耀眼。山水实景演出必须具备两个基本条件：山水资源和可以转化为演艺产品的文化资源。当前我国旅游演艺分为"观"类型、"印象"系列、"千古情"系列、"传奇"系列，以及华侨城系列、万达系列等类型，值得注意的是，实景演艺市场整合趋势明显，印象系列现已开始进行周边产业拓展，山水盛典也开始积极与旅行社、旅游机构协同合作。

——**民族民间工艺产业**。我国的传统工艺历史悠久、种类繁多，凝聚着千百年来劳动人民的思想智慧和创作实践，多是非物质文化遗产的重要组成部分，是中华优秀传统文化的活态实践。传统工艺覆盖面广，涵盖人民大众的衣、食、住、行等方方面面。民族民间工艺不仅仅具有重要的文化意义，而且具有重要的经济意义，其文化意义体现在对优秀民族文化的具体反映和传承，其经济意义则表现为对开发旅游资源、繁荣城乡经济、致富人民百姓有重要作用。

总之，中国特色文化与特色文化产业类型众多、品种繁杂，可待挖掘的资源极为丰富，市场空间巨大。在中国文化产业体系里是一座拥有巨大宝藏的金山富矿。还有待进一步科学、合理、创新地开发，并使之成为中国文化产品走向国际文化交易市场，具有强大竞争力的特色产业。

## 二、中国部分省区的特色文化产业实践

实践是检验真理的唯一标准。文化经济属性的挖掘使文化产业的发展呈现出蓬勃发展态势，不同区域以不同的文化资源为基本依托，充分把握和运用国家政策杠杆，从而使得文化产业发展呈现多姿多彩之势。

**四川——"藏羌彝文化产业走廊"的推手**。四川省积极响应国家"藏羌彝文化产业走廊"建设倡议，积极规划和实施重大文化产业项目，涉及文化旅游、演艺娱乐、民族工艺品等多个文化产业门类，将建设形成以点连线、以线带面的产业布局。把藏羌彝文化产业走廊（四川区域）建设成为世界级文化旅游目的地、国家级文化与旅游融合发展实验区和中国文化产业新的经济增长点，已经成为四川文化产业发展的重要目标。

**贵州——"多彩贵州"的品牌塑造**。贵州堪称以形象品牌塑造助推文化产业发展的典范。2005年，贵州提炼推出"多彩贵

州"区域文化品牌,开始有意识地塑造自身形象。"多彩贵州"品牌涵盖茶、酒、演艺、民族手工艺、会展、特色酒店等特色文化产业领域。贵州以品牌为统领,整合独特的文化资源,将其打造成形象鲜明、价值突出,有强劲产业支撑的区域文化品牌,并以此推出系列文化产品,形成了强大的特色文化产业体系。

**云南——"金、木、土、石、布"打造特色文化产业体系。**云南省创造性地确立了"金、木、土、石、布"① 五位一体的民族民间工艺品产业发展体系,将民族民间工艺品产业培育成为云南文化产业的重要门类,并在全国率先制定实施特色文化产业发展战略。

**青海——"热贡艺术"的创新发展。**热贡艺术是中国藏传佛教艺术的重要流派,主要包括唐卡、堆绣、建筑彩画、酥油花等多种艺术形式,因发祥于青海省黄南藏族自治州同仁县隆务河畔的热贡而得名。热贡艺术在完成宗教所赋予的形象化教化的使命的同时,在艺术形式上也严格遵循着藏传佛教系列画经的种种规范,形成了城市化特色显著的艺术门类②。

**陕西——产业集群发展。**以"文化+旅游+城市"为特征的"曲江模式",在调整城市格局、提升城市形象、发展文化旅游、提升周边地区地块、房屋附加值等方面,堪称先驱,被众多城市

---

① "金"指斑铜、斑锡、乌铜走银、珐琅银器、银饰及民族刀具等金属类工艺品;"木"指剑川木雕、红木木艺、根艺、竹编、藤编、草编等木竹藤草工艺品;"土"指建水紫陶、华宁釉陶、易门陶、香格里拉尼西黑陶、傣族曼仑陶等陶瓷工艺品;"石"指翡翠、苴却砚、麻栗坡祖母绿、保山南红玛瑙、怒江碧玺等石雕石刻工艺品;"布"指彝、苗、白、哈尼、傣、景颇等多民族刺绣以及扎染、蜡染、织锦等布类工艺品。
② 吕霞:《文化生态艺术》,载《民族艺术研究》2009年第3期。

效仿。曲江新区内的旅游资源非常丰富，且开发前地块便宜，成本较低，靠近主城区。成立的曲江新区城市运营集团，操盘曲江新区的投融资，衍生和培育涵盖了演艺、影视、会展、旅游等文旅产业集群。创造了独特的中国城市开发中以文化为魂的"曲江模式"。

**甘肃——"华夏文明传承创新区"建设**。甘肃作为黄河文化、农耕文化、伏羲文化、丝路文化、红色文化、石窟文化的集大成者，是中华文明的重要发祥地之一。华夏文明传承创新区是中国第一个国家级文化发展战略平台。以建设华夏文明传承创新区为平台，把甘肃建成传承优秀历史文化、健全公共文化服务体系、促进文化产业带动经济转型发展、推动现代文化创新的文化大省，探索出了一条使经济欠发达但文化资源富集地区实现科学发展的路子。

**江苏——"节庆之省"的辉煌**。江苏是中国节庆大省，现有各类地方节庆活动500多个，在节庆转型发展过程中，大力探索出"节庆营销"新模式，为游客和当地居民带来撞钟、祈福、拜年、舞龙、戏狮、踩街、赏灯、观花、听戏、街舞等文化大餐。节庆活动不仅对城乡经济的拉动性凸显，而且将居民与游客的时尚生活与度假休闲、文化消费融为一体。此外，江苏省节庆协会、中国节庆产业研究中心，江苏节庆研发中心等节庆策划及研究机构也切实有效地促进了江苏省节庆产业的发展。

**浙江——"特色文化旅游小镇"建设的典范**。特色小镇是按创新、协调、绿色、开放、共享发展理念，结合自身特质，找准产业定位，科学进行规划，挖掘产业特色、人文底蕴和生态禀赋，以产业为核心，融入文化、旅游和一定的社区功能，集成高端要素，通过市场化运作形成"产、城、人、文"四位一体有机结合的重要功能平台。浙江省在全国率先做出了将重点培育100个特色小镇的创新发展战略，在产业上聚焦信息、环保、健康、旅游、时尚、金融、高端装备制造七大产业，兼顾茶叶、丝绸、黄酒、中药、青瓷、木雕、根雕、石雕、文房等历史经典产业。

**江西——"梦里老家"的乡土文化回归**。以婺源为例，"望得见山、看得见水、记得住乡愁"，给以古村落和山水田园为核心资源的婺源乡村旅游的发展赋予了新内涵。婺源以白墙黛瓦、青山绿水、黄花红叶吸引着无数人前来赏玩。"快交通慢布局、快节奏慢旅游"使得婺源既有一批商业味浓的景点，又留住了大量景秀意浓的村落。同时重视活态文化的挖掘，傩舞、徽剧、龙尾砚、徽派三雕、抬阁、豆腐架、灯彩等一大批非物质文化遗产得到整理、复兴和传承。

**湖南——"文化湘军"凸起**。湖南省文化和创意产业发展特点突出，优势显著。"湘"字号文化品牌突出，文化品牌节会众多，金鹰电视艺术节等知名节会在全国有巨大的影响力。此外，湖南日报报业集团、湖南广播电视台、湖南出版投资控股集团借助互联网技术创新传媒业态："新湖南""芒果TV""时刻"等新媒体平台上线。① 湖南电广传媒与阿里巴巴以家庭数字娱乐业产品为切入点，全面推进大数据、云计算、智慧城市、IDC、传媒内容等全方位业务、技术和资本合作。

---

① 李国斌：《湖南："演艺湘军"去年收入1.7亿元 全年演出3.2万场》，《湖南日报》2013年8月14日。

**山东——"一山一水一圣人"的产业开发之路。**"五岳之尊"泰山、黄河入海口、"万世师表"孔子共同组成了山东省"一山一水一圣人"形象名片。山东全力打造"好客山东"十大文化旅游目的地品牌,包括东方圣地、仙境海岸、平安泰山、齐国古都、天下泉城、儒风运河、水浒故里、黄河入海、亲情沂蒙、华夏龙城。

**广东——会展经济和文化外贸的龙头。**广东文化产业有传统。晚清时期广东就有著名的"广州十三行出口绘画",是我国文化对外贸易的先行者。大芬油画村、观澜版画基地都是近年来崛起的文化产业基地。广东以深圳文博会为平台,不仅有力推动了我国会展产业的快速发展,为全国树立了标杆,而且以此为平台,使中国文化产品得以有效便捷地开拓国际文化交易市场,从而更强化了广东文化产品生产的国际化、市场化运营,大大推动了广东文化产业的快速发展,其产值居全国之首。

## 三、大力发展中国特色文化产业需要解决的几个问题

中国特色文化产业整体发展蓬勃向上,但是在发展的过程中,却存在明显的不足,具体可以概括为:第一,产业基础薄弱。特色文化产业依赖于深厚的民族文化资源,这些资源广泛存在于民间、乡村,特别是少数民族地区,其经济基础欠发达;组织形式还处于小规模、分散化的经营状态,普遍缺乏竞争力。第二,市场化程度不高。特色文化产业的产品种类较少,一般而言,产品的审美价值大于使用价值;市场开拓意识不强,营销能力普遍较低,尚未形成与市场经济体制相适应的营销模式,产品附加值未能得到有效提

升。第三，知名品牌较少。在激烈的市场竞争中没有能够围绕地方特色发掘创建自己的文化品牌，对文化资源缺少经营性、开发性整合，缺少文化品牌的战略策划和运作，以及缺乏通过品牌的创建促进产业发展的能力和水平。第四，高端创意和管理人才不足。一般而言，既懂文化艺术品创作又懂经营管理的高端复合型人才较少。特色文化企业经营规模较小，多数是以家族手艺传承形成的家族企业或者是家庭小作坊发展而来的，对于经营者自身来说，缺少对特色文化产品的创新创意设计，同时缺乏先进的生产技术手段，难以适应市场审美快速更新换代的需求。

根据国家和地方经济发展需要，可以概括出我国文化产业发展的阶段性目标：到2020年，形成若干在全国有重要影响力的特色文化产业带，实现基本建立特色鲜明、重点突出、布局合理、链条完整、效益显著的特色文化产业发展格局，形成若干在全国有重要影响力的特色文化产业带，建设一批具有典型带动作用明显的特色文化产业示范区和示范乡镇，培育一批充满活力的各类特色文化市场主体，形成一批具有核心竞争力的特色文化企业、产品和品牌。

从中国特色文化产业发展的实践来看，需要采取一系列的保障措施来促进其发展，从而实现预期目标，这些措施主要包括：加大财税金融扶持。加大财政对特色文化产业发展的支持力度，把特色文化产业发展纳入中央文化产业发展专项资金扶持范围，对特色文化企业税收进行优惠减免，加强特色文化企业的投融资支持与服务；强化人才支撑，重视人才在特色文化产业发展中的关键性作用，以培养高技能人才和高端文化创意、经营管理人才为重点，加大对特色文化产业人才的培养和扶持；建立重点项目库，按照自愿申报、动态管理、重点扶持的原则，依托国家文化产业项目服务平台，面向全国征集具有示范性和带动性的特色文化产业重点项目，加强对重点项目的组织、管理、协调、支持和服务；支持拓展境外市场，综合运用多种政策手段，对特色文化产品和服务出口、境外投资、营销渠道建设、市场开拓等方面予以支持；建立完善交流合作机制，鼓励高等学校、科研院所、骨干企业与地方加强合作，促进资源整合和有效配置，发挥各自优势，带动地方特色文化产业发展；加强组织实施，科学研究制定鼓励本地特色文化产业发展的财政、金融、土地等多方面扶持政策，确保各项措施落实到处。

在实施这些保障措施的同时，中国特色文化产业的发展还需要遵循基本的原则：第一，传承文化，科学发展。在产业发展尤其是特色街区、特色村镇、园区建设中，注重保护乡村原始风貌、文化特色和自然生态，突出传统特点，不搞大开大建，不拆真建假，不毁坏古迹和历史记忆。第二，因地制宜，突出特色。立足各地特色文化资源和区域功能定位，发挥比较优势，明确发展重点，把文化资源优势转变为产业优势，构建具有鲜明区域和民族特色的文化产业体系，促进多样化、差异化发展。第三，创意引领，跨界融合。加强创意设计，打破行业和地区壁垒，促进特色文化资源与现代化消费需求有效对接，加快特色文化产业与旅游等相关产业融合发展，拓展特色文化产业发展空间。第四，市场运作，政府扶持。坚持企业主体、市场运作，更好地发挥政府的引导、扶持职能，完善政策措施，健全市场体系，优化发展环境，提升特色文化产业创新能力和发展活力。

## 四、本套丛书的理论和实践价值

文化产业学术研究的根本目的在于对文化产业实践的指导。中国的文化产业发展已经成为了现阶段经济社会发展的重要组成部分，但是我国文化经济属性的承认和挖掘情况具有滞后性，相关的文化产业门类处于探索中发展的曲折前行状态，这就需要在学理上对很多问题进行系统化的梳理和总结。我们组织全国相关学者参加撰写的这套"中国特色文化与特色文化产业研究丛书"（第一辑），意在抛砖引玉，以期全国文化产业研究的专家学者或实践部门的领导者能与我们一道，加强对中国特色文化和特色文化产业的研究，在理论创新上有更大突破，形成较为科学、全面、完整的理论体系，在实践指导意义上能对广大企业、工匠、运营商有所帮助，并将实践中的创新性探索给予理论上的学理化分析研究，以丰富和完善理论体系建设。

在组织撰写此套丛书的过程中，我们始终贯彻规范性和科学性的学术原则。首先，基于我国文化类型丰富的现实，我们着力选取具有典型性的文化和文化产业类型，从文化的角度进行纵向和横向的梳理，从产业的角度，以产业发展数据和产业基地等为依托进行研究，实现文化与产业的双向表达；其次，丛书作者的筛选以学术担当为基本使命，强调历史责任感，具备较深的学理修养和社会实践经验，从而保证本套丛书的系统性和科学性；再次就是注重对体例的统一，即按照教科书式的章节目进行编排，且前半部分注重文化的阐述，后半部分注重产业的总结和探索，并要求前后部分保持协调和平衡。最后就是我们力争深度性,一方面我们避免在文化角度的泛泛而谈,另一方面我们争取在产业角度需求规律性的东西,在此基础上对各个产业门类的发展提出针对性的合理建议。

因此,本套丛书的编著是有理论和实践价值的。从理论上来看,我们选取节庆、酒、玉、花、香、陶瓷、民间工艺、收藏等文化和文化产业门类作为研究对象,一方面可以对这些文化和文化产业类型进行总结性的深度梳理和归纳,另一方面可以对没有涵盖的文化和文化产业类型进行示范和借鉴。在研究的过程中,各位作者尽力对相关的特色文化和特色文化产业门类进行大量的规整,在碎片化的信息筛选中形成规范科学体系化的研究成果,这在学术界是有开拓意义的。从实践角度来看,中国的文化产业发展必须走特色道路,这种要求源于三方面的考虑:一是文化类型具有区域特征,不同文化类型对应的产业发展道路不可能是同质化的;二是中国广阔的地域形成独特的地域文化,这是发展特色文化产业的坚实基础,民族文化的多元性决定了特色文化产业的多样性和丰富性;三是大众对异文化的消费需求是中国特色文化产品能够走向世界的前提条件,亦是中国特色文化产业有能力参与国际市场竞争的前提。总之,中国的文化产业发展进入了新的历史,现阶段,需要我们冷静地、全面地、客观地对快速发展中的文化产业实践进行归纳、总结和分析,从而可以更好地促进相关产业规范化、市场化、科学化发展。

(作者系云南省社会科学界联合会原主席)

# 目录

前　言 | 001

## 上　编

### 第一章　烟文化的起源与演变 | 010

一、烟草的使用与传播 | 010

二、烟文化的起源与内容 | 020

三、中国烟草的传入和烟文化的发展 | 028

### 第二章　烟文化与圈层生活 | 038

一、烟文化与礼仪规范 | 039

二、烟文化与社会属性 | 045

三、烟文化与社会性别 | 051

### 第三章　烟文化的外在呈现 | 057

一、创作中的文艺载体 | 057

二、烟具中的器具文化 | 065

三、烟标中的审美体现 ｜ 075
　　四、地域中的差异习俗 ｜ 081

**第四章　烟文化中的反烟与禁烟 ｜ 087**

　　一、纠缠往复的反烟与禁烟 ｜ 087
　　二、科学视野中的烟草之害 ｜ 091
　　三、禁烟行动的开展 ｜ 099

# 下　编

**第五章　烟产业的实业之路 ｜ 108**

　　一、从烟草到产业 ｜ 108
　　二、烟产业的综合贡献 ｜ 118
　　三、烟产业发展的新挑战 ｜ 126

**第六章　烟文化对烟产业的推动 ｜ 131**

　　一、品牌的打造和崛起 ｜ 131
　　二、烟草营销开创的世界 ｜ 136
　　三、禁烟运动下的烟产业 ｜ 145

**第七章　烟产业对烟文化的影响** | 153

　　一、产业发展对烟文化的丰富 | 153

　　二、潜移默化的生活方式 | 158

　　三、烟草中的"中国范" | 163

**第八章　案例实录：云南烟草产业与烟草文化** | 171

　　一、烟草企业的历史沿革与企业精神 | 172

　　二、烟草品牌的打造与文化内涵 | 184

　　三、云南烟草中的传奇人物 | 201

**参考文献** | 210

# 前　言

谈论烟草的话题总会面对错综复杂的状况：

"不只是人类改造了植物，植物也同时改变了人类的未来。"① 烟草只是一种植物，但与人类和其他大多数植物的关系比较起来，有着显著的差异性。种植烟草的目的是为了燃烧它，是用于刺激人类的肺而不是填饱肚子。因为烟草的"与众不同"，和人类发生着深刻的关联和互动，只用了短短的时间就从自己的原生地席卷全球，在全球化浪潮中成为"世界商品"；成为一种商品也就罢了，却在人类社会中被赋予了宗教的、道德的、礼仪规范的，甚至经济和政治的复杂意义，从生理、心理、健康、文化等各个角度被审视和讨论；被动承载各种价值和意义也就罢了，但从一开始，围绕它的赞美、否定、辩论、争执从未停止……因此，谈论这株小小的植物，背后隐藏着的，却是纵深的历史发展以及广阔的当下世界。

"这些通俗事物到处长驱直入，是有其超越文化界线的生物性基础的。"② 除了精神上的成瘾性之外，烟草作为一株一年生日照草本茄科植物，具有生命力旺盛、适应性广、可塑性强等特点，是一种产量与品质并重的叶用经济作物。以烟草为原料的烟产业早已遍布全球，目前烟草的产地以亚洲为中心，遍

---

① ［美］汤姆·斯坦迪奇：《舌尖上的历史——食物、世界大事件与人类文明的发展》，杨雅婷译，中信出版社2014年版，第1页。
② ［美］戴维·考特莱特：《上瘾五百年——烟、酒、咖啡和鸦片的历史》，薛绚译，中信出版社2014年版，第139页。

及南美洲、北美洲、非洲及东欧的广大地区，全球产烟国家达 120 多个①，并成为各国重要的税收来源和提供就业岗位的产业。

在人类认识和利用的自然资源中，烟草是具有神奇性质的一种。英国哲学家培根在《生与死的历史》中写道："在这时代变得这么普遍的烟草"带给人们"如许的暗喜与满足，所以一旦吸食了，简直割舍不下"。② 多数人对烟草的使用和依赖是"习惯性"动作，在某些情况下，诸如疲倦、紧张、寂寞或者是无所事事的状态下，不经思索就点起烟来。可以说，香烟算得上是一个万能道具，人们可以借助它暂缓言行、改进关系、整理思绪、转换思维，或者就只是放下工作，抽支香烟，稍事歇息。

尽管对烟草的使用有如此大的依赖，但是从现有的记载看，我们无法确切考证烟草这种植物最早被人类种植的时间，也不知道最开始的利用动机。不过烟草是怎样在全世界传播的，却有着明确的历史记载。

意大利航海家哥伦布"1492 年向西寻找通向香料群岛航路的远航，开启了全人类饮食习惯的根本性转变"③。本意只是要发现"黄金和香料"，却让他因为发现了新大陆而名垂青史，除了发现众多新种类的食物之外，这一航行更是开启了烟草的世界传播史。"1492 年间，哥伦布的远航队中有两名成员看到泰诺族（Tainos）印第安人把一些卷成粗雪茄状的烟叶塞进嘴里吸，从此欧洲人才知道世界上有烟草这种东西。"④ 哥伦布和他的水手们是新大陆外对烟草有了第一次直接接触的"陌生人"，他们发现当地的印第安人使用烟草进行祭祀和医疗，烟草在当地人们的日常生活中随处可见。

---

① 徐传快、王振海、别毅兵编著：《烟草密码》，中国发展出版社 2015 年版，第 42 页。

② 转引自［美］戴维·考特莱特《上瘾五百年——烟、酒、咖啡和鸦片的历史》，薛绚译，中信出版社 2014 年版，第 128 页。

③ ［美］杰弗里·M. 皮尔彻：《世界历史上的食物》，张旭鹏译，商务印书馆 2015 年版，第 19 页。

④ ［美］戴维·考特莱特：《上瘾五百年——烟、酒、咖啡和鸦片的历史》，薛绚译，中信出版社 2014 年版，第 10 页。

之后，留在美洲的探险者们慢慢开始吸烟，前往那里的罗马天主教的牧师们也开始使用鼻烟。"1558年，烟草种子传到欧洲，并随着殖民者的足迹迅速传遍世界各地。"① 主要的传播路径就是随着水手们的航行路线扩散到了世界各地。"在哥伦布发现新大陆以后的400年中，瘾品行销世界主要是靠葡萄牙、西班牙、荷兰、英国、法国的商人、殖民者、航海人。因为这些人有能力有办法把他们所重视且在使用中的东西传遍全世界，而且往往传得相当快，烟草和咖啡就是明显的例子。他们的船只、植物培养箱、大农庄、记账法，都是刺激精神瘾品全球革命进展的必要工具。"② 由于烟草兼具适当的保存期、运输上的可行性以及适宜的价格，使它具有了成为全球性商品的前提条件。于是，"欧洲人将美洲人的抽烟传统传播至世界各地，使之迅速成为全球的风尚。各个大陆的人们开始试验抽烟技巧、改进使用方法，他们将抽烟融入自己的文化中，赋予抽烟地方性传统和礼节的职能"。"在一个被地理距离、宗教、风俗以及社会地位广泛隔开的世界里，抽烟成为众多国家的共同习惯，并刺激着社会互动。"③ 烟草这株神奇的植物，让人们感受到一种从未有过的安逸，在精神上得到满足，这是任何一种植物无法比拟的。它的成瘾性让殖民者发现了巨大的商机，产生了一系列的探险和扩张。于是，为烟草的香气所吸引的欧洲人由于烟草需求的不断增加，欧洲有限的土地资源难以满足市场需求，开始了更多的海上探险与国家间的战争。伴随着殖民地的占据与扩张，烟草开始成为贸易的重要组成部分。"它不仅仅是一种作物，它还定义了广泛的区域价值观、劳动力系统和实践，以及日程本身的特性。"④ 殖民者在南美大陆大肆占据领

---

① 蒋慕东、王思明：《烟草在中国的传遍及其影响》，载于《中国农史》2006年第2期。
② [美] 戴维·考特莱特：《上瘾五百年——烟、酒、咖啡和鸦片的历史》，薛绚译，中信出版社2014年版，第68页。
③ [英] 桑德尔·吉尔曼、周迅等：《吸烟史——对吸烟的文化解读》，汪方挺、高妙永、唐红、张薇译，九州出版社2008年版，第7页。
④ [美] 阿兰·布兰特：《香烟的世纪——香烟的沉浮史告诉你一个真美国》，苏琦译，东方出版社2011年版，第15页。

土,疯狂种植烟草。由于种植烟草需要大量的劳动力,而殖民地的土著人数量有限,劳动力的缺乏又刺激了奴隶贸易的兴起与繁荣。"臭名昭著的'欧洲、西非和美洲三角'的奴隶贸易的一大特色也是烟草。来自西非沿海的商业信函中提道:'如果要做(奴隶)贸易的话,烟草是绝对必要的。'"① 因此可以毫不夸张地说,神奇的烟草在传播初期,就让欧洲人痴迷,它给欧洲人带来刺激、安逸与财富,却也开始给世界带来不安宁……

在长期和人类生产生活发生关联的过程中,烟草逐渐具有了丰富的文化内涵:一方面,烟草及其系列产品是一种对人类健康有一定损害作用的嗜好品,并具有一定的成瘾性,吸食后,会对人体有兴奋神经的作用,并影响到人的思想、感情与行为。另一方面,基于烟草及其系列产品的特殊性,烟与人类的社会文化、生活习俗的方方面面都发生着密切的联系,逐渐产生了丰富的烟文化。概括来说,烟文化指在烟草传播、种植、生产、流通、消费过程中所产生的文化现象以及生活方式本身,是人们在烟草利用、生产、销售等领域中所创造的物质财富和精神财富的总和。不论是历史的还是现实的,同样包括未来的,都可视为烟草文化现象不可分割的一部分。

时至今日,种植烟草和吸烟,已经是人们长期以来形成的一种生活方式,从生产到消费,从吸烟习俗到烟具烟标,其形成和演变都是人类社会历史发展的重要组成部分,不仅凝聚着人们的价值观念,影响着人们的行为方式,而且贯穿于当时当地的政治、经济、文化活动当中,毫无疑问是文化现象的具体体现。烟草从种到收有着一整套的劳作方法;从储存到吸食有许多程式化的程序和礼节。烟草是媒介,具有人和人之间交流感情、增加情谊的社会功能;烟草被看成是"良药",具有驱寒和驱除蚊虫的功能;烟草是娱乐品,吸烟是人们闲来无事用以休闲的主要方式;烟和烟具是财产,拥有烟草烟具的多少和好坏曾经是家庭财富甚至地位的象征……正如早在1889年《纽约时报》的评论家

---

① [美]艾伦·罗伯茨:《撒哈拉以南非洲的吸烟史》,载[英]桑德尔·吉尔曼、周迅等《吸烟史——对吸烟的文化解读》,汪方挺、高妙永、唐红、张薇译,九州出版社2008年版。

写到的:"不管它的优缺点各是什么,有一件事情是毫无疑问的——有越来越多的人开始臣服于这种麻醉剂的影响,人们应用它的一系列的慰藉人心的力量,去面对一系列的负面效应,担忧、压力过大,以及精疲力竭,它们构成了我们所生活的这个时代的特征。"① 历史学家克尔南(V. G. Kiernan)则直接认为,吸烟是当年人类最能普遍接受的新娱乐。② 17世纪就征服欧、亚两大洲的烟草,消费者横跨所有社会阶层,大家不分贵贱、不论出身,一律都能享用烟草带来的快感;虽然当局在一开始表达了各种形式的反对,但是这种限制烟草使用的律令后来也被一一克服。没有任何事物能够阻挡吸烟的风潮,烟草——这种极受大众欢迎的提神物品——最终战胜所有障碍和排斥的情绪而风靡。烟草成为虚幻的代名词,正如稍纵即逝的幸福,甚至是稍纵即逝的生命那样,成为人们冥想人生苦短的最佳道具,正如英国的一首小诗写的那样:

> 独自一人,我点燃一支烟,
> 就像,点燃我自己,
> 我,只是尘土一粒,
> 随着烟雾,消失不见。

第一次世界大战期间,烟草作为一种主要的现代消费文化产品的地位得以确定。"当珀欣将军被问到,这个国家(美国)为了支持这场战争能够做些什么的时候,他向大后方提出了他那个著名的请求:'你问我,为了赢得这场战争,我们需要什么。我的回答是香烟,和子弹一样多的香烟。'"③ 战壕里的军官经常自己掏腰包买烟来补充部队的配给。西格弗里德·萨松在《一个步兵

---

① [美]阿兰·布兰特:《香烟的世纪——香烟的沉浮史告诉你一个真美国》,苏琦译,东方出版社2011年版,第69页。
② [美]戴维·考特莱特:《上瘾五百年——烟、酒、咖啡和鸦片的历史》,薛绚译,中信出版社2014年版,第13页。
③ [美]阿兰·布兰特:《香烟的世纪——香烟的沉浮史告诉你一个真美国》,苏琦译,东方出版社2011年版,第32页。

军官的回忆录》里写了他在去前线的路上买烟的一件逸事①：

>看到一间基督教青年会的小卖部，士兵们非常高兴。我叫下属去那儿买了满满一箱"野忍冬"②，以备紧急之需，而这种需要简直是一定的……12 打小包装的"野忍冬"，装在一个淡绿色纸箱里，这就是我为未来慰藉 B 团所储存的全部东西了，但即使这么点东西也总比没有强。

利用为了缓解士兵压力的出发点，以及在以爱国主义为主题的烟草推广活动下，吸食烟草的行为从生物学、心理学（成瘾性）和社会学（社会效应）多方面不断加强，培养出一大批经过战争洗礼的忠实的烟民。当时，美国国内对香烟的收集和分发行为，成为身在安定后方的人表达他们对于身在法国的美国远征军小伙子们的支持和团结的一种方式，是爱国主义的另一种表达。随着烟草营销的出现，这种刻意强调和倡导的"意义"和"价值"进一步加强了烟草的社会属性，同时也让烟草制品成为全球扩张的利器之一。乔治·威斯曼，曾经的飞利浦·莫耶斯烟草公司的首席执行官，在 1962 年就曾经指出："一根好烟，对于一个跨越了贫困的藩篱的男人来说，是一种既简便又及时的奢侈品……我们知道，更多的吸烟量，标志着一个迅速发展的经济体。哪里有人吸烟，哪里就是大量美国香烟的市场。"③

可以看出，烟草进入文明社会的数百年历史，相伴而生的还有风起云涌的全球性反烟、禁烟的浪潮。但是，无论其间经历了禁止或者倡导，不管被尊为

---

① ［英］伊恩·盖特莱：《尼古丁女郎——烟草的文化史》，沙淘金、李丹译，世纪出版社 2004 年版，第 193 页。

② "野忍冬"香烟是与"好彩""骆驼"和"万宝路"齐名的二战时期的香烟品牌。该烟最早在 1888 年由英国的 W. D. & H. O. WILLS 公司创牌，后来各家英国公司为了应对美国烟草公司的威胁，成立了帝国烟草公司，也就是现在的帝国烟草和英美烟草的前身，而"野忍冬"香烟（Wild Woodbine）也成了帝国旗下的一个品牌，经历了一战和二战的洗礼。20 世纪 50 年代该烟改称为 Woodbine，直到 80 年代该烟彻底消失。

③ 转引自［美］阿兰·布兰特《香烟的世纪——香烟的沉浮史告诉你一个真美国》，苏琦译，东方出版社 2011 年版，第 294 页。

神物还是被贬为毒草,烟草顽强的生命力总是在错综复杂的历史进程中得以不断生长,在各种各样的历史事件中出现它的身影。人们把吸烟与性格的吸引力、漂亮的身材、魅力的呈现,以及悠闲自在的精神状态、慈悲有爱的行为举止联系在一起。对于男性来说,吸烟可以暗示男子气概、力量以及精神的敏锐和思想的深邃;对于女性来说,香烟具有表现女性魅力的特性,诸如独立、神秘;甚至行刑队在行刑前递给犯人最后一支烟的传统,也给予了牺牲者和行刑者同样的慰藉。与此同时,在出现全国性品牌之后,因为烟草使用的普遍性而具有了社会及政治上的平等性意味。烟草的社交性在任何一个时期都被吸烟者津津乐道,使烟草在人类历史舞台上拥有不可缺少的一席之地,成为人类文化不可分割的一部分。

烟草还是全球化的急先锋和先遣队。在烟草向全球传播之初,这小小的神秘植物就促进了世界贸易,开启了海外殖民历史;伴随着世界一体化格局和市场经济浪潮的全球化趋势,烟草公司同样对有着广阔消费市场的发展中国家虎视眈眈,因为到发展中国家开疆拓土,从某种程度上推动了全世界新一轮的产业全球化。对于扩展烟草公司的海外市场,烟草产业的分析师们认为,这是一个典型的"双赢"局面。烟草公司将会获得新的市场;发展中国家将会收获文化和贸易的双重收益。烟草公司从发展中国家爆炸式增长的人口中看到了香烟潜在的巨大消费群体;从全世界持续不断的女性解放,以及在消费者心目中把吸烟和现代化、成熟、财富与成功等社会属性关联起来,烟草公司利用全球性的香烟广告鼓励和倡导消费者对于香烟社会功能的关联。从政府的角度看,发展中国家或欠发达国家,香烟销售带来的税收是很难抗拒的诱惑。"二十世纪上半叶,香烟更是击败所有竞争者,变成欧洲、美国、土耳其、中国及其他地区共同使用的产品,甚至可以说是一种国际语言或默契。"① 从20世纪中期开始,美国烟草制品的产量与输出量都占世界第一位。可见,烟草公司所希望的烟草消费的增长态势,在全球化的浪潮中得到了印证。

---

① [美]戴维·考特莱特:《上瘾五百年——烟、酒、咖啡和鸦片的历史》,薛绚译,中信出版社2014年版,第14页。

进入20世纪50年代以后,基于烟草和部分疾病相关性的研究得到证实,反对抽烟的公共卫生运动自此大规模开始。由于烟草对人类健康有一定的危害性,禁烟已是世界性潮流,但这并不能抹杀烟草产业对人类社会产生的巨大影响以及烟文化在社会进程中的重要作用。同时,中国是烟草消费大国。中国成年男性吸烟率1996年为63.0%,2002年为57.4%,2010年为52.9%,虽然呈现下降趋势,但目前仍处于高平台期。成年女性吸烟率1996年为3.8%,2002年为2.6%,2010年为2.4%,总体保持较低水平。据推算,目前中国成年吸烟者总数超过3.0亿,其中男性2.9亿,女性0.1亿。[1] 客观认识烟文化和烟文化产业在世界尤其是在中国的传播和影响,梳理中国烟文化和烟文化产业的历史与现状,对我们充分认识这株神奇的植物,客观看待与烟草相关的一系列问题以及继续发挥烟文化产业所担负着的特殊的作用,具有一定的现实意义。

总体而言,烟文化和烟文化产业的研究滞后于烟草经济的发展,与其在社会生活中所处的地位极不相称。这本《中国烟文化与烟文化产业》,即意图立足于烟草的历史、现状和未来,结合烟产业的发生、发展和未来趋势,深入探寻烟文化的演变、作用和价值,以期全面、客观、科学地展现烟文化和烟文化产业的形象与互动关系,回应目前"在禁烟中发展,在发展中禁烟"的氛围和格局,也为烟草的将来走向探寻一定的规律,做出一定的预测与展望。

---

[1] 烟草控制框架公约履约工作部际协调领导小组:《中国烟草控制规划(2012—2015年)》,2012。

上 编

# 第一章　烟文化的起源与演变

"吸烟的魔力和围绕着它的意象被持续塑造着，并随着我们不断变化着的对世界的理解而发生改变。"① 从1492年哥伦布把烟草从美洲引入文明社会之后，烟草在漫漫五百多年间辗转于全世界。在对外部环境错综复杂的交流渗透中，烟草融入人类世界的历史跌宕起伏，历尽坎坷，但同时烟文化也得以在波澜壮阔的历史长河中不断积累、丰富，不断被赋予新的内涵，发展新的篇章。某种程度上，"烟草度量了文明的进步程度"②。追溯烟文化的起源和演变，是客观认识烟草、烟文化、烟产业的前提和基础。

## 一、烟草的使用与传播

烟草在植物学分类上属管状花目，是茄科一年生或有限多年生草本植物，基部稍木质化。花序顶生，圆锥状，多花；蒴果卵状或矩圆状，长约等于宿存萼，夏秋季开花结果。原产南美洲，目前我国南北各省区广为栽培。烟草被确认的品种有六七十个，而被人们栽培和吸用的只有两个品种：一个是红花烟

---

① ［英］桑德尔·吉尔曼、周迅等：《吸烟史——对吸烟的文化解读》，汪方挺、高妙永、唐红、张薇译，九州出版社2008年版，第17页。

② ［美］阿兰·布兰特：《香烟的世纪——香烟的沉浮史告诉你一个真美国》，苏琦译，东方出版社2011年版，第34页。

草，即普通烟草；另一个是黄花烟草。① 目前世界上最常见的烤烟、晾晒烟、白肋烟、雪茄烟、香料烟等均属红花烟草，而黄花烟草则主要用于制作斗烟和水烟。

　　关于人类最早使用烟草的时间、动机等问题的解答现在依然扑朔迷离。现代大量植物学、考古学的研究成果表明，烟草和吸烟均发源于中南美洲。植物基因学家已经证实，烟草的"起源中心"，也就是一个物种的基因起源和最初种植地的交汇处，是位于秘鲁和厄瓜多尔的安第斯（Andes）。最早开始种植的时间估计是在公元前5000年到公元前3000之间。② 据考古分析，早在3500年以前美洲居民已经在吸烟了。多种资料认为，烟草使用的确凿历史最远可以追溯到432年。考古学家在墨西哥恰帕斯州（Chiapas）发现一座建于那时的玛雅人浮雕，上面的玛雅人已经叼着烟管。③ 在玛雅，民间烟草遗留的痕迹随处可寻：斗牛节的新年仪式上仍包含着这些古老的元素，例如仪式上摆着十三支当地的葫芦烟；当地种植的烟草被认为是抵抗邪恶之神的力量；桑德斯人仍把神奇魔力归因于烟草，他们把烟草粉末撒在重症病人的胸部和脸上；查尔蒂人则把烟草和烟草用具视若珍宝，死后带着这些东西一起入土。一般认为，在原始社会时期，那里的居民就发现了烟草对人的提神醒脑作用。为了对抗疲劳和倦怠，他们开始以咀嚼的方式使用烟草，使烟草逐渐成为嗜好品之一。后来，当地居民发现晾晒后的烟叶不仅容易保存，而且吸食比咀嚼显得更加文雅，嚼烟便逐渐被吸烟取代。

　　烟草不仅有醉人的香气，有除乏提神的作用，而且能够治疗某些疾病。作为美洲印第安人的特产，也许烟草的产生和被人吸食，一开始就具有宗教文化的色彩。一座玛雅神职人员身着礼服吸着管状烟斗的石刻浮雕，说明当时的吸烟行为作为一种宗教仪式而存在，具有浓厚的宗教和迷信色彩。"人类学之

---

① 刘杰主编：《烟草史话》，社会科学文献出版社2014年版，第1~2页。
② ［英］伊恩·盖特莱：《尼古丁女郎——烟草的文化史》，沙淘金、李丹译，世纪出版社2004年版，第3页。
③ 吴婷婷、方刚：《烟草的符号性隐喻及其在烟草广告中的应用》，载《科技和产业》2013年第3期。

父"、英国的爱德华·泰勒在其《原始文化》一书中指出:"原始民族的人吸烟时为了完全陶醉,为了达到这个目的,他们就把吸出的烟吞掉。"他还记载了西乌人准备吸烟时的仪式:他们把点燃的烟袋伸向太阳,说:"吸吧,太阳神。"纳切斯人在太阳升起时,由首领点烟,冒出的烟先向东方,然后再向其他三个方向,以敬太阳神。奥萨格人则在制作烟袋时做如下祷告:"大神灵,下来同我一起吸烟,像朋友一样!火神和地神,请同我一起吸烟并帮助我战胜敌人。"① 这些记载下来的仪式,显示出烟草被人类利用之初浓厚的迷信色彩以及被认为"通神"的灵性。再加上烟草是一种烈性的杀虫剂,用烟熏谷物种子或果树是一种有效的控制病虫害的方法,使烟草和生长、丰产这些观念建立了联结,因此,很多部落把烟草"用作从少年到成年过渡仪式上的一个象征。例如在亚马逊河西北部的一个部落图卡诺(Tucano),人们会在男孩儿们'作为新成人的男子汉正式呈现给神圣号筒'这一仪式之前让他们吸鼻烟"②。这至少说明,就算是在久远的古代文明中,对于烟草的使用也是有年龄限制的,它是专属于成年人的一种嗜好品。因此,烟草之于成人仪式,其被允许吸烟的意义在于打破了这种界限,使新成人者获得了进入成人世界的资格。

之后,随着吸烟行为的日渐传播和世俗化,曾经专属于宗教仪式的吸烟行为扩大了可以使用的范围,获得了更广泛普遍的欢迎,逐渐成为印第安人在重大集会和履行宗教仪式时的必要礼节之一。其实对于烟草的使用方式,吸烟只是与烟草有关的许多习惯中的一个而已。"从烟草起源的中心安第斯附近地区开始一直向北,早期利用烟草最惊人之处要算是各式各样的使用理由和使用方法了。对于烟草,人们可以用鼻子吸、咀嚼、吃掉、喝掉、涂抹在身体上,加在滴眼液和灌肠水中,再有就是吸烟。……还把它作为祭品和礼品。"③ 此外,在墨西哥的马德雪山中一个海拔4000英尺的山洞里,也发现一支空心草秆中

---

① 汪银生主编:《中国烟文化》,安徽人民出版社1993年版,第7~9页。
② [英]伊恩·盖特莱:《尼古丁女郎——烟草的文化史》,沙淘金、李丹译,世纪出版社2004年版,第4~5页。
③ 同上书,第4页。

塞有烟叶，经放射性测定证明是 700 年前的，可谓现代卷烟的始祖。① 而被世界公认的结论，则是 1492 年哥伦布发现新大陆之后，作为其探险之旅的"副产品"，烟草和吸烟的习惯被带到欧洲，并随着航线的扩展很快风行全世界。

    1492 年，和西班牙女王达成协议寻找新大陆的哥伦布及其船队已经在波涛汹涌的大海上整整航行了 3 个月。因为仍然没有发现陆地的影子，随行的队员的忍耐到了极限，扬言再不返航就要造反。哥伦布恳请部下再航行 3 天，说如果 3 天之内还没看见陆地就一定返航。也就是这 3 天，人类历史被改写了。两天后，在海天相连的地方赫然出现了一块大陆，这就是哥伦布发现的———美洲大陆。在此之前，在人类的地图上这里还是一片海域。发现美洲大陆的同时，哥伦布的探险队员在中南美洲圣萨尔多岛发现印第安人中的许多男人和妇女手上拿着"燃烧的炭"（glowing coals），以此使自己得到某种香气，这就是今天遍及世界各个角落的香烟的原型。1535 年出版的由航海学家裴南德斯·奥维多氏所著的《印第安通史》是最早谈到吸烟的著作之一。书中说："在别的邪恶习惯里，印第安人有种特别有害的便是去吸某一种烟……以便产生不省人事的麻醉状态……他们的酋长使用一种'Y'字形的管子，将有叉的两端插入鼻孔，另一端装着燃烧着的野草。他们用这种方式吸烟，直到失去知觉，伸着四肢躺在地上像个喝醉酒微睡的人一样。……我们不能想象他们从这种习惯中究竟取得了什么欢乐，除非在吸烟之前已喝了酒。"② 其中的"Y"型管称为"Tobago"，因此后来人们将烟草称为"Tobacco"。在欧洲的探险家那里，他们认为印第安人吸食烟草主要有三个方面的原因：一是认为烟草具有超自然的神奇魔力，能够通灵，使人达到灵魂出窍的状态，甚至可以治愈疾病；二是吸食烟草可以消除饥饿感，这一点在物资缺乏的年代和战争时期是非常有帮助的；三是烟草具有特殊的象征意义，譬如某种神圣的权力，"在中美洲阿兹特克文化里，烟草还象征着权力：例如在官员受封仪式上，他们会被赐予一大袋

---

    ① 汪银生主编：《中国烟文化》，安徽人民出版社 1993 年版，第 5 页。
    ② 杨国安编著：《导言：中国烟草业发展史题要》，载《中国烟业史记典》，光明日报出版社 2002 年版，第 1 页。

烟草。而随身携带的烟斗则代表着所有者高贵的身份和权力"①。

可以推论的是，在生产力极为低下的古代，无论东方、西方，人们对茫然无知的事物都怀着近乎本能的敬畏，将其归结为神明的作用，自然崇拜由此而生，烟草作为一种表达对神崇拜、与神沟通的载体得以广泛接纳。烟草在印第安人眼中是一种"神草"，吸烟是他们宗教仪式中必不可少之物，由神职人员执行。每逢重大集会，印第安人必须点燃烟草，郑重其事地自上而下依等级传吸，以示庄严；两军开战之前也都要吸上一袋烟，以振士气；双方媾和时，也要互赠象征和平的烟袋。烟草在这里已经被赋予了某种象征意义，一种关乎"神"的祈愿。伴随着哥伦布的发现，烟草的使用开始从"神"的世界彻底转入了"人"的世界，成为人类文化重要的一部分。同时，烟草的使用以及随后的全世界广泛传播，再次印证了"当一个文明通过征服的方式吸收了另外一个文明，往往它还会容纳牺牲者的文化，有时到了后来甚至难以区分出胜利者与失败者"②。至少在烟草使用这一件事情上，美洲的文化从未中断。

随着通往美洲航道的开通，欧美大陆之间往来日益频繁，"烟草在欧洲风靡一时，甚至'一叶难求'，越来越成为社会关注的焦点。无论是烟草种植，还是烟草文化的发展也都逐步臻于完善。烟草贸易已然占据了当时欧洲及美洲贸易的很大一部分份额"③。烟草开始传入欧洲时，无论是在葡萄牙、荷兰还是西班牙，都被当作观赏物和药物，也被当成王公贵族的奢侈品；既成为"神物"，也被变为"毒草"——因为一度被牧师们作为修炼成魔的必备神物。因为和宗教发生了关联，烟草在漫长的时间里伴随着宗教与宫廷间权利的持久争夺，其地位也因为当权者的支持与摈弃而跌宕起伏——当宗教在欧洲盛行时，烟草被排在神秘而又高贵的位置之上；而当宗教衰落时，宫廷成为国家的

---

① ［法］迪迪埃·努里松：《烟火撩人——香烟的历史》，陈睿、李敏译，生活·读书·新知三联书店2013年版，第14页。
② ［英］伊恩·盖特莱：《尼古丁女郎——烟草的文化史》，沙淘金、李丹译，世纪出版社2004年版，第30页。
③ ［法］迪迪埃·努里松：《烟火撩人——香烟的历史》，陈睿、李敏译，生活·读书·新知三联书店2013年版，第19页。

主宰，烟草因曾被牧师奉为宝物而遭唾弃，国家开始发布禁令，违者轻则罚以重金，重则杀头。但是，由于烟草的提神解乏功能和广泛传播，加之精明的当权者看着国库亏空，财富流失，他们开始提倡使用烟草，并对烟草贸易征税，设立专门的烟草交易港口加以管理，随后又设立烟草的专卖制度……可是，"进步运动的理性精神（指禁烟），无法阻止香烟的不断崛起"①。在看上去矛盾重重地对烟草的不断认识和态度转变中，烟草的袅袅青烟传遍世界，慢慢变成了让时人为之着迷的大众消费品。

烟草大致的传播路径和传播时间如下：

哥伦布从美洲回到欧洲时，把烟草当作观赏和药物带到了西班牙王宫。因为当时他们看见印第安人不仅把烟草用在神圣的仪式中，也当作杀虫的熏剂和治百病的药方，同时还用于巫术以外的接近医疗的方面。可以猜测，在哥伦布带烟草回到西班牙王宫的动机中，除了"新大陆的新鲜事物"这一点之外，也有着对于烟草神秘性的一种敬畏。

1560年，烟草由西班牙传到葡萄牙。之后，西班牙人和葡萄牙人对烟草的传播起了很大的作用。由于西班牙殖民者在美洲所生产的烟叶品质优良，殖民者便首先在塞尔维亚地方创建雪茄和鼻烟制造工厂，形成烟草最早的商业活动，促进了烟草的传播。

1556年，法国一位叫安德烈·泰夫特的人从巴西带回烟籽，但引种没有成功。到了1560年，当时法国驻葡萄牙里斯本的外交官让·尼古特·德·维耶曼，他从各国赠送的礼物中得到几粒烟草种子。在这以前，他听到过烟草的传说：烟草可以提神解乏，还可以治疗许多疾病，尤其对头痛病更有效……好奇的尼古特就把几粒种子精心地栽培在自己的院子里试种，结果烟草长得很茂盛。他第一次收获烟叶并试吸，感觉很好。1561年，尼古特决定把烟草带回法国。当时法国王太后凯瑟琳·德·美第奇得了经常性发作的头痛病，尼古特为了得到王太后的欢心和宠爱，就把烟草的来历及其各种作用，尤其是能治头

---

① ［美］阿兰·布兰特：《香烟的世纪——香烟的沉浮史告诉你一个真美国》，苏琦译，东方出版社2011年版，第40页。

痛病的传说大加宣扬，并说他已经尝试过、如何有效等。王太后一听，十分高兴，要亲自试用这种"妙药"。经过试吸，王太后感觉很不错，从此便开始闻鼻烟，她不仅信任了尼古特，也爱上了烟草。这件事很快在法国宫廷中一传十、十传百地传开了。法国的王公大臣们都跟着王太后闻鼻烟。这种高雅时髦的嗜好，曾在法国上层社会盛行一时，烟草顿时身价百倍，普普通通的烟草被封成了"太后草"。后来，人们为了纪念尼古特的传播功劳，就把烟草中的烟碱成分叫作尼古丁，烟草的属名也由此而来。由于在上层社会中有尼古特的吹捧，加上有的统治者把宗教和迷信的内容用吸烟来表示，从而美化了吸烟，由此，吸烟很快从普通人到上层社会而遍及整个法国。

同时期的1561年，罗马教皇的圣使克罗斯从里斯本带回来几撮烟籽种在罗马城堡花园，获得了成功。1565年，塞维利亚一位名为尼古拉斯·蒙纳第的医生，发表了一本列举烟草治疗功效的小册子，极大地推动了烟草在医疗上的声誉。这本名为《新世界的好消息》，对烟草的赞美不遗余力，从对人脑的良好效果，到治疗内部器官的任何疾病，甚至还可以治疗肾结石、绦虫病以及老虎咬伤和毒剑射伤，成为一种"包治百病"的神奇植物。这本书的出版在欧洲引起了轩然大波，激起了很多人对烟草的兴趣，对烟草的宣传和推广起到了重要的作用。现有的研究表明，烟草也是在16世纪下半叶就已经传入中国的。在英国，关于烟草使用的记录出现在1573年。当时，在哈力森的《年表》中记录道："最近英国人开始广泛地用一个勺子形状的工具吸食一种名为烟草的印第安植物，并把烟从嘴传到脑袋和胃部。"① 对英国来说，"烟草是国外进口的一系列新药从医用转为娱乐用途的第一剂药品，它为紧接着转娱乐用途的茶、咖啡、可可、蒸馏酒和鸦片奠定了基础"②。1577年，德国博物学家吉斯尼尔发表了他的医学信札，介绍他对不同来源的烟草样品的试验观察。17

---

① ［英］伊恩·盖特莱：《尼古丁女郎——烟草的文化史》，沙淘金、李丹译，世纪出版社2004年版，第39页。
② ［美］坦亚·波拉德：《快感或是危险：近现英国早期的吸烟》，载［英］桑德尔·吉尔曼、周迅等《吸烟史——对吸烟的文化解读》，汪方挺、高妙永、唐红、张薇译，九州出版社2008年版。

世纪 50 年代，德国以商用为目的来栽培烟草，80 年代，吸烟之风遍及全德，并传入了瑞士、奥地利、匈牙利。16 世纪中叶荷兰医生杜登在他的书中曾刊出黄花烟草的早期图片，表明荷兰人知道了烟草，但到 1615 年才开始种植。1599 年，葡萄牙人将烟草带到印度。几乎同时，烟草由葡萄牙传到波斯。在烟草传播的过程中，荷兰人有着重要的作用。"荷兰人意识到了烟草可以作为等价物的价值。……他们将烟草变成了第一种具有世界性的享受品。……到了 1660 年，荷兰人的贸易对象包括非洲人、阿拉伯人、印度人、锡兰人、印度尼西亚人、中国人，除这些外，他们还垄断了欧洲与日本的贸易。在与这些国家进行贸易活动时，烟草是荷兰人唯一可以用来交换的东西。"[①] 1600 年，英国航海家把烟草传入俄国。"当英国人在学着吸烟的时候，英国以及欧洲其他国家的水手们都在世界范围内传播烟草……他们从一个民族吸取一种礼节，又当作一种莫名其妙的习俗传播给了很多其他的文明。"[②] 因为很多地方的吸烟习俗都是由水手传入的，很长一段时间，大多数传入地的人都认为吸烟是水手们的习惯。烟草就是水手们享乐用的，是一种新的生活方式和一种全新的刺激物。

约 1600 年，西班牙人把烟草栽培带到了菲律宾和南洋地区。1605 年前后，葡萄牙人把烟草传到日本，很快遍及全日本，并经日本传到了朝鲜，很快又传到阿拉伯和叙利亚。土耳其在 1661 年的文献中也找到了关于吸烟的记载。烟草由土耳其又传到巴尔干半岛各国。在 17 世纪前半叶，土耳其人把烟草带到北非。

就这样，伴随着海上贸易以及作为丝绸之路上的重要货物，烟草在世界各地渐渐散布开来，并融入不同的文化当中。它不仅作为一种新的嗜好品被广为接受，而且还在欧洲、中国、印度的医疗系统中被认定为是有益于健康之物。

短短一百多年间，烟草就传遍了全球，并为不分阶层、不论出身的广泛人

---

① ［英］伊恩·盖特莱：《尼古丁女郎——烟草的文化史》，沙淘金、李丹译，世纪出版社 2004 年版，第 74 页。
② 同上书，第 48 页。

群所接受和嗜好。这样的传播速度和传播效率,目前除了烟草之外,没有任何一种作物可以复制。为什么会出现这样的特异性呢?一种较为主流的说法是,烟草在全球的传播恰逢西方"17世纪全面危机"① 的发生。这一阶段的人、社会和国家,经历了特定时代发生的经济萧条、通货膨胀、瘟疫传播、恶劣气候、连续战争等最残酷的岁月。处于令人极度沮丧的境况中,烟草,这种能够提神解闷却不会带来健康的直接影响(至少当时有这样的普遍认识)的产品,这种能够促进生产发展和经济提振的作物,这种能够为国家创造消费和税利的神奇之物,自然受到各地的接受甚至追捧。因此,处于封建经济向资本主义经济转型的时期,烟草搭乘了世界发生大改变的良机,成功地成了全球性的商品。1815年,首部以烟草为主题的医学著作《烟草论》在法国发表,其中也提到了烟草在全球的风靡:"烟草早已征服了全人类:阿拉伯人在沙漠中种植它;日本人、印度人和中国人都在追捧它;无论是在炽热的非洲地区还是在其他的寒冷地带,它的身影无处不在。吸烟已然成为地球上每一个文明社会都不

---

① 从20世纪中期起,西方学术界围绕着"17世纪普遍危机"问题进行了一场论争。"17世纪普遍危机"是英国著名史学家E. J. 霍布斯鲍姆于1954年首先提出来的。他在《过去与现在》(*Past and Present*)第5、6期上发表了题为"17世纪危机"的长篇论文,指出此时期欧洲发生了由中世纪社会向近代社会的关键性转折,经历了经济衰退、谷物生产萧条甚至下降、人口死亡率上升、资产阶级革命、社会叛乱等众多现象,从而认为欧洲经济在17世纪经历了一场"普遍危机"。1962年,R. 罗马诺在《16世纪和17世纪之间:1619—1922年的经济危机》一文中试图通过对价格、信贷、金融、国际贸易、工农业生产等的全面考察,揭示了当时发生的促使整个经济走向萧条的决定性变革。1965年,英国《过去和现在》杂志社将此前刊发的13篇关于"17世纪危机"的重要研究论文辑录成册,并由著名史学家克里斯托弗·希尔作序,出版了论文集《危机中的欧洲:1560—1660》。随后,J. 布卢姆等人撰写的《欧洲世界的形成》一书集中探讨了1600—1660年危机时代中绝对主义的发展状况。J. R. 梅杰的《西方世界的文明:从文艺复兴到1815年》则对1560—1715年间的"17世纪危机"进行了阐述。也有一批学者坚决否认"17世纪普遍危机"的存在。他们认为17世纪虽然存在着一些变革,但总体上是稳定的,是西方社会巩固和进行组构的时期。另一些学者则采取了较为谨慎的态度。在有些学者眼中,17世纪的西方社会虽然发生了一些问题,但他们却将其表述为"停滞时期""萧条时期""欠增长时期""相对衰退时期"等,避免使用含义广泛的"危机"一词。

可或缺的风俗。"① 当然,"探讨某些瘾品而非其他瘾品能成为全球性商品的缘故与时机,只能够笼统地分析",但是烟草的这种全球性传播,至少说明了特定时期特定效用下的特定结果,说明了人类历史发展的诸多的不可复制与不可掌控性。

后来,因为烟草能够提神并且使人集中精力的特点,军队里也开始配备。不吸烟的路易十四向每名法国士兵派发了烟斗、火机和烟丝,1734 年还正式明确军队每人每月发半公斤烟草。直到第一次世界大战时期,烟草都是和弹药一样重要的军需品。天黑的时候,士兵们宁可冒着被敌人击中的危险,也要点上一袋烟。二战时期就更不用说了,美国大兵把美国的烟卷带到欧洲,让欧洲人如痴如醉。丘吉尔和艾森豪威尔更是雪茄烟斗,什么猛来什么。可以这么说,在许多国家,军队都是烟草最大的传播者。

烟草需求的持续攀升,刺激了烟草贸易和烟草工业的兴起。世界上第一个专营的烟草公司是由西班牙君主于 1636 年组建的。他在控制了烟草的种植之后,为了进一步控制烟草的零售而建立了专营公司。之后,他又建立了国家烟草贸易行,命名为"大庄园",对烟草销售进行管理控制,并课以重税。随后,这一举措被多国效仿,国家直接控制和管理的烟草公司纷纷建立起来,专营体制成为烟草贸易的主要形式,成为一国财政收入的重要来源。19 世纪 50 年代,诸如菲利普·莫里斯这样的大生产商开始出现,起初他们推行的是手推烟。手推烟的出现,逐渐改变了人们传统的以抽烟斗和鼻吸烟为主流的方式,香烟开始盛行。19 世纪后期出现的卷烟机,对烟草工业具有重大的革命意义。卷烟数量的提高极大增强了烟草的传播能力。"在十九世纪的时候,烟草以及它的一系列产品,已经深刻地植根到了这个新兴的国家的社会体验当中去了——在它的商业,它的劳动力,它的休闲方式,以及它的社会仪式方面——所

---

① [法]迪迪埃·努里松:《烟火撩人——香烟的历史》,陈睿、李敏译,生活·读书·新知三联书店 2013 年版,第 52 页。

有的这一切,都在香烟变成占据主导地位的消费形式之前就出现了。"① 烟草不再是单纯的出口商品,它的传播打破了地域、文化、阶层的界限,成为某种礼仪规范,某种潜在的"暗语"。吸烟与否,逐渐成为划分阶层、社会属性、个性差异的某种标签。

伴随着洋枪洋炮的舶来,洋烟卷儿也随之进入中国。强大的外国资本携带着先进的制烟技术来到了中国,将传统的旱烟业和水烟业冲击得日渐萎缩。与此同时,中国近现代卷烟工业开始进入孕育和形成的时期。由于外国资本利用在中国的特权不断扩大势力,培育包括烟草产业等企业的成长,严重制约和压制了中国民族企业的成长空间。具体到烟草企业,1934年3月20日的《申报》写道:"许多乡村中不知道'孙中山'是何许人,但很少地方不知道'大英牌'香烟。"② 由于当时内外交困、种种不平等条约的限制以及华商与洋商、土烟与洋烟在税收上的不平等,民族烟草工业始终处于被动境地。中国民族烟草企业与外国资本的斗争格局大约持续了半个世纪之久。

## 二、烟文化的起源与内容

烟草在世界范围内的传播过程,是烟草不断植根于不同社会和民族的历史,也是烟草与人类文化生活不断深入渗透、形成烟文化的历史。"烟草满足了我们渴望的沁鼻的气味,温暖着我们的皮肤,抚慰着我们的心灵,抚平了我们的伤痛,带给我们儿时甜美的回忆。抽烟一直是文化的一部分。"③ 五百多年来,与烟草相关的文化千姿百态、丰富芜杂,包括了信仰、民俗、礼仪、文学、伦理等多种多样的文化内涵和文化价值,"它是友谊的标志,也是贸易往

---

① [美]阿兰·布兰特:《香烟的世纪——香烟的沉浮史告诉你一个真美国》,苏琦译,东方出版社2011年版,第16~17页。
② 汪银生编著:《中国烟草的历史现状与未来》,安徽大学出版社2000年版,第99页。
③ [英]桑德尔·吉尔曼、周迅等:《吸烟史——对吸烟的文化解读》,汪方挺、高妙永、唐红、张薇译,九州出版社2008年版,第1页。

来中不可缺少的商品，是可以同其他部落交换武器和工具的货币"①。烟草体现着不同社会、不同时期、不同民族的传统与特征，折射出世界文化的多彩和丰富，见证着人类文化的发展和文明的积累。

烟文化的起源与宗教信仰紧密相连。考证烟草在人类历史中最早的利用，一个鲜明的特征就是烟草和原始宗教的密切关系。如前所述，作为美洲印第安人的特有植物，烟草在他们的原始宗教中扮演着极其重要的角色。在印第安人等原始部落那里，土著们认为万物有灵，但处于常态时他们看不见操纵自然力的"神灵"，他们对强大而无奈的自然力充满了迷信。他们把操纵自然力的神灵的本质也想象成一种类似烟或蒸汽的东西。袅袅烟气可以醉人，也可升入空中，以至于成为他们心中与万物之灵交流的最佳使者。只有在昏醉之时、处于超自然的梦幻状态下，人的灵魂才会离开躯体而与神灵进行交流。印第安人认为通过令人迷醉的烟雾，既可以表达对神灵的敬畏，又可以让神职人员感天地之灵，得到某种神圣的启示。根据记载，古代印第安人在召开部落首领会议时，主持人往往要进行"喷烟"仪式。他将烟管中的烟叶点燃，连续地对天空、大地和太阳各喷一次，依次表达对天神、地神和亘古不灭的太阳神的感激之情。② 东方人敬神也要靠烟，儒、释、道概莫能外。在美洲烟草还没传入国门之际，中国人早已用燃香而生的"香烟"与神联络沟通了。烧香拜佛，焚香祭祀，所有的愿望、祈求都托付给袅袅直上的青烟而传达给上苍。"一瓣心香，燃而为烟。"烟是人与神的信使。中国文化中的神仙都是吸烟的，神仙通过吸烟了解凡情，采取措施。在中世纪的欧洲，信仰基督教的教徒们也认为基督耶稣与教徒之间的沟通可以通过供品和烟雾来联结。因此，当时的烟草与薰香混合，被作为伦敦大教堂的供香，就是出于对宗教的顶礼膜拜。

烟文化与民俗文化深层融合。大部分人吸烟并不是出于自身的本能需求，而是为了交际、娱乐和消遣。当烟草的使用从"神坛"步入"人间"之后，

---

① ［英］伊恩·盖特莱：《尼古丁女郎——烟草的文化史》，沙淘金、李丹译，世纪出版社2004年版，第109页。
② 汪银生主编：《中国烟文化》，安徽人民出版社1993年版，第72页。

围绕着烟俗的形成、吸烟的礼仪、烟具的使用等人们的生活行为,形成了多姿多彩的烟文化,而且不同的地域、不同的民族有不同的规定。例如,敬烟成为现代社会生活中约定俗成的社交礼仪,但是不同的场景、不同的对象有着不同的规定:向长辈敬烟要双手捧上;对长辈递来的烟要双手接过;在向女客人敬烟之前,要先问对方是否抽烟,这样才不会冒昧;对信奉伊斯兰教、基督教的人则不要敬烟;对不吸烟的客人不能"强行"劝吸;在公共场所凡标有"禁止吸烟"告示的地方不要吸烟;不能随地乱扔烟头……吸烟融入人们的日常生活之后,与婚俗糅合就饶有趣味,如印度东北部赫尼族人订婚成亲,需要烟卷缠线定终身:如果姑娘的自制烟卷上缠绕的是红色丝线,表示拒绝;缠绕的是蓝色丝线,表示"一见倾心";缠绕的是白色丝线,表示"让我等等看";如果缠绕的是一根姑娘的头发,则代表愿意以身相许。南美洲北部苏里南的印第安小伙子,要是相中了哪位姑娘,便回家告诉父母,由父亲选择一个良辰吉日,亲自携带精美的雪茄去女方家登门拜访,如果姑娘的父亲欣然接受,这门亲事就大功告成了。今天的荷兰,雪茄也被作为促成婚姻的媒介物。① 我国在婚恋中用烟草来表达民俗更是屡见不鲜,许多少数民族在提亲、定亲的时候,烟草都是不可或缺的媒介。景颇族有个习俗,人们彼此相见互递草烟,以示友好;青年男女在谈情说爱时递送和接受草烟与否,往往是衡量爱情深浅的标志。德昂族不论男女老少,都爱好嚼烟,互请嚼烟表示礼貌;青年男女聘礼中少不了烟草,在婚礼时以请嚼烟招待客人,如同现在交际应酬时大多以敬烟递茶作为待客礼节。总之,烟草文化深深嵌入各地的迎宾待友、民族礼仪、婚丧嫁娶、伦理道德等生活场景中,成为人类社会不可或缺的文化生命力的一部分。

烟文化蕴藏在烟具的使用中。要吸烟自然就要使用到烟具,从古至今,人类吸烟的方式经过了几次转变。各地在长期吸食嚼烟、旱烟、水烟、鼻烟、莫合烟、卷烟等过程中借助了不同的工具和载体,形成了烟管、鼻烟壶、烟斗、

---

① 汪银生主编:《中国烟文化》,安徽人民出版社1993年版,第79~80页。

烟袋等烟具。对烟具的选择和使用，则能够明显地反映出不同历史时期使用者所处的社会阶层、自身的社会地位及生活习惯、文化层次、心理状况等。烟具本身的发展变化也能折射出社会发展的情况。数百年来，迥然各异的吸烟方式和日益精巧的烟具制作工艺，早已和不同地区、不同民族的文化深深融合，形成"十里不同风，百里不同俗"的吸食方式和烟具文化。例如，我国的蒙古族等游牧民族由于骑马放牧，活动量大，最喜欢使用的是方便携带、不需要"明火执仗"的鼻烟。而"云南十八怪"中的"竹筒当作水烟袋"，则和当地气候温暖多雨、竹筒等原材料较易取得、喜吸水烟的行为相一致。烟草吸食方式和使用器具的不同，反映了民族之间的文化差异和文化多元性，折射出博大精深的民族文化。

　　烟文化体现在艺术创作中。从古至今，艺术创作中的烟文化，一种是直观地以"烟"为主题和线索的艺术创作，如画中的烟，诗词歌赋中的烟……美国后现代主义文学大师约翰·巴恩创作的《烟草经纪人》，我国清代诗人陈义贞的五律诗："神农不及见，博物几曾闻，似吐仙翁火，初疑义草熏，充畅无滓浊，出口有氤氲，妙趣偏相忆，萦喉一朵云。"都是直接赞美吸烟的。而在画作中出现烟、烟具等烟文化元素，以及与烟相关的艺术创作更是不胜枚举。另一种则是体现在烟具中的艺术性。例如广泛使用于欧洲的烟斗，不仅由黏土、银和陶瓷制作而成，而且上面有华丽的装饰和精美的雕刻。不论是在烟斗、鼻烟壶还是水烟中，不同的艺术展现方式和形状设计，以及玉、黄金和象牙等各种贵重材料的使用，都使它们成为高质量的艺术作品。欧洲人造出了由著名艺术家设计的木质鼻烟壶，此外，任何已知的金属，无论天然还是人工合成，都被争先恐后地用于烟盒的制作。原奥地利帝国公主玛丽·安托瓦内特的嫁妆中就有52只金质烟盒；拿破仑也是一个著名鼻烟壶爱好者，他收集了各种材质制作的、种类各异的鼻烟壶。在亚洲，鼻烟壶用核桃木、象牙、珍珠母及龟甲等珍贵材料来制作。与欧洲相比，亚洲的烟斗不仅更加简洁，而且在选材上更有创意，例如木质的斗钵、竹质的口柄和玉、象牙或瓷制作的烟嘴。在中国，鼻烟烟具制作达到了很高的艺术水平，用烟被制成了不同颜色的珍贵粉末,这些粉末被封装在玻璃瓶子中,并通过小小的象牙手柄送入鼻腔吸食,而这种微小、窄颈的玻璃瓶内部则有呈现各种戏剧情节的绘画。相比欧洲人用来保存烟草的方形烟盒,中国人保存烟草则多使用由金、银、铜、玉、玛瑙、珊瑚等各种材料制成的圆形烟壶。可以说,体现在烟具上的艺术水平一定程度上繁荣了当时的艺术创作。

烟文化与名人逸事。作为文化中的主体,烟文化体现于各种各样人物的行为方式、喜好偏向中。烟能够满足人类的某些生理和心理、社会与文化的需要,所以烟草一旦在全世界完成传播,吸烟便为世界各地各阶层的人们所普遍接受,上至王公贵族、下至平民百姓,成为一种日常嗜好而广泛传播。在明朝,就有人说:"谚云'开门七件事',今且增烟而八矣。"① 烟草很快成为人们日常生活中的必需品,以疾风骤雨之势迅速席卷了各个角落,突破了地域、城乡、阶层、民族等界限,各行各业从男女到老少,从伟大人物到街头乞丐,形成了最为普遍的一种人类行为。烟草的发现和吸烟的发明对全人类产生了如此巨大而深远的影响,使其变成了世界性的文化行为,吸烟成为人类除衣食住行等基本生理需求之外最具共同性的一种行为。这其中,由于名人的影响力和对文化现象的引导性,历史上留下了诸多烟文化和名人的奇闻逸事,也给烟文化的传播打上了深刻的人性符号。如英国作家、诺贝尔文学奖获得者罗德亚德·吉普林曾经创作过一首诗,描述单身汉们在面对女人和烟草时进行选择的窘境。小诗妙趣横生,也表达出诗人对烟草刻骨喜爱的感情:

> 我的情人麦琪寄来书信一封
> 要我作出抉择
> 是忠心于缠绵的爱情
> 还是继续让自己在青烟的云雾中陶醉

---

① (清)刘廷玑:《在园杂志》,转引自王飞《明清盛行女性吸烟》,东方烟草网,2017年2月14日。

十二个月前，我拜倒在爱神的脚下

成了她的奴仆

可回想起来

我那钟爱的香烟却已伴我整七年

……

一声叹息

打开我朝夕相伴的烟盒

思想又开始斗争

我的老友啊

那个麦琪是谁，竟如此重要

使我离开你


有上百个麦琪愿意与我共结连理

女人不过是女人

而我的烟斗

却连接着我的魂①

马克思曾经说过："《资本论》的稿酬甚至还不够偿付写作它时所吸的雪茄烟钱。"② 世界政治上的风云人物，如列宁、斯大林、毛泽东、丘吉尔、戴高乐、卡斯特罗、邓小平等伟人，都留下了与烟有关的种种趣闻。罗斯福总统曾告诉美国民众，烟草是一种重要的农作物，烟草种植者可延期征募入伍；这位总统直至死时手里还夹着青烟袅袅的"骆驼"牌香烟。蒙哥马利的反烟与温斯顿·丘吉尔对雪茄的痴迷形成鲜明的对比，他们之间关于吸烟与健康的对话具有典型的代表性，也充分说明了一名将军和一位首相对冲突的不同处理方

---

① ［英］伊恩·盖特莱：《尼古丁女郎——烟草的文化史》，沙淘金、李丹译，世纪出版社 2004 年版，第 161~162 页。

② 转引自《中华闲趣》编委会《中华闲趣之茶·酒·烟文化》，中国经济出版社 1999 年版，第 474 页。

式。蒙哥马利告诉丘吉尔："我不喝酒，我不吸烟，我睡得很多，这是我的身体百分之百健康的原因。"丘吉尔回答道："我喝很多酒，我睡得很少，我一支接一支地抽雪茄，这就是我为什么百分之二百健康的原因。"① 而斯大林一生狂爱烟斗，他抽烟的历史长达50年。提到斯大林，人们总是不由自主地呈现他手持烟斗的形象。阿根廷革命家切·格瓦拉回忆起在古巴山上打游击的经历时说道："在游击队战斗生活中，抽一根烟是一种习惯，同时也是一种非常重要的安慰。在休息时间，一根烟就是士兵最好的朋友。"② 除了政治人物之外，学者、作家、艺术家、发明家等脑力劳动者，由于依赖于吸烟氛围下的思考和创作，同样和烟结下了不解之缘。诸如俄国绘画大师伊利亚·列宾、20世纪最伟大的科学家之一爱因斯坦以及我国著名文学家、思想家、五四新文化运动的重要参与者、中国现代文学的奠基人鲁迅。鲁迅先生手中那支正在燃烧的香烟以及飘逸而出的袅袅烟云，与他那"没有丝毫的奴颜和媚骨"的文化革命主将精神气质，已经成为鲁迅先生战斗风貌的形象写照。因此，但凡在有鲁迅先生形象的图片、画作中，手中的香烟往往会伴随着他出现。此外，还有中国现代著名作家、学者、翻译家、语言学家林语堂先生，以及老舍、朱自清、田汉等也与烟有不解之缘。老舍先生曾对劝他戒烟的人说："要我戒烟，宁可上吊！"林语堂先生则把吸烟作为生活中的一大乐趣，并在1937年世界文化出版社出版的《生活的艺术》一书中专门用一节谈论吸烟，详细地描述了作者从吸烟到戒烟然后重新吸烟的演变过程，将一个吸烟者复杂的内心世界淋漓尽致地刻画出来。而田汉先生，其创作的国歌歌词，就是写在烟纸上的。可以想见，如果这些名人的生活工作中缺乏了"烟"这一介质，我们目前的文化宝库中会丧失许多宝贵的内容。

新中国成立以来，我国曾经发行了5枚有吸烟者形象的邮票，分别是毛泽

---

① ［英］伊恩·盖特莱：《尼古丁女郎——烟草的文化史》，沙淘金、李丹译，世纪出版社2004年版，第212页。
② ［英］桑德尔·吉尔曼、周迅等：《吸烟史——对吸烟的文化解读》，汪方挺、高妙永、唐红、张薇译，九州出版社2008年版，第139页。

东（1965年1月31日由中国邮电部发行的"纪109 遵义会议三十周年"邮票3枚中的第一枚"决战前夕"，以及1967年9月邮电部发行的文2第六枚"毛主席在挥手"）、鲁迅（1981年9月25日邮电部发行的J67"鲁迅一百周年诞辰"邮票全2枚中的第二枚"晚年时期的鲁迅"）、王稼祥（1986年8月15日邮电部发行的J130"王稼祥同志八十周年诞辰"纪念邮票全2枚中的第二枚的"王稼祥同志在延安"）以及李富春（1990年5月22日邮电部发行J168"李富春同志九十周年诞辰"纪念邮票全2枚中的第二枚"战争年代"）。这几枚有限的伟人吸烟形象图案的邮票，抓住了伟人不同时期、不同状况下工作和生活的习惯特征，用于体现人物的内在气质和精神特质，传神地表达了人物独特的精神风貌，受到集邮爱好者和烟民的喜爱，同时也成为烟文化和名人故事的有机组成部分。

烟文化与文化认同。中国历来有"酒品看人品""烟品看人品"之说，小小的烟卷、不经意的吸烟行为，往往起到划分人群、区别阶层、定义远近亲疏的认同行为。甚至从一个群体对烟的态度，可以反映出当时当地的价值取向、精神追求等。例如徐志摩曾经在散文《吸烟与文化》中，从牛津、剑桥（原文作"康桥"）的"抽烟主义"扯到了英国传统的"贵族教育"，扯到了中国传统的书院制度，表面上"离题万里"，吸烟不过成了引子；实际上，徐志摩是把抽烟、散步、闲谈、看闲书等都看成了"文化教育"的一部分，同时对那种机械性、买卖性的教育制度加以抨击。他的散文，其实回答了"烟斗里如何抽得出文化真髓来"的疑问。徐志摩的笔下，烟更多地与某一个阶层特定的教育价值取向紧密关联，是判断文化圈的一种特殊符号。如清朝大学士纪昀戏称自己为"大烟袋"，当代作家汪曾祺也称自己是个"老烟民"。尽管它从表面看来只是一种称呼，但本质上却能体现吸烟于他们而言已经不只是一种行为，更是描述自我的代名词，证明他们已将吸烟融入自我概念之中。心理学将这种现象称为吸烟身份认同，而这种身份认同也因为主体的不同、地域的差别呈现不同结果。例如妇女吸烟问题，在西方世界往往蕴含着女权主义、女性的独立自主等含义，而在我国北方，女性吸烟不过是普通民俗的一种。吸烟行为对身份和文化认同的"标签化"作用,在长期的历史发展中隐而不发却又真切存在。它所代表的圈层文化、阶层分化、身份认同等文化内容,是当下不可忽视的重要文化现象之一。

烟文化展现出来的五彩缤纷的世界,是人类文化生活重要的构成内容。通过对烟文化的研究和梳理,不仅能够让我们从不同的视角观察"来时路",领略不同时期相同文化主题的丰富和深邃,而且有利于我们从历史的高度更好地体味和发扬蕴藏其中的优秀文化传统。

## 三、中国烟草的传入和烟文化的发展

中国烟文化不是无源之水、无根之木,它伴随着烟草传入我国、烟产业在中国的落地生根等,在长期的传承演变过程中,不断融入社会发展的历史长河,渗透到社会生活的方方面面,和中国近现代的政治、经济、文学、艺术、民俗风情等许多领域发生深刻关联,最终成为中华文化不可分割的一部分。从烟文化的角度进行审视,能够为我们了解中国近现代史打开了有价值、有意义的另一扇窗口,为我们更好地认识和弘扬传统文化提供了不同的视角。

烟草是我国的主要经济作物之一,在国民经济中占有十分重要的地位。早在 2008 年,中国的卷烟消费和生产就居世界之首。① 从烟草的利用时间上来说,据 1940 年中国实业国际贸易局出版的《烟草》一书称:在 225 年,诸葛亮率军南征时,士兵受到瘴气感染,当地居民送来韭叶云香草,士兵燃烧吸取其烟,驱除瘴毒侵袭。这是吸水烟的开始。于是,云香草被移植到甘陕等地,渐渐成了当地家种的烟叶,并制成闻名国内外的水烟,以延续至今。中国著名晾晒烟产区山东兖州、河南邓县(今邓州市)等地也广为流传,现在当地栽种的烟草,就是三国时期诸葛亮用以避瘴气的云香草,经过栽培驯化之后,从

---

① 胡德伟、毛正中主编:《中国烟草控制的经济研究》,经济科学出版社 2008 年版,第 235 页。

野生烟演变为现在的晾晒烟。关于诸葛亮南征得到云香草治病的传说,现今仍在中国各产烟区传为美谈。而湘西土家族、苗族地区流传的《烟源歌》里明确唱道:"要说烟源三国起,征讨南蛮战火生。孔明亲自把兵督,沅澧两岸扎重兵。孟获战败无处躲,银坑洞内把身存。只因孔明计策好,又打又拉攻不停。团团转转都围住,还用百草辣子熏。其中有种黄金叶,胜过其他几十分。眼看熏得命难保,孟获无奈现原形。其实金叶叫烟草,一直流传到如今。"这一记载比哥伦布发现新大陆得到印第安人赠送烟草的时间早了 1267 年。此外,医学家兰茂(1397—1497)所著《滇南草本》中,也有关于西南人用烟草治病的记载:"野烟,一名烟草,性温,味辛麻,有大毒。治疗毒疔疮、一切热毒疮;或吃牛马、驴、骡的死肉,中此恶毒,唯用此可救。"这种"野烟"也许就是原生烟,当时一般作为药物使用。这一记载同样比哥伦布发现烟草早了 122 年。不过,从当下较为公认的传播路径来看,烟草传入中国时间并不悠久。根据以上记载和中国人对"烟"的利用,之所以出现传播时间和利用时间的差异,主要因为现有烟草知识体系的认识角度不同。应该说,我国对原生烟草的利用非常悠久,但就通过哥伦布引入世界的烟草传播来说,我国仅有几百年的历史。

关于烟草在何时、从何处传入我国,学界历来众说纷纭。目前普遍认为,在明代以前,我国没有任何相关的烟草种植和关于吸烟的记载,国人吸烟是由外邦传入的。例如,在《烟草谱》中,陈琮表示"烟草之来莫详其始","烟草出自边塞外蕃。厉鹗《樊榭集》云,烟草《神农经》不载,出于明季,自闽海外之吕宋国移种中土,名淡巴菰,又名金丝薰"。① 多伦多大学中国史教授蒂莫西·布鲁克则认为,烟草沿着两条线路来到了中国,这两条线路都从南美洲开始,一条是通过葡萄牙人,另一条则通过西班牙人。② 我国著名历史学

---

① (清)陈琮辑:《烟草谱》,清嘉庆二十年(1815)刻本,国家图书馆。
② [美]蒂莫西·布鲁克:《明清时期中国的吸烟现象》,载[英]桑德尔·吉尔曼、周迅等《吸烟史——对吸烟的文化解读》,汪方挺、高妙永、唐红、张薇译,九州出版社 2008 年版。

家、社会活动家、现代明史研究的开拓者和奠基者之一吴晗先生则认为，烟草从海路传入中国，具体路径有三条：第一条路径是在1673年《（广东）高要县志》中记载，由越南（交趾）输入我国广东。同时根据《玉堂荟记》所载："烟酒古不经风，辽左有事，调用广兵，乃渐有之，自天启中始也。"第二条是在明朝万历年间（1573—1620）时，从菲律宾到我国台湾，以及传播到福建漳州、泉州。方以智《物理小识》曰：淡芭菰烟草，万历末携至漳泉（今福建漳州、泉州）者，马氏造之曰白果（音）。明代张介宾《景岳全书》说：此物（烟草）自古未闻也。近自我明万历时始出于闽、广之间，自后吴、楚皆种植也。清《台湾府志》载：淡芭菰冬种春收，晒而切之，以筒烧吸，能醉人，明季漳人自湾地取种回，今名为烟。清人陆耀所著《烟谱》是烟草方面较有影响的早期著作之一，书曰：烟草处处有之，其出来自吕宋国，名淡芭菰，明季入中土。同时，大约成书于1611年，由明代姚旅所撰的《露书》中有这样的文字："吕宋国出一草，曰淡巴菰（Tobacco），一名曰醺。以火烧一头，以一头向口，烟气从管中入喉……有人携漳州种之，今反多于吕宋，载入其国售之。"根据此记载，当时的福建漳州一带不仅流行吸烟，而且其出产的烟草大部分向吕宋国出口。第三条路径则是在天启辛酉年（1621）、壬戌年（1622）后，从日本到朝鲜再到辽东。有钱保汾咏高丽烟的词为据："白约岗浓，绿红沙净，无端孕育出有情枝叶。"这里的"白约"指的是长白山，而"绿江"指的是鸭绿江。根据蒋慕东、王思明后来的进一步考证，认为吴晗先生提出烟草从海路传入我国的三条路径较为合理，但第一条路径的时间尚可商榷。他们认为，根据1636年《（广东）恩平县志》中的"烟叶，出自交趾，今所在有之，茎高三四尺，叶多细毛，采叶晒干如金丝色，性最酷烈，取一二厘熏竹管内以口吸之，口鼻出烟……"相关记载，第一条传入路径的时间应该在1636年。可以看出，17世纪初叶，应该是烟草传入中国的时间节点。美国学者戴维·考特莱特也认为："1600年左右，福建水手和商人又把菲律宾烟草带进中国,不久之后,吸烟草的热潮也在中国传开了。"① 同时,根据唐启宇《中国作物栽培史稿》的研究,历史上烟草传入中国不是一次完成的:一是明代红花烟草传入闽广一带,再传入内地以及中南部地区;二是明清时期耐寒的黄花烟草传入东北地区、华北地区和西北地区;三是20世纪初烤烟传入中国,以及中后期白肋烟、香料烟、马里兰烟传入。②

烟草传入中国以后,国人逐渐称之为"烟",而文献中最早使用"烟草"一词来表示可以抽的"烟"的,是在明代方以智的《物理小识》一书中。③之后,在逐步传播的过程中,因为国人对这种神奇植物的赞赏,烟草得到了很多美称,如"还魂草""金丝醺""芳草""仙草""相思草""忘忧草"等,表达着中国人对这种新奇植物的接纳和喜爱。明朝张岱在《陶庵梦忆》里讲到烟草普及的迅猛程度时说:"余少时不识烟草为何物。十年之内,老壮童稚、妇人女子无不吃烟。大街小巷尽摆烟桌,此草妖也。"清代陈琮的《烟草谱》是一部关于烟草的专著,从前人著作中辑录而成的,其书系统地介绍了有关烟草的知识,被后人誉为清代烟草历史、文化的总集。根据《烟草谱》,就烟草的来历、别名和种类,烟草的栽培过程,烟草的利弊,烟草的相关趣闻、故事以及有关烟草的文学作品做了详细的论述。《烟草谱》和汪师韩的《金丝录》、陆耀的《烟谱》并称为"烟草圣经三部曲"。同时,由于《烟草谱》中超过半数的资料都是对吟咏烟草诗歌的记载,我们可以推论,当时的中国精英们或者至少是知识分子已经在文化上和生活中适应并接受了吸烟这件"新鲜事物"。

由于烟草具有较强的生命力和对自然条件较强的适应性及其强劲的消费需求带来的较高的经济性,烟草种植因此得以大范围推展开来。"清中叶以后,随着吸烟的发展,北自松花江,南至雷州半岛,东起胶东半岛,西至甘肃、新

---

① [美]戴维·考特莱特:《上瘾五百年——烟、酒、咖啡和鸦片的历史》,薛绚译,中信出版社2014年版,第11页。
② 蒋慕东、王思明:《烟草在中国的传播及其影响》,载《中国农史》2006年第2期。
③ 汪从文:《〈烟草谱〉与烟草文学》,载《山西农业大学学报》(社会科学版)2013年第12卷第2期。

疆等地皆有烟草种植。"① 随着时间的推移，由于地理条件的差异，不同区域种植质量毕竟有所差别，集中产烟区开始逐步出现。如陆耀②曾在《烟谱》③中品评了几种烟品："衡烟（湖南衡阳所产）缕极粗硬、味也不美。济宁烟粗缕、黑色，稍为可口。苏州杜切，色俱红黑。惟江南之松江有曰淡黄者，缕极细软，味淡性平和。近日苏州亦有香丝一种，殊似淡黄而香味过之。"除了山东济宁烟在当时闻名遐迩外，江西蒲城所产的蒲城烟、云南曲靖所产的兰花烟、甘肃兰州的水烟、东北的关东烟、山西的青烟等都曾远近闻名，成为烟中佳品。

清代后期，卷烟传入我国。清代与民国时期的卷烟，实际上就是纸卷烟，而且都是烤烟型纸卷烟，或称为烟卷、纸烟、香烟。因为初期的卷烟都由海外输入，故而又称为"洋烟"。今天我们所见到的卷烟可以分为五类：

烤烟型卷烟，又称英式卷烟。烟丝的全部或绝大部分都以烤烟叶为原料，外加香料很少，这种烟色泽鲜黄或金黄、气味醇和、劲头适中，适宜于大多数吸烟者消费，我国目前生产的卷烟大多都属于烤烟型卷烟。

混合型卷烟，又称美式卷烟。烟丝原料以烤烟叶为主，但要加入一定的白肋烟叶，有的还要加入少量的晒晾烟叶，外加香料较多。这种烟的烟丝多呈桔黄色，有混合香气，劲头较大。我国过去生产这类卷烟不多，如"古瓷"牌、"羊城"牌。我国不少地区都曾经试制这类卷烟，如四川省就有"火车""居

---

① 杨国安编著：《中国烟业史汇典》，光明日报出版社2002年版，第11页。
② 陆耀（1723—1785），字青来，又字朗夫，清代江苏吴江人。乾隆十七年（1752）中举人，十九年（1754）担任内阁中书，后调任军机处担任章京，类似现在的秘书。因办事勤奋果断，深得大学士傅恒器重。乾隆外出巡幸，也每每令其扈从。乾隆三十五年（1770），陆耀受命出任云南大理知府，次年调任山东济南知府。乾隆五十年（1785）调任湖南巡抚时，湖南大旱，他奔波在抗旱一线，最终劳累致死，终年63岁。陆耀一生著述颇丰，著有《烟谱》《切问斋文抄》《金石续编》《甘薯录》《山东运河备览》《济南信谳》《任城漫录》《大学合钞》《切问斋集》等。
③ 《烟谱》成书于乾隆三十九年（1774），是继汪师韩《金丝录》之后的又一部烟草专著。全书分为"生产第一""制造第二""器具第三""好尚第四""宜忌第五"五个部分以及附录"烟草歌""后烟草歌"。目前，中国烟草博物馆馆藏的陆耀《烟谱》为道光十三年的版本。

庸关""恐龙""华西"等牌号上市。从美国输入的美制卷烟多属此类,这也就是吸烟者对"洋烟"的味道极易分辨出来的原因所在。

晒烟型卷烟。烟丝原料以晒晾烟为主,故而烟丝看上去呈较深的橘红色,吃起来又有特殊的晒烟香味,在各类卷烟中劲头最大,我国很少生产,如"关东"烟就是这种类型,国外也只在东欧地区流行。

香料型卷烟。烟丝仍以烤烟叶为主,但加入了若干香料,故而具有特殊的香味,我国生产的如薄荷型的"星湖"牌,玫瑰型的"人参"牌,可可型的"友谊"牌、"凤凰"牌等。

药物型卷烟。烟丝仍以烤烟叶为主,但有意加入一些中药,可以减轻吸烟对人体的损害。这类烟是后来才研制投产的,如北京的"金健""中南海""长乐",吉林的"人参"牌等。

在清末民初时期进口的卷烟,就只有烤烟型这一种,我国当时生产的也只有烤烟型这一种。当时我国各地所生产的烟叶都不是烤烟,而是晒晾烟。所以,初期的卷烟厂开办以后,必须从大洋彼岸运来美国弗吉尼亚州所出产的烤烟,并挑选一些勉强可以制造卷烟的国产晒晾烟,混合使用,河南、湖北、广东、江西、陕西、甘肃、东北等地的部分晒晾烟都曾用来生产卷烟。

随着外国烟草资本和企业对中国的入侵,英美等国烟草企业为谋求廉价的原料,开始对中国各地的土产烟叶及土壤、气候等情况进行广泛的调研,以选定适宜烤烟试种和推广的地区。英美烟草公司是在中国生产烤烟的最积极的推动者。从1912年开始,英美烟草公司派出了一批又一批技术人员,调查了十几个省的多个县市,寻找发展烤烟生产的基地。后逐渐形成了黄淮烟区(包括山东潍坊、河南许昌和安徽凤阳、门台子等)、东北烟区(包括南满铁路沿线的40多个县、旗)和西南烟区(包括云南、贵州、四川三省)三个较大的适种区域。①

随着种植和生产的扩大化,与烟草相关的商品经济也有了显著的发展,在

---

① 参见杨国安编著《中国烟业史汇典》,光明日报出版社2002年版,第43~45页。

客观上为烟草生产发展和吸烟的普及提供了有利条件,也催生了我国烟文化的发展。从文献资料和现有研究来看,我国烟文化的发展和以下几个因素紧密相关:

一是医学界的盲目推崇。烟草刚传入我国时,人们并不仅仅把烟草看成是"提神"之物,而是作为一种"特效药"来对待。据最早著录烟草的医学书籍《本草汇言》载:"此药气甚辛烈,得火燃取烟气吸入喉中,大能御霜露风雨之寒,避山蛊鬼邪之气,小儿食此能杀疳积,妇人食此能消症痞。"《食物本草》云:"烟草火味,治风寒,塞外边瘴之地食此最宜。"《药理小识》云:"金丝烟,食其气,能解瘴散臌,宽中化积,去寒痹,但不宜多食。"《姚旅露书》云:"烟气从管中入喉,令人醉,亦避瘴气。"明代的大医家张景岳更是对烟草大加颂扬,他在著作《景岳全书》中称赞吸烟可以壮阳、祛风湿,认为是"顷刻取效之神剂也"。像张景岳这样的医家在当时非常有影响力,他们的推崇对烟草的早期传播起到了推波助澜的作用。从烟草在世界的传播来看,"它们起初都是外地来的稀罕药品,医生们会针对其利弊热烈发表针锋相对的意见。这些同行间的争论通常不会引起官方注意,要等到这种药物开始在非医疗领域普遍使用,才会引起舆论争议与政府干预"①。如今走在戒烟运动最前沿的医学界,最初恰恰是烟草传播的推动者。作为一个引进的新品种,医学界对它寄予某种厚望其实也是可以理解的,就好像一种新药的诞生往往会激发人们更大的探索热情,但医学界对于烟草的这种热情带来的后果,也让人始料未及。

二是人们对新鲜事物的好奇。烟草是典型的"舶来品",但由于其传入时自带的"国际性"、传说中供达官贵人使用的"高级货"属性,以及当时医学界对烟草治病的认识,让人们在好奇心的驱使下尝新、尝鲜,并逐渐成为一种风尚。例如对于烟草治病的传说,民间曾经有一个传说:明朝军队征滇之时,很多部队感染了南方的传染病而全军覆没,唯独有一支军队毫发无损,事后发

---

① [美]戴维·考特莱特:《上瘾五百年——烟、酒、咖啡和鸦片的历史》,薛绚译,中信出版社2014年版,第87页。

现这支部队是由带着烟枪的吸烟者组成的。这个传说其真实性无从考证,但却迎合了吸烟者的好奇心理以及因为传说中的疗效而跃跃欲试的冲动,为吸烟者提供了一个很好的借口,同时也吸引着更多的人成为烟民。另外在烟草传入之初,不少文人学士、达官贵绅认为吸烟是一种雅好,吸烟的情趣往往被着力渲染,以烟为题的文章、诗词之类在文苑中彼处皆是。蔡家琬《烟谱》提道,有人认为"士不吸烟饮酒,其人必无风味"。正是追逐这种绅士风味,使不少人对烟草由"索而赏试"到"顷必必需",甚至达到"如感狐媚,如蛊妖色"的地步,这使得烟的传播打上了风雅的印记。

三是与本土文化的基因相近,便于融合。中国的道家文化强调养生修行,强调气息调理,而烟雾这种虚无缥缈的物质恰好与之暗合,因此长久以来都有"焚香""燃烟"的习惯,属于修炼和养生的一部分。因此,在烟草还没传入国门之际,中国人早已用燃香而生的真正的"香烟"与神联络沟通了,烧香拜佛,焚香祭祀,所有的愿望、祈求都托付给袅袅直上的青烟传达给上苍。"一瓣心香,燃而为烟。"烟是人与神的信使,中国文化中的神仙都是吸烟的,神仙通过吸烟了解凡情,采取措施。虽不敢说中国人对烟草吸食有文化方面的准备,或者说先天的亲和力,但与外来的烟草吸食没有文化上的相斥却是事实。因此,民间对"烟"的使用不仅没有排斥,反而有心理上的崇敬和接纳。烟草的传入,只是让吸烟行为进一步世俗化了而已。随后,在烟的普及过程中,文化上的接纳对于烟草的长久传播具有决定性作用,使吸烟行为可以根植于我们的文化土壤,最终成为我们生活的一部分。几百年来,以咏烟为题的诗词歌赋、文章著作的相继问世对烟草的传播起到了推波助澜的作用。清朝雍正年间的《金丝录》是我国第一部烟草专著,录有明末清初有关烟草的记录、论述、诗词等,反映了中国烟草早期的发展状况。另有《烟谱》《烟草谱》《烟经》《烟志》《烟食考》《吃烟论述》《淡巴菰百录》等早期著作,其中有趣的是《淡巴菰百录》收录了烟草诗100首,于1782年乾隆年间出版,以浅

显的诗句、丰富的内容反映了清代中叶以前的烟草状况。① 在广泛的传播和日益融合的过程中，烟草的文化内涵日益丰富，并在不同的领域得到发掘和弘扬，成为我国文化宝库中不可或缺的一员。

四是烟草的精神纾解作用得到强调和认可。《烟草谱》认为："烟之为用，其利最薄：避瘴祛寒之外，坐雨闲窗，饭余散步，可以遣寂除烦；挥尘闲吟，篝灯夜读，可以远辟睡魔；醉筵醒客，夜语篷窗，可以佐欢解渴；斗室之中，热沉檀，饮芥片，而一枝斑管呼吸纤徐，未始非岑寂中之一助也。"抽烟被认为是一种可以共享的享乐行为，不光自己抽，也逐渐成为社交利器，可以鼓动大家一起抽。西方研究者甚至认为："近代早期90%的人口陷于痛苦贫穷之际，正是烟草等新兴瘾品成为大众消耗品的重要时机。这些东西是对抗难堪处境的意想不到的利器，是逃避现实桎梏的新手段。"② 烟草的精神纾解、提神解闷作用，在传播中不断得到强化和认可，成为烟草被广泛接受和喜好的共同原因。尤其在个人遭受挫折、社会发生动荡的年代中，这一作用更是极大地促进了烟草使用率的提升和使用度的普及。

从烟草的传入到我国烟文化的萌芽、形成、发展、繁荣来看，大概可分为以下几个时期：

第一阶段是烟草传入和烟文化萌芽时期，即明末清初。通过如前所述的三条途径，从美洲传向世界的烟草在一百多年后抵达了古老的中国，和中国传统文化融合后开启了中国烟文化的发展之路。这一阶段，伴随着激烈的争论，当时最为集中的争论在于对烟草功用的看法，一部分人认为烟草是"良药"，有"治百病"的功效；另一部分人则声称烟草有毒，对人的身体健康危害很大。种种争论并未能使刚刚传入的烟草丧失生命力，反而伴随着不同的意见，烟草在华夏大地广为接受，烟文化也在激烈的讨论和封建帝王的禁烟、解禁中逐渐萌芽。

---

① 戎国荣、王安珠：《源自天上的烟雾》，载《生命世界》2006年第5期。
② [美]戴维·考特莱特：《上瘾五百年——烟、酒、咖啡和鸦片的历史》，薛绚译，中信出版社2014年版，第118页。

第二阶段是烟文化的形成时期,即清朝。在明末清初烟文化萌芽之后,全国吸烟之势逐渐燎原。清朝是我国学术兴盛的繁荣时期之一,大批文人学者对明朝以前各朝代的种种学术都加以钻研、演绎而重加阐释,集历代之大成,因此梁启超在《清代学术概况》中称清朝为中国的"文艺复兴时期"①。鉴于晚明政治腐败、内忧外患不断,宋明理学流于空泛虚伪,致使清初学者多留心经世致用的实用型学问。而与烟文化直接关联的鼻烟壶,则是多项技艺的"集大成者",小小的鼻烟壶充分展示了当时工匠们高超的雕刻技巧、绘画功力和艺术才华。由于有深厚的文艺积淀,加上康熙、雍正、乾隆三朝帝王及王公大臣普遍爱好鼻烟壶艺术,众多名人雅士从艺术创造上渲染吸烟情趣,关于烟文化和烟草研究的著作开始推出,诗词歌赋中关于烟的创作也不乏其数,清朝的烟文化逐渐五彩斑斓,烟具文化、烟标艺术不断发展,在文学、艺术、法律、科学、经济等方面,烟文化都有全面的反映。因此,清朝是我国烟文化当之无愧的形成时期。

第三阶段是烟文化的发展时期,即民国时期到改革开放前。随着卷烟工业的兴起、烟草公卖和专卖制度的实施以及相应烟草科研机构的建立,特别是许多伟人和名人与烟结下了不解之缘,使中国烟文化得到进一步的丰富和发展。

第四阶段是烟文化的繁荣时期,即改革开放至今。十一届三中全会之后,烟草行业掀开了崭新的一页。烟草行业依托国家专卖专营制度,不断深化改革与发展,烟草营销、品牌战略、企业文化建设等契机让烟文化随之得以不断繁荣。

---

① 朱德发:《梁启超的"中国文艺复兴"观——解读〈清代学术概论〉》,载《东方论坛》2012 年第 5 期。

# 第二章　烟文化与圈层生活

圈层生活是文化圈层的产物。不同地理、政治、经济和历史生活原因造就了多种多样的文化群落。"圈层生活"体现了作为生活主体对文化群落的认同、选择和实践，它自始至终存在于每个人的生活之中，有着相对独特的生活轨迹，形成一套特定的价值观念系统，彼此有某种特殊的辨识方式和标签化行为，使之成为这个圈层中被认同的形式化的概念、思路以及判断生活的起点和终点，即所谓的"物以类聚，人以群分"。"到20世纪中期，香烟已经成为一整套高度礼仪化的社会交往中普遍存在的支柱。从咖啡时间到高校研讨室，从酒吧到餐馆到会议室和卧室，香烟永远都在场。"① "别看它外表简单，你手中的香烟可是个高科技的现代产物……它其实远比我们想象的更复杂、更难以捉摸。"② 吸烟行为所蕴含的文化内涵，是圈层生活中重要的标签方式之一，可以分成不同的个性表达、价值认同，甚至深藏于烟文化之后的理念和情怀，让具有特定经济属性的消费群体聚合在一起。烟文化及其蕴藏其中的圈层生活，既表达着吸烟行为对文化现象的丰富，也是对文化多元化的贡献。

---

① ［美］阿兰·布兰特：《香烟的世纪——香烟的沉浮史告诉你一个真美国》，苏琦译，东方出版社2011年版，第181页。
② ［法］迪迪埃·努里松：《烟火撩人——香烟的历史》，陈睿、李敏译，生活·读书·新知三联书店2013年版，第3页。

# 一、烟文化与礼仪规范

吸烟尽管是个性化的行为方式，但是一旦成为群体性的选择，这种个体化的行为方式就上升为地地道道的"文化模式"。"比如在中国它被赋予强烈的交际作用，是一种让人'看得见'的消费。吸什么烟、怎样吸烟并不只是纯个人问题，消费行为会影响周围人对自己的评价，这本不是烟消费独有的，但它因频繁发生而显得典型却是事实。"① 由于烟草所具有的能够提供愉悦、安慰，能够帮助吸烟者从生活的压力中解脱出来的作用，让它承担起一系列的社交性和休闲性的功能，成为不折不扣的社会共同享有的规范。"随着烟民个人财富的增长，他们所吸的烟就会不断变化，从而向别人昭示其实力的增长，而整个社会就是通过这种表示来清晰地定义和划分社会阶层的。"② 不同地区对吸烟行为的不同价值观、认知方式和吸烟方式，融合成丰富的礼仪习俗呈现在现实生活中，深刻影响着人们的交往、习俗、礼仪和彼此的认同。

礼尚往来，无烟不成礼。敬烟是烟草传入中国后，结合了旧有的"劝进"③ 习俗而形成的新礼俗，并随着烟的普及形成一套交往规范，成为招待客人最常用的物品。中国传统文化中个人行为社会化、社会问题伦理化的倾向更是强化了烟草消费中的礼仪和交际功能。中国传统的交际之物，长久以来是酒和茶，故有"茶交居士""酒结侠客"之说。烟草进入中国之后，烟的精神享受通过吸烟的共享行为成为日常交际中最好的润滑剂和媒介之一。在待客礼仪文化层面，烟草被认为是酒后茶前的必备之物。清人陆耀在其《烟谱》中写道："近世士大夫无不嗜烟，乃至妇人、孺子亦皆手执一管。酒食可阙也，而

---

① 郑天一、徐斌等：《烟文化》，中国社会科学出版社 1992 年版，第 85 页。
② ［英］伊恩·盖特莱：《尼古丁女郎——烟草的文化史》，沙淘金、李丹译，世纪出版社 2004 年版，第 157 页。
③ 劝进：在交际中用劝解的方式让对方多食、多用的行为。

烟决不可阙。宾主酬作，先以此物为敬。"客人到来而未及敬上茶水之时，先给客人递上一筒烟，在烟雾轻飘之中寒暄叙旧、闲话漫谈，既可省去苦等茶水之烦，又可聊助谈兴。陈元龙也将以烟待客比同以茶待客，他说："醉人无借酒，款客未输茶。"这说明，在清代烟草已经成了新的礼遇客人之物，客到敬烟则成为与以茶待客一样重要的待客礼仪。时至今日，不论陌生还是熟识，一根小小的香烟成为良好的互动开端。烟成为不论高低贵贱者真正的沟通媒介。作家林徽因写道：

> 凭了你手指中的烟，你可不失礼貌地对一个不相识者说："可否请给我一根火柴？"或者更简单地——"火柴？"
> 
> 而你或者由此可使他成为你的一个相识，在你想使他成为你的一个相识的时候。
> 
> 就是向人家要一支烟也似乎并不被看作一件怎样不合理的事情。比如有人向你说：
> 
> "对不起，先生，我烟抽完了，这地方（或这时候）又没有得买——"
> 
> 不要到他再说下去，你就会很愉快地献出了你的烟。
> 
> 烟是一个那样地不着痕迹的介绍者。①

烟的亲和力使得烟草彻底融入讲究礼俗的中国传统文化中。相当长的一段时间内，中国男性标准的打招呼方式便是问："抽烟吗？"同时，一手递过香烟。就算是在禁烟浪潮席卷全球的当下，日常交际或者商务往来中，烟草仍然在扮演着不可或缺的重要的角色。在可以吸烟的场合，吸烟者会向在场的每一位、至少是在场男士传递奉敬香烟，以示对对方的尊敬。以前用火柴点烟，现在用者极少，多用打火机点烟，而为别人敬烟点烟的标准姿势应该是，离对方半臂距离，将火苗调至适中，一手遮风一手点火，先点烟后点头，以示感谢对

---

① 转引自大丰、朝晖《中国烟民与烟文化》，岳麓书社2007年版，第49页。

方的配合。这样，在一套自然而优雅的点烟动作结束后，双方便开始了思想与情感的交流。如果自己吸烟而没有敬烟的环节，会引起在场人的心理不适，甚至产生猜测与疑惑，被当作不友好的行为，或者被认为傲慢、不通世事、不宜合作等。

　　吸烟礼仪，不遵则不敬。从明代传入中国后，烟草便与中国人结下了不解之缘。以礼仪之邦著称于世的中国人，在对烟草的使用和吸烟行为中，自然形成了一套吸烟的礼俗。清代提出"八宜""七忌""七节""五可憎"，《昭代丛书·烟谱》中载烟有宜口吃者八事：睡起宜吃，饭后宜吃，对客宜吃，作文宜吃，观书欲倦宜吃，待好友不至宜吃，胸有烦闷宜吃，案无酒肴宜吃；忌吃者七事：听琴忌吃，饲鹤忌吃，对兰忌吃，看梅花忌吃，祭祀忌吃，朝会忌吃，与美人眠枕忌吃；吃而宜节者亦七事：马上宜节，被裹宜节，事忙宜节，囊悭宜节，踏落叶宜节，坐芦篷船宜节，近故纸堆宜节；吃而可憎者五事：吐痰可憎，呼吸有声（指吸、吐烟时）可憎，主人吝啬可憎，恶客贪饕可憎，取火而火久不至可憎。这些吸烟的经验之说值得今人借鉴。现代人吸烟也有"礼仪"可遵，如在公共场所，凡标有"禁烟"提示的地方不能吸烟；在妇女面前，应先表示一下歉意再吸；到别人家里作客时，主人如果不主动敬烟，家中又无烟具，这时客人不应喧宾夺主地取烟递给主人；有客人到来时，主人应主动敬烟，对宗教界人士和奉行基督教、伊斯兰教的少数民族不要敬烟；即使自己不吸烟，对新郎或新娘的烟不能不接，不要随地抛烟头、吐唾沫；在日常生活中，则要"三忌"，即一忌饭后吸烟，二忌烟酒混合，三忌在厕所里吸烟等；请人点烟时，两手应托住对方的手，以免火头太低，使被点烟者看上去像是在鞠躬；注意"一火不点三烟"，这一点欧洲人尤其讲究，据说在1899年的布尔战争时期，一群士兵在距敌方不远的丛林里吸烟，每次都是点到第三支烟时，枪响子弹到，吸食者当即毙命，因为点第一支烟时，敌方发现目标，点第二支烟时扳机上膛，点第三支烟时被瞄准射击，而在中国人眼里"三烟"与"散火"谐音，有不吉利之意，故中外都讲究"一火不点三烟"……这些旧礼新俗的吸烟规范，既有一定科学道理，又体现了礼仪之邦的本色和烟草文化的内涵。

以烟联姻，无烟不成亲。烟草成为一种"物媒"，与部分少数民族婚俗的融合形成的"烟亲"，是较为独特的文化现象，"物媒"是以某种约定俗成的物品为中介而作为传递爱情的信物。从广义的婚姻中介来讲，"物媒"作为一种补充形式，自古以来就在各民族的婚姻生活中广泛存在着。与烟文化关联的如部分瑶族的"面烟亲"、云南花腰彝的"对烟亲"，都是把烟草作为男女之间的恋爱媒介或者定情之物。壮族也喜欢借助烟草和吸烟行为谈情说爱。《西北县志》载："通过佳节或赶街，男女各携烟品，约会田野草露间，携手并肩，歌唱舞蹈以为乐，各吃大草烟。视所欢者即与逃去。"① 佤族男青年相约到某家"串姑娘"时，通常是边聊天边抽烟。男青年如果对姑娘有意，便会唱起小调，让姑娘为其装烟、点烟，以试探姑娘是否也有情意；女方则通过给男方装烟、点烟表达爱慕之情，如果姑娘认为他是意中人，便会欣然应允，甚至是找借口为其装烟、点烟。此外，以烟联姻的民族还有拉祜族，其自产的旱烟是婚宴上的必备品；云南金平的哈尼族存在"火塘传烟"的说媒婚俗；傈僳族则有通过送绣花烟包向姑娘求爱的习俗；德昂族则是烟盒、烟丝传情；广西巴马瑶族有恋烟习俗等。东北的满族在结婚时，新娘为亲属长辈装烟，然后点烟、敬烟是必不可少的重要礼仪。居住在云南德宏梁河、陇川一带的阿昌族，如果某个小伙子在对歌时相中了某个姑娘，就用进烟的方式请对方收下烟盒，此为"相送"；若是女方对男方有意，便收下男方的烟盒，过几天把缀着蚂蚱花的披巾以及香烟、火柴等，用纸包好，再用染了色的彩线捆好后结个活扣送给小伙子，以表示对他有爱慕之心，此为"回礼"。烟草成为男女联姻的第一步。随着时代的发展，少数民族地区的风俗也在不断地演变，一些曾经的礼仪习俗包括婚俗在内逐渐变化着；再加上民族文化和主流文化融合，以及禁烟的全民化、全球化趋势，现在这种"以烟联姻"的现象已经越来越罕见了。但是这并不能否定烟在曾经的民俗发展中所扮演的重要的角色。

---

① 转引自明炉、雪娃编著《中国烟文化史稿》，中国青年出版社2003年版，第255页。

吐烟特技，曾经风靡的烟戏。烟戏是清代烟民创造的一项特技。民间精明的吸烟者在满足了自身的嗜好之余，顺便将"吞云吐雾"练成了本事，或吐烟圈数十，于小中生大、大中套小；或是不急不缓于空中吐出图案；或是借助其他道具玩出花头，于亲朋好友相聚时露上一手，以博得满堂欢笑。这在旧时被称为"烟戏"，算是民俗中的一种特技。明末清初的张潮在《虞初新志》中便有"烟戏"的记载，"烟戏"在清朝时期比较兴盛，民国末年开始没落，现已基本失传。

张潮在《虞初新志》卷十六中写道：

有某大僚，荐一人于某有司，数日未献一技，忽一日辞去，主人饯之。此人曰："某有薄技，愿献于公，望公悉召幕中客共观之，可乎？"主人始惊愕随邀众宾客至。询客何技，客曰："吾善吃烟。"众大笑，因询能吃几何？曰："多多益善。"于是置烟一斤。客吸之尽，初无所吐。众已奇之矣，又问仍可益乎，曰："可。"又益以烟若干，客又吸之尽，"请从容观吾技"，徐徐自口中喷前所吸烟，或为山水楼阁，或为人物，成为花木禽兽，如蜃楼海市，莫可名状。众客咸以为古未曾有，劝主人厚赠之。由是观之，诚未可轻量天下士也。

在纪昀的《阅微草堂笔记》卷二十四中有这样的描述：

戊寅（指1758年）五月二十八日，吴林塘年五旬时，居太平馆中，余往为寿。座客有能为烟戏者，年六十余，口操南音，谈吐风雅，不知其何以戏也。俄有仆携巨烟筒来，中可受烟四两，燕火吸之，且吸且咽，食顷方尽。索巨碗滴苦茗，饮旋，谓主人曰："为君添鹤算可乎？"即张嘴吐鹤二只，飞向屋角。徐吐一圈，大如盘，双鹤穿之而过，往来飞舞，如掷梭然。既而戛然有声，吐烟如一线亭亭直上。散作水波云状。谛视，皆寸许小鹤，颔顾左右，移时方灭，众皆以为目所未睹也。俄其弟子继至，奉一觞与主人曰："吾技不如师，为君小作剧可乎？"呼吸间，有朵云飘渺筵前，徐结成小楼阁，

雕栏绮窗，历历如画，曰："此海屋添筹也。"诸客复大惊，以为指上毫光现玲珑塔，亦无以喻是矣。以余所见诸说部，如掷杯化鹤、顷刻开花之类，不可殚述，毋亦实有其事，后之人少所见多所怪乎！如此事非余目睹，亦终不信也。

据李斗《扬州画舫录》卷十一所载：

此事发生在西湖上：匠子驾小艇游湖上，以卖水烟为生。有奇技，每自吸数口不吐，移转绿，微如远山。风来势变，隐隐如神仙鸡犬状，须眉衣服，皮革羽毛，无不毕现。久之色深黑，作山雨欲来状，忽然风生烟散。时人谓之"匠烟"，遂自榜其船曰："烟艇。"

据徐珂《清稗类钞》山右客善烟戏：

烟戏，以吸旱烟之烟为之也。乾、嘉间，吴林塘广文在京，其同年为设五旬寿宴。吴居太平会馆，贺客盈门，至暮，设筵，几三百座。时纪孝廉汝佶年最稚，而兴最豪。有阿其尊人文达公善谐噱者，且以难孝廉。孝廉谈笑风生，一座捧腹。由是满浮大白，请同座各献所能，以为林塘寿。

时有山右客某擅烟戏之术，本售技于燕、赵间，特挺身自荐，命其仆以烟筒进。其筒长径尺，而口特宏大，能容四两有余，蒸火吸之，且吸且嘘，若不见其烟之出入者。少顷，索苦茗一盏，饮讫，即张口出烟一团，倏化为二鹤，盘旋空际，数十往返。俄闻喉间有声，惟水云一庭而已。细视云鳞中，皆寸许小鹤，渐舞渐大，渐离渐合，又渐聚为二鹤。未几，客手一招，鹤入其口而灭。众复请之，客张口出朵云，中有层楼峭阁，大如指尖，然朱阑碧槛，隐约可见。末复于云山缥缈间，现出"海屋添筹"四字，稍稍化去。众意犹未惬，尚有后请，客订以明日。至明日，则室迹人远矣。或问客为何如人，吴憮然，疑贺友所邀者，殆亦云游中之奇人也。

由上几例可以看到，尽管当今"烟戏"已经失传，但在清代的吸烟大军中，因为对吸烟的全身心投入，才能将吸烟操练为一门技巧，才可以在"吞云吐雾"中创作出花样与图案，成为清代烟民创造的一项绝技。

除了以上几种，和烟相关的民俗还包括丧葬中作为殉葬品的烟草和烟具，民族舞蹈艺术中别具一格的"烟盒舞"等。

## 二、烟文化与社会属性

吸烟行为尽管是个体性选择的结果，但是烟草和烟文化经过几百年的发展，吸什么样的烟、怎样吸烟、遵守哪些吸烟礼仪等，成为不同时代划分人们社会属性的标签之一。"对人类而言，吸烟是一件十分自然的事情。无论在什么场合，吸烟的行为都加强了我们在人际圈中的关系，我们把它称作交际。"①伴随着各地迅速的都市化、性别角色逐渐改变等现象，再加上高明的广告语营造出来的氛围和"标签"，吸烟这一本属于个人的行为选择，日益成为个人排忧解愁、寻找灵感、提神醒脑等内在追求的介质，甚至是社会交往、身份展现、办事会友的媒介。

从吸食种类看，烟草在长期栽培过程中，由于使用要求与调制方法、栽培措施和自然环境条件等方面的差异，形成了多种多样的类型。烟草按制品分类，可分为卷烟、雪茄烟、斗烟、水烟、鼻烟和嚼烟等。对不同烟草制品的使用选择，其背后隐藏着的是吸烟主体所处的区域、时代、社会特征等。卷烟是目前全世界主流使用的烟草制品，对它的使用基本上打破了地域、民族、国家、文化的限制。但是从历史上看，吸食何种烟草制品，是区分不同人群的方法之一。例如水烟，其最初起源于 13 世纪的印度，从 16 世纪开始在中东地区流行，后来才逐渐流传到阿拉伯国家，成了一种民间吸食烟草的通用方式。水

---

① ［英］桑德尔·吉尔曼、周迅等：《吸烟史——对吸烟的文化解读》，汪方挺、高妙永、唐红、张薇译，九州出版社 2008 年版，第 1 页。

烟在明朝时传入中国,后生成兰州水烟、陕西水烟等品种,其中兰州水烟用铜水烟袋,以兰州皮丝、青丝、幻丝(皆系烟叶切制成丝之名称),燃而吸之。但由于市场萎缩,中国的水烟现在已经几乎消失。再如雪茄烟,有研究认为,吸食烟草最早的应该是吸雪茄的行为,同时,雪茄被认为是极有文化的烟,"抽雪茄变成了一种强有力的社会权威和权利的象征,它的使用很快就在肖像和政治中被仪式化了"①;如何选择雪茄的产地、品牌、大小粗细,如何享用,包括完整地执行"看、摸、闻、切、烤、点、吸"的"七字真言",都成为雪茄爱好者必须遵循的法则。由于雪茄的娇贵,需要保存在专用的保湿箱内,只有适宜的温度能够使烟味保持长久不变,这让选择雪茄的人更多地附加了成功、成熟、有能力的标签。"没有什么味道比雪茄更具有阳刚之气,它常常被视为成熟男人性感和权威的象征,是男人点燃思维之火、展现绅士优雅的尤物。"② 卡斯特罗,这位古巴最富传奇色彩的人物被誉为古巴雪茄的标签,卡斯特罗年轻时一天能抽6支大雪茄;甚至因为他对雪茄的钟情,以至于美国中央情报局曾设计在雪茄里装炸弹暗杀他。而毕加索则更是一位"在雪茄的烟雾中诞生"的传奇人物。在CCTV《探索·发现》节目中播出的《毕加索的天空》中曾谈道,毕加索出生时很瘦小,全身青紫,没有呼吸,不能动弹,多亏毕加索的叔叔是位有经验的医生,他吸了一口雪茄烟,对着毕加索的鼻孔喷去,才让毕加索有了反应,从而奇迹般地活了过来。后来,毕加索一直到去世,都很喜欢雪茄。

与雪茄烟代表的"高大上"不同,嚼烟一般被认为是非常"接地气"的使用方法。嚼烟是放在嘴里咀嚼,然后吐弃烟渣唾沫的一种烟。嚼烟曾在某些印第安人部落中很普遍。1815年以后,嚼烟在美国几乎取代了吸烟斗,成为美国独特的烟草使用方式。造成这种变化的原因,一是对欧洲人吸鼻烟和烟斗习惯的一种沙文主义反应;二是对于富有创业精神的终日忙碌的美国人来说,

---

① [美]阿兰·布兰特:《香烟的世纪——香烟的沉浮史告诉你一个真美国》,苏琦译,东方出版社2011年版,第17页。
② 流苏编著:《烟的故事》,岳麓书社2004年版,第91页。

在活动中嚼烟比点烟斗方便。据1860年弗吉尼亚和北卡罗来纳两州人口普查的统计数字显示,348家制烟厂中有335家只生产嚼烟。到20世纪初,香烟越来越受欢迎,嚼烟开始走下坡路,第一次世界大战后,嚼烟的人迅速减少。

另说鼻烟。鼻烟是将烟研成细粉,杂以香料、花露等配料,之后盛于鼻烟壶中。使用的时候,有的把烟末倒出一点,用一只细管往鼻子里吸;有的直接把烟末倒在大拇指指肚上,再按向鼻孔,使劲一吸;讲究一点的,是用烟匙从鼻烟壶舀出一些烟末放在特制的烟碟中,然后,一手托烟碟,一手用拇指蘸烟末放在鼻孔处,用力吸入。一般来讲,鼻烟吸入后,先是做闭目享受状,然后再痛痛快快地打个喷嚏,回味刚才的快感,怡然自得。吸食的种类,看似主动为之,往往受到所处地域、身份阶层等的无形制约,成为不同社会属性有意无意之间的从众性选择。

从烟具使用看,不同社会等级的人采用不同的吸烟方式,同时这种差别更多地表现在所使用的随身用具的精致和装饰程度上。可以说,烟具是烟文化中最为纷繁复杂、最为灿若繁星的文化创造。"刻在烟斗上的精致体面的饰物与其说是个人的需要,不如说是社会地位的象征。无论贫富,无论高尚或平庸,人们有着相同的抽烟嗜好。不过,穷人的水烟斗是用椰子或葫芦的底部做的,而有钱人则用上色的玻璃或雕琢的金银来做。"① 例如我国清朝时期,对于烟具就十分讲究,从而促使烟具的制作工艺不断精细化、艺术化,包括水烟袋、烟筒、烟盒、烟荷包、鼻烟壶等的制作。从烟具的选择和使用,更是能够直观地辨别人群的社会地位、生活区域等社会属性。例如上文提到的水烟,最初的水烟烟具包括烟瓶、烟管、空气阀、壶身、烟盘、烟湾等部分,由椰子壳与空竹管构成,主要用来吸食老式黑烟草。在中东特别是在古代奥斯曼帝国时期的土耳其和伊朗,水烟曾一度被看作是"舞蹈的公主和蛇",在很多古代流传下来的艺术作品中都可以看到水烟的影子。波斯文学中曾有一首赞美水烟的小诗:

---

① [美]鲁迪·马修:《烟草在伊朗》,载于[英]桑德尔·吉尔曼、周迅等著《吸烟史——对吸烟的文化解读》,汪方挺、高妙永、唐红、张薇译,九州出版社2008年版。

你从嘴唇吸取了水烟的乐趣，

芦苇棒在你嘴里变得如甘蔗一般甘甜，

围绕在你脸庞的不是烟草的雾气，

而是缭绕月亮的云朵。

曾获得诺贝尔文学奖的埃及文学家纳吉布·马哈福兹的创作灵感，据说就来自他经常光顾的咖啡馆和水烟馆。西方媒体有评论说，阿拉伯知识分子的思想就装在他们的烟壶里，可见水烟在阿拉伯世界的地位和流行程度。

对中国来说，最具代表性的就是鼻烟壶的使用。鼻烟的烟料为舶来品，用时用手指撮少许以鼻孔吸之，装烟的容器就叫作鼻烟壶。鼻烟在我国清朝是历代帝王和重臣的喜爱之物，也是民间的风雅之士偏好的吸烟方式。因此，诸多鼻烟壶用玉、玛瑙、水晶、套料精做而成，上镶翡翠、白玉盖，反倒比鼻烟本身更加昂贵。而旱烟的使用则采取乌木为杆、杆下安铜锅，烟袋嘴可以用翡翠、白玉、皮子玉、象牙等制作，一般以关东烟叶燃而吸之。亲友相见，互敬吸食，且相互观摩烟袋的品质，是较为大众化的关东一带的传统吸食方法。比较讲究的旱烟杆用玳瑁、虬角、象牙、翡翠所制，尤以翡翠所制成的烟嘴为上品，翡翠烟嘴玉石斗，斑妃竹竿镶金银，非常豪华美观，再加上烟坠、烟荷包等附件，手执一杆，一步三摇，气派十足。烟袋锅子虽然大小各异，但所用材质一律都是红铜或是白铜。烟袋的好坏在旧时往往是身份和地位的象征。可以看出，对烟具的选择和使用，不仅有鲜明的地域特点，例如上文所提阿拉伯的水烟、关东的旱烟，以及中国西南尤其是云南的水烟筒，而且体现着身份和阶层，例如达官贵人喜好的鼻烟壶、西方上流社会的烟斗等。

虽然烟斗在中国并不算流行，但在国外却是大行其道的。"中产阶级把烟斗尊崇为本阶级的图腾。烟斗作用极大，既能标榜个性，又能赢得尊重，何乐而不为。"① 荷兰人对烟斗的喜好是出了名的，他们认为："一个荷兰人若没有

---

① ［英］伊恩·盖特莱：《尼古丁女郎——烟草的文化史》，沙淘金、李丹译，世纪出版社2004年版，第157页。

烟斗,他就算不上是个真正的荷兰人。一个被剥夺了烟斗和烟草的荷兰人,即使在进天堂时,他的心也是悲伤的。"① 爱因斯坦曾说:"我相信用烟斗抽烟可以使我们对人世间的事情有某种比较冷静而客观的判断。"在中国,尽管烟斗的使用并未能像西方那样风行,但是"烟斗客"却被认为是具有独特特质的一群人。通过烟斗的使用,烟斗客的特质得以呈现:"世界上爱好烟斗的男人,大都是一些严肃的、深沉的、高度理性的男人。"② 因为用烟斗抽烟需要"不温不火",掌握适度的节奏,吸快了可能烫到手和嘴,而吸慢了却又可能导致熄火。对此,心理学家曾分析认为,嗜好烟斗的"烟斗客",其"特征大致表现为冷静、稳定、内敛、谦让、较少焦虑"③。在烟斗客那里,用烟斗,不仅是一种生活方式,更是一种感悟人生的过程,是他们独特人格的一种表现形式。对不同吸烟器具的选择,表面看有消费者自身的偏好,但其实折射着人群的自我认同和社会分层。同时,烟具不仅仅是吸烟的载体,而且是交往中的重要介质。吸烟被广泛接受之后,自然而然成为集体性的爱好,例如共用一支烟斗意味着彼此真诚信任,毫无恶意。

从烟草品牌看,烟草产业化之后,品牌更是成为区隔人群的外在标签。卷烟消费心理是一种复杂的社会心理现象,它不仅受消费者自身的需要、动机等心理因素的影响,而且也受消费者活动的外界社会环境如社会经济、政治环境,文化背景、消费者家庭环境、消费者群体、消费时尚、习俗、流行等诸多因素的影响。例如:"芙蓉王诞生了,但诞生的不仅仅是一支烟,而是一种生活态度及审美意识。""芙蓉王,是精英阶层及成功人士的价值标尺,推动社会进步的文化符号。""倡导'文明、进步'的大时代核心价值观,'推动社会进步的成功'才是新时代的成功观,而以'身体力行'作为行为准则,率先

---

① [英]伊恩·盖特莱:《尼古丁女郎——烟草的文化史》,沙淘金、李丹译,世纪出版社2004年版,第69页。
② 冷冰:《烟斗:男人的至爱》,载《西部论丛》2008年第5期。
③ 张光茫:《嗜好烟斗的大师》,载《上海企业》2012年第1期。

垂范。"① 在20世纪90年代中期以前的中国，烟草是一种重要的社交媒介，例如"红塔山""云烟""恭贺新禧""阿诗玛"等这些都是送礼的佳品，也是身份的象征；在社交场所，达不到这一级别的香烟往往拿不出手。卷烟品牌塑造的关注点就是消费者的社会属性，以及与这一属性相对应的消费心理和行为特征，甚至因为不同品牌在价格上的差异，抽价格高昂的名牌烟在一定程度上暗含了炫耀性消费的动机。自古以来，时尚都是从社会上层往下层传递的，下层的学习就从使用的物品、器具、服饰等"依葫芦画瓢"地入手，而被模仿和追逐的上层则不断突破、创新，或者设置价格障碍。因此，不同价格、不同档次的烟草，隐含着的是对自我身份的认同或者是对上层生活方式的追逐，此时的抽烟行为，不仅仅是经济的体现，还是社会地位和精神状况的表现。如世界上最畅销的香烟品牌"万宝路"，从最开始定位的女性香烟，到之后转向强调"万宝路"香烟的男子汉气概，以浑身散发粗犷、豪迈、英雄气概的美国西部牛仔为品牌形象，吸引了所有喜爱、欣赏和追求这种气概的消费者的青睐，并一跃而为世界最成功的香烟品牌。许多人嘴里叼着"万宝路"，在袅袅的青烟中会不由自主联想到自己就像"万宝路"所描绘的西部牛仔，有着彪悍"大将风度"的勇猛的精神状态。

20世纪70年代流传于陕西临潼县（今临潼区）的一首民谣，也是不同身份、不同阶层的人抽不同品牌香烟的直观写照：

省里人吸"中华"，

县里人吸"猴娃"（指"金丝猴"香烟），

区、社干部吸"雁塔"（指"大雁塔"香烟），

大队干部吸"宝成"，

社员吸的是"羊娃"（指"羊群"香烟）。

---

① 湖南中烟：《"芙蓉王"：一支烟 一个群体 一个时代》，载《湖南烟草》2014年第4期。

这首民谣通俗而直接地把吸烟的品牌和人群的社会地位、社会身份做了关联,真实反映了当时的消费水平和消费特点。

从吸烟习俗看,烟草最初传入东北时还是奢侈品,在文献中经常见到朝鲜使臣向后金皇室献烟,也有许多后金或清皇室向蒙古贵族和高官赏赐烟草的记录,所以对于当时的人来说能吸上烟是一件荣耀的事,是身份和地位的象征。但是很快烟就迅速普及,成了大众消费品。吸烟的习俗与当地的生存环境、物产情况、民族风俗紧密关联,通过不同的习俗我们可以窥见吸烟者不同的背景、来源,乃至生活的大致地域。例如水草丰沛之地的少数民族喜吸水烟筒,如傣族、哈尼族;山地民族一般偏好烟袋,如彝族、傈僳族;曾经马背上的民族——蒙古族,则对鼻烟情有独钟……在国外,吸烟是典型的个体行为,分烟、发烟的行为较为少见;而中国人认为分享烟草是社交和沟通的"利器",往往"无烟不成席",烟来烟往中情谊加深,沟通顺畅。中国地域广大,东西南北中的烟俗差异较大,从兰花烟、旱烟、关东烟、水烟、嚼烟等烟俗,就可以对吸烟者的来历做出大致的判断,因此,有着怎样的吸烟习惯成为吸烟者隐藏的身份标签。

## 三、烟文化与社会性别

社会性别概念是在 20 世纪 80 年代中后期的"西学东渐"中,随"新女性主义"一同进入研究视野的。社会性别作为文化要素,用来指称社会文化形成的对男女差异的理解,以及两性的群体特征和行为方式。[1] 用作分析范畴的时候,社会性别强调从性别的角度对文化意识形态、文化行为等进行发现、辨析和阐释。在烟文化中,性别差异的客观存在以及对烟使用历史中逐渐演变出来的"男女有别",带来了烟文化和社会性别问题的关联。桑德尔·吉尔曼

---

[1] 屈雅君:《社会性别辨义》,载《南开学报》(哲学社会科学版)2006 年第 6 期。

更是直接指出:"妇女抽烟的争议成为争取妇女解放运动的舞台。"① 应该说,早期的女性吸烟行为,其主要功能也是药用、解乏和社交,谈不上叛逆,也没有权利斗争的含义。烟文化和社会性别的关联,是烟草在传播过程中,伴随着吸烟形态的变化和性别文化的融合,逐渐成为表达女性独立的工具之一。

烟草的大范围传播曾经被认为是打破界限的载体,是平等的进步。"这样的全国性的商品(指香烟)使全国的各个不同的种族、地区以及社会团体都走到了一起来了。富裕,贫穷,黑人,白人,德国人,印度人,犹太人,或者中国人,你们都能够吸一根同样的骆驼牌香烟。"② 但是,这样的载体在性别差异面前却成为鸿沟。19 世纪中期,自动卷烟机出现之后,卷烟得以被快速、低廉地制作出来,逐步替代了笨重的烟斗和鼻烟盒,成为主流的烟草消费方式。卷烟的使用,相比较先前的烟斗和鼻烟盒,既方便又易得,让女性更加容易接受。但是,卷烟以嘴唇包裹式接触的吸烟方式,让吸烟的同时带上了很强的性意味,对男性有着强大的吸引力。在当时的社会传统下,这种吸引力是不被许可的。1908 年 1 月,纽约市甚至通过法律禁止女性在公共场所吸烟;在英国,会所禁止女客吸烟,彪悍的英国妇女不惜为此斗殴;在日本,吸烟被看作是游女(即妓女)的专利,因为她们已被排斥在主流人群之外。③ 第一次世界大战之后,女性意识逐渐觉醒,女性们渴望像"假小子"一样无拘无束地生活,"当时的女性没有投票选举的权利,正因为如此,她们才更加渴望得到公众的认可。而香烟便成了她们必不可少的工具"④。女性在尝试和男性相关的社会行为中,吸烟,因为曾经被禁止,更成为女性争取独立权利的重要道具

---

① [英]桑德尔·吉尔曼、周迅等:《吸烟史——对吸烟的文化解读》,汪方挺、高妙永、唐红、张薇译,九州出版社 2008 年版,第 13 页。
② [美]阿兰·布兰特:《香烟的世纪——香烟的沉浮史告诉你一个真美国》,苏琦译,东方出版社 2011 年版,第 36 页。
③ 郑子宁:《什么样的女人爱吸烟?》,转引自 http://www.360doc.com,2015 年 6 月 5 日。
④ [法]迪迪埃·努里松:《烟火撩人——香烟的历史》,陈睿,李敏译,生活·读书·新知三联书店 2013 年版,第 176 页。

之一,"吸烟的举止行为已被解读为对自由的渴望"①。许多当时的女性精英,如女作家维克多·马尔葛丽特、女作家科莱特、画家苏珊娜·瓦拉东、香奈儿品牌创始人可可·香奈儿、女演员葛丽泰·嘉宝、女运动员苏珊·兰格伦等,她们成为勇于打破传统禁锢的现代女性代表,在文艺创作、日常行为中"特立独行",如女作家科莱特就在其作品《青葱麦苗》(1923)中表达了自己对烟草的熟悉和热爱。她们鼓舞着当时的女性,掀起了从衣着到行为方式等的种种变革,"香烟把女性从钟形女帽和长项链中解放了出来"②。文学作品中最出名的"女烟民"当属卡门,她的创作者普洛斯普·梅里美曾经说:"卡门,就是我!"女性吸烟的风潮伴随着女权主义不断蔓延,结果是争取到了女性正大光明吸烟的权利。"随着男女平等的一系列的观念的不断深入人心,以及女性争取政治性认同的运动,有关于反对她们吸烟的观点,看上去就像是维多利亚时代有关女性跟男性是不一样的、是脆弱的一系列道德观念的布满灰尘的纺织品一样。"③ 吸烟这一小小的行为,成为承认和尊重女性独立选择权的一个标签。女性发现香烟不只是某种嗜好品,而且是件有用的道具,在女性想向外展示自己的女性魅力时,含义众多的香烟可以凸显自己的独立、能够暗示自己可以接受追求、可以表达自己的友善等。甚至在表达自己的愤怒或者不屑的时候,都可以借用香烟,借助把香烟在烟灰缸中用力按熄的夸张动作来宣泄自己不易用语言表达的隐秘的情感……

客观来看,烟文化中的性别差异,中国和国外有很大的不同。例如在美国,20世纪初期的《好持家》杂志写道:"女孩们开始吸烟,目的是为了显示她们是现代化的女性,而且在一系列的观念和生活习惯上跟得上时代。"④ 但是烟草传入中国之后,在早期吸烟习惯的养成过程中,性别差异并不明显。至

---

① [法]迪迪埃·努里松:《烟火撩人——香烟的历史》,陈睿、李敏译,生活·读书·新知三联书店2013年版,第177页。
② 同上书,第178页。
③ 同上书,第37页。
④ [美]阿兰·布兰特:《香烟的世纪——香烟的沉浮史告诉你一个真美国》,苏琦译,东方出版社2011年版,第38页。

少在清朝烟文化较为繁荣的时期，女子吸烟并未归入"异态"，反而在不少文人笔下有另类的风情。陈琮在《烟草谱》"闺中"部分写道："吸烟之盛，昉于城市，已而沿及乡村；始于男子，既而渐流闺阁。《寄园寄所寄》云：闺阁佳丽，亦以此为餐香茹柏。《广西通志》云："蛮女性喜吸烟，每以烟筒插髻。"《茶余客话》云："近日无人不用烟，虽青闺稚女，银管锦囊与镜奁牙尺并陈矣。"可见，烟草在当时不仅受男人喜爱而广为传播，同时也颇受女性青睐，并得到接受、认可和吸食，而且上至大家闺秀、小家碧玉，下至黎庶荆钗都有不少女性烟民。对于女性吸烟，时人亦有诗词赞美，如尤侗《董文友吃烟诗戏和六首用烟字韵》："起卷珠帘怯晓寒，侍儿吹火镜台前，朝云暮雨寻常事，又化巫山一段烟……玉唇含吐亦嫣然……彩凤声中引紫烟。"① 诗人以文学化的手法，将侍女细心点烟、小姐轻启朱唇、嫣然含吐、若有所思的吸烟场景刻画得入木三分，使人心绪缠绕、颇为向往。此外，女性也有为自己吸烟而写诗作歌的，如静海吕氏之妻曾作咏长烟袋之诗云："者个长烟袋，妆台放不开。伸时窗纸破，钩进月光来。"好一幕深闺烟袋钩月色的静幽、淡雅而闲在的婉约夜景！"烟草与女性的结合在清代就形成了一道独特的、亘古未有的女性文化景观。"② 女性烟民，在中国烟文化发展的过程中，展现出自己独特的才情，为中国烟文化的丰富增添了别样的魅力。

旧中国的东北地区，女性吸烟也是普遍现象。曾经有谚语称："东北三大怪：窗户纸糊在外，养个孩子吊起来，大姑娘叼着大烟袋。"当时东北女性吸烟的普及有其地域和民俗原因。从地域特点来看，东北森林茂密，野兽虫蛇出没，烟草传入之后，大家发现用烟以及吸烟的烟雾可以防兽，吸旱烟不仅可以驱蚊逐虫，还能防止被毒蛇咬伤，据说就连最毒的蛇也怕烟袋油子，因此吸烟不仅仅是一种消遣和嗜好，而且还能起到防身保安全的作用。因此直到现在，东北地区的人仍然有上山带火和吸烟的防身习惯。从民俗方面看，东北女性性

---

① 明炉、雪娃：《中国烟文化史稿》，中国青年出版社2003年版，第83页。
② 吴启纲：《明清时期的烟文化现象初探》，载《社会科学论坛》2011年第8期。

格豪放爽朗，崇尚阳刚之美，吸烟行为增添了女子的豪气。因为吸烟行为不分性别，年龄上除了孩童，老、中、青都吸烟，所以从前的东北地区几乎家家有烟笸箩，作为招待客人的必备之物。同时，作为尊敬长辈的一种礼仪，姑娘、媳妇在老人抽烟之前，往往先要给老人装上一锅烟，火点上之后，自己往往先试抽一口，保障烟杆的畅通，之后再擦干净烟嘴，恭敬地递给长辈。这一习俗曾经作为女性晚辈孝敬长辈的礼节之一。随着卷烟的传入和对烟草认识的深入，吸烟有害的观点深入人心。现在，东北地区也只有那些已经上了年纪的老奶奶，还时常一边抽着旱烟，一边唠着家常，在袅袅烟雾中，品味着生活的甘与苦，谈论着往昔和未来。在西南少数民族地区，也和旧时东北一样，抽烟行为并没有与社会性别差异关联起来，例如"云南十八怪"中的一怪"姑娘叼着旱烟袋"，这里的烟袋和东北的烟袋不同，指的是装着嚼烟的旱烟袋。云南省的阿昌族、景颇族、德昂族、傈僳族、布依族、傣族、哈尼族、佤族、拉祜族等民族有嚼烟的习惯，每逢聚会、串门和聊天，男女皆互敬嚼烟，表示友好和尊敬。这些地方和人群的吸烟行为，体现更多的是民俗的意义，而非社会性别的不同。

从社会性别角度考量，将吸烟和争取女性权利结合起来的现象，是在中国出现香烟营销行为之初。尽管在广大的农村和民族地区，吸烟中的性别差异并未和"权利"挂钩，但是在城市，随着国外烟俗礼仪的传入，吸烟行为对社会性别有塑造作用的观念也一同传入。的确，在中国传统的社会伦理观念中，妇女是男子的附庸。儒家经典《仪礼·丧服·子夏传》中记载："妇人有三从之义，无专用之道。故未嫁从父，既嫁从夫，夫死从子。"妇女从出生到死亡，被"三从四德"束缚，处在男人的威权之下，基本上没有自我支配的权利，这种男尊女卑的思想一直延续至近代。1940年7月7日，美丽牌香烟刊登在《申报》上的一则广告称"聪明的妻子，必备美丽牌香烟，以供君不时之需"，鲜明体现了这样的封建礼教思想，把"带香烟"和"满足丈夫的不时之需"结合起来，表达了必须无条件顺从、尊重丈夫的封建伦理观念。20世纪40年代的广告图案中，虽然频繁出现时髦女郎手夹香烟，或坐或倚或单脚站立的形象，成为香烟广告中的主角和代言人，但是，在城市生活中，香烟更多是男人的消费品，广告中频繁的女性形象的出现，其目的却是为了向男性做出品牌"示好"，这是对女性形象的一种消费，一定程度上延续和强化着"男尊女卑"的观念，而用吸烟行为来争取和强调女性权利在中国则未成为风潮。

20 世纪 80 年代，改革开放之初的中国，曾经对女性烟民有过一定程度的偏见，导致女性烟民的锐减，一方面是因为当时经济条件差，处于"男尊女卑"地位的女性如果和男性一样地吸烟，则会被认为是一种不善持家、奢侈浪费之举——尽管男同志也吸烟，而且吸烟更甚，但是被认为是天经地义的事情；另一方面，当时有限的宣传媒体如电影、录像带，在创作的时候有很深的时代烙印和刻板化的表达手段，一般在刻画落入烟花柳巷的女子、女间谍、女特务、女流氓等形象方面，习惯于让这一类型的女性手持香烟，香烟成为一种负面社会形象的符号。一般女性受制于这种偏见，对香烟避而远之。之后，随着社会的进步、观念的开放，所谓的"不良女性喜欢吸烟"的刻板印象逐渐消解，吸烟更多成为个性化生活方式的一种选择。"针对女性吸烟的一系列禁令，将会不可避免的失败，因为它们反映出来的是有关于男女性别、社交性，以及性别方面的一系列臆测，而这些臆测已经被迅速地消解掉了。"① 进入 90 年代以后，伴随"吸烟有害健康"观念的广泛传播和行为自主选择的社会发展，吸烟这一单一行为和争取女性权利相互关联的思潮不再重现，女性可以相对自由地判断和选择吸烟与否，而不再需道德方面的重重顾虑。

---

① ［美］阿兰·布兰特：《香烟的世纪——香烟的沉浮史告诉你一个真美国》，苏琦译，东方出版社 2011 年版，第 43 页。

# 第三章 烟文化的外在呈现

文化现象的外在呈现是指人类在某一种文化发展的过程中，借助于不同载体而呈现出的某种外部状态和联系方式，一般具有直接、具体、可观察和经验性等特点。一般来说，呈现出的文化现象是文化发展中带有典型性和标志作用的事情，是文化在人类生产生活基础上所形成并不断给予陶冶的结果，它往往是思想观念及其物化形式的综合，不但具有外在的特色，而且含有观念的特色，是人们对现象的感受上升到理性概括的认识产物。从烟文化的角度看，无论是艺术创作中的载体、烟具、烟标中的呈现以及民俗文化中的体现，烟文化的外在呈现从一定程度上反映了人们特定阶段的文明程度、生存方式等；烟草及其关联产品各种不同形象的演变过程，也是社会发展过程的有机组成部分。

## 一、创作中的文艺载体

烟草出现之后，在长期的传播和使用的推陈出新中，不仅成功地成为人类的嗜好物之一，而且伴随着宗教、医药、禁忌、经济、文化等多角度、多层面的讨论、辩论乃至争论，烟草在褒贬不一、爱恨交织的历史历程中，以多种形式融入人们的生活，反映在文学艺术的创作中。"除宗教以外，很可能没有第

二个主题能像烟草和吸烟一样消耗掉打印机这么多的墨水和纸张。"①

烟文化中的神话传说。烟草的发现本身就有原始、神秘的宗教氛围,无论中外,关于烟草的神话传说比比皆是。例如烟草"还魂草"的美名,来自于美洲印第安人的一则神话传说:据说部落里有一个大首领的公主死了,按当地的风俗,要实行天葬以便升天,但是被抬到野外去天葬的公主过了几天离奇地活着回来了。原来公主受到烟草的辛辣气味刺激而苏醒了。从此,烟草就被称为"还魂草"。在中国也有一则广为流传的烟草的故事:传说一对年轻的夫妻潘小和陈姑,他们每天日出而作,日落而息,一天陈姑暴病而死,潘小痛不欲生,每天哭坟不止。陈姑躺在地下,心里也好生难过,心想:"潘小这样爱我,我如何为他解愁去忧呢?"于是她变成一株小草,并在一年之间托了3个梦给潘小:夏天,叫他浇水施肥;秋天,让他收而藏之;冬天,请他燃而吸之。潘小都一一照办。冬天,潘小动手做了长长的一根管子,装上烟,开始吸了一口,只觉晕晕悠悠,一切惆怅、愁事烟消云散,潘小如获至宝。随着漫长岁月,推而广之,吸烟便成了人们的一种嗜好,也因其功效被称为"忘忧草"。这则神话传说不仅解释了烟草的来源,而且显示了人间的真情挚爱,使烟草在我国的传播从一开始就带有美好的象征。总的说来,作为远古人类对所观察到的、对自己所经历的自然界或社会现象的解释和说明方式,神话经过了"幻象"的加工,成为"神化"的现实生活;它反映着远古人类解释自然(或社会)并征服自然(或社会)的愿望。从中外对烟草起源的神话来看,人们都是把烟草赋予神话的色彩,借助于神话来表现人们对它的向往。同时表达出,当时人们认为烟草不是来自人间,而是神的赐予,具有一定的通神性,因此在举行各种祭祀活动和庆祝的时候,诸如祭天、地、日、月、诸神、祖先时,就把烟草作为最好的祭品和沟通物使用,达到"天人感应"的结果。

烟文化中的文学创作。作为和人类日常行为紧密相关的嗜好品,烟草的身

---

① [美]尤金·乌伯格:《赞美尼古丁女郎:逝去的烟草文学时代》,载于[英]桑德尔·吉尔曼、周迅等《吸烟史——对吸烟的文化解读》,汪方挺、高妙永、唐红、张薇译,九州出版社2008年版。

影出现于古今中外大量的诗词歌赋、文学创作中,正所谓"烟作文章酒作诗",不同国家的文豪、作家、诗人、骚客,为烟草创作出丰富的作品,或者是因为烟草点燃的灵感,从而创作出不一样的作品。英国浪漫主义文学的杰出代表乔治·戈登·拜伦（George Gordon Byron）曾写过一首《烟草赞歌》:

> 高尚的烟草,它至东边风行到西边,
> 鼓舞海员的劳役,土耳其人的消闲;
> 它在回教徒土耳其人的方寸心肠,
> 分享他的宝光,胜过鸦片及其新娘;
> 斯坦布尔人中,虽欠高贵,但却甚庄严,
> 画坪或斯菊伦的心里,也并非少恋;
> 在水烟袋里神圣,在烟斗里灿烂金光,
> 它象征着黄色的琥珀,却富丽堂皇;
> 犹如恋人向他们心爱的人儿求爱,
> 在盛装的那一晨光,更是异彩奇光;
> 而你那真实的情人却更魂消魄扬,
> 你那真诚的美丽——给我一支雪茄。

拜伦用其赞美的笔触,描绘了烟草的广为传播、广受欢迎,烟草得到喜爱的程度甚至胜过新娘和情人。可以说,这一首《烟草赞歌》,表达了作家对烟草深深的喜爱之情。

比利时画家勒内·马格利特在其哲思与诗意兼具的画作中,最为知名的就是"烟斗"系列。在绘有一只烟斗的画中,勒内·马格利特写着"这不是一只烟斗"的句子,展现了图形和语言之间的复杂关系。这一幅画,在哲学和绘画领域引发了诸多兴趣和讨论。之后,法国20世纪思想家米歇尔·福柯用马格利特的画作名为题,写作完成《这不是一只烟斗》,从图形诗的角度入手,对马格利特这组烟斗画进行哲学解读。著作在显示出福柯强大的哲学思辨力的同时,也展现了他敏锐的观察力和感受力以及幽默风趣的一面。尽管不是

直接以烟为主题,但是烟草给予他们的创作热情、灵感和主线确实是不容否定的。

美国艺术与科学院院士、作家、后现代主义文学代表人物之一的约翰·巴思,其最重要的代表作品《烟草经纪人》一书,就是围绕因烟草的推波助澜而兴盛的殖民地扩张和烟草贸易展开的。约翰·巴思以烟草开始通过殖民地的方式向全世界传播的17世纪80年代作为书写背景,通过一位不谙世事的天真诗人埃比尼泽·库克,在被马里兰领主查尔斯·卡尔弗特授予"马里兰桂冠诗人"称号后,决定乘船前往马里兰照管父亲的烟草种植园,并写作记录马里兰历史的英雄史诗《马里兰纪》,由此开始了一段奥德赛式的旅程。诗人先后被海盗、印第安人俘虏,受骗失去了父亲的田产,爱上一名原为妓女的女人,差点失去他一直努力保护的童贞,遇见一群身份变幻莫测的阴险角色……他的"宏伟理想"在现实的阴险与残酷中以幻灭告终,最终写就的不是颂歌,而是名为《烟草经纪人》的讽刺长诗。约翰·巴思花费了4年的时间,查阅了大量的档案和文献,试图呈现出"纯真的悲剧性,阅历的喜剧性,新世界(对于当地人并不是新的)与旧世界(对于我仍然是新的,特别是当时的我)的矛盾,个人身份和民族身份之间错综复杂的关系问题"①,因为烟草向世界扩张的历史背景,其冒险的路途、神秘的遭遇、复杂的境况才得以展开。

可以看出,因烟草而展开的文学创作,不仅仅只是对烟草本身的描述,而是围绕着烟草文化、历史事件有深入的剖析和反思,折射出广阔的人类发展进程。

转到中国,烟文化中的诗词歌赋篇幅众多,尤其是清朝的200多年时间里,众多文人在咏诗、作赋中都对烟草进行了介绍或者评价。"清雍正时期的《金丝录》是我国第一部烟草专著,除了贾敬颜先生所说的烟书外,尚有《烟经》《烟志》《烟食考》《吃烟论述》等,最为精彩的是贾先生提到的公元

---

① [美]约翰·巴思:《烟草经纪人》(上),徐朝友、李自修译,译林出版社2013年版,1987年修订版序言第5页。

1782年刻印的百首烟草诗集《淡巴菰百咏》,此诗集对后来的文人雅士影响甚大。"① 无论为烟草的"解忧""有益健康"鼓与呼,还是为烟草的"危害""禁烟"申与诉,烟草引发了热议,激发了创作的热情,也在数百首以烟草为主题的诗词歌赋中涌现出不少优秀的作品,例如:

爱新觉罗·永忠的《烟草》:

> 烟草亦乡风,吹嘘借管铜。
> 暖云吞复吐,愁磊塞能通。
> 接叶烟逾香,剸丝味不穷。
> 寒宵偏利旅,一朵远分红。

潘奕隽的《菩萨蛮·咏烟草》:

> 何人种出相思草,依人欲化情丝袅。
> 赋到淡巴菰,翻书故事无。
> 香销吟未就,春困针停绣。
> 合伴一瓯茶,轻圆泛乳花。

陈珑的《烟草赞》:

> 厥有瑶草,其名曰蔫。神农未品,仲景失笺。
> 传自吕宋,移植漳泉。一呼一吸,非云非烟。
> 叶如绅菜,花似海棠。逾麝兰气,胜百和香。
> 所用伊何?一握修篁。所贮伊何?佩缀湘囊。
> 骚人孤馆,绣妇深闺。茶余酒罢,月夕风时。
> 除烦解闷,无不宜之。惟我与尔,允号相思。

---

① 邵岩、木霁弘编著:《烟文化说》,中国科学技术出版社2005年版,第25页。

朱昂的《沁园春·吸烟》：

种自琼田，海舶收来，分锁绣奁。待金炉炙麝，相思正苦；罗囊贮蕙，细味还甜。隐几无聊，开帘欲语，饷客先呼卷袖探。微呵欠，料非因酒困，别有香含。

夹肩并春酣，爱对吐氤氲风月谈。记销魂倚枕，一灯豆小，祛愁薰草，四壁云函。半候葭灰，重鼓石火，镂管玲珑笑口衔。闲情倦，唱淡巴菰曲，心醉谁堪。

徐以升的《淡巴菰歌·有序》称："春仲，偶读王渔洋先生《分甘余话》，载烟草出姚旅《露书》，产吕宋，本名淡巴菰。时慕庐韩先生为院长教习庶吉士，乃命门人辈赋淡巴菰歌，因戏拟一首。"《淡巴菰歌》云：

仙山产灵草，种实繁有徒。
一物生岛屿，厥名淡巴菰。
传流腹地渐滋蔓，地利夺尽千膏腴。
斑斓吹拂湘竹管，金丝细揉闲吸呼。
初如篆烟轻袅袅，百和乍起金香炉。
旋如锁囊开两角，腾腾绕屋云模糊。
南荣负暄春得酒，辟寒除秽病骨苏。
文澜武库借触拨，心源一一开萦纡。
舟中马上孤客枕，味无味处还啜铺。
芸窗兀坐风雨候，睡魔欲并愁魔驱。
女郎近亦弄狡狯，分香吐纳含樱珠。
白云一片杂兰麝，芬芳肘露冰雪肤。
襄阳小儿不解事，铜鞮唱罢争时趋。
一钱买得恣喷薄，浑如沙雁衔霜芦。
何年蓄产此尤物，熏肌入髓无处无。
渔洋山人精考查，《露书》载出东南隅。

韩公文笔妙天下，嗜好亦复同尊壶。
品题聊借玉堂隽，逞妍抽秘争形模。
前辈风流愧难继，作歌聊尔充吴歈。

诸联的《烟草歌》：

烟草种传吕宋外，花似海棠叶似菜。
日中巧制制成丝，暴干争向漳泉卖。
漳泉马氏更传名，辟瘴消寒最有灵。
石马佘糖分次第，金丝辣麝记分明。
不向灵均向醉醒，不羡君谟斗香茗。
余韵能教舌底存，孤灯宁放残灰冷。
燐火星星彻夜熏，喷从鼻观绕烟云。
香分兰蕙花初放，味胜葡萄酒半醺。
幽人自号餐霞客，手执琅玕不忍释。
润带苏膏味共甘，清和兰屑香堪匹。
亦有佳人字莫愁，无聊日暮心悠悠。
锦囊绣凤藏香袖，筠管镶牙依画楼。
笑问相思味多少，相思滋味终难道。
芳名争说返魂香，碧苗竟指忘忧草。
余自年来愁未锄，朝朝笑买黑于菟。
不识龙耕有瑶草，含毫且咏淡巴菰。

这些诗词歌赋，均以华丽的语言、直白而溢彩的文笔对烟草做出评述。从烟草的传入、民间的争论和接受以至广为传播，从吸烟的用具、方式以及袅袅烟云带来的别样感受，这些数百年前的作品，为我们描绘了栩栩如生的烟草文化图景，读来令人收获颇多，思路开阔。

关于烟草的文章也不胜枚举，如清朝全祖望的《淡巴菰赋》，朱自清先生的《谈抽烟》，林语堂先生的《生活的艺术》中对吸烟心态的精彩描述，梁实秋先生的散文《吸烟》等,这些文章不仅让我们看到了文化名人眼中的烟草,也从侧面印证了烟草激发创作灵感之一说。就算是在相对偏远的云南,民间许许多多涉烟传袭故事,如苗族《烟的传说》、傣族《烟与槟榔的传说》、佤族《烟的传说》等五彩缤纷的故事,无论其记述详尽还是简略,无一不折射出云南烟俗吸食文化的深刻内涵。

烟草在文学创作中也是必不可少的精妙"道具",例如在《红楼梦》中,就有不少关于烟草及吸烟的描述;鲁迅先生的短篇小说《在酒楼上》,就有七次关于吕纬甫吸烟动作的描写,衬托出在当时那种社会背景和特定环境下吕纬甫的内心世界。① 烟草或者吸烟行为这一精妙的"道具",为文学创作中人物个性的表现、心理活动的描述提供了绝佳的着笔点。

此外,文学创作中还有各种关于烟的楹联。随着吸烟群体的逐渐增大增多,烟草的销售日渐旺盛,烟商在中国的经济社会生活中的影响也不断扩大,随之滋生出了一种非常独特的楹联文化——中国烟馆、烟店或烟铺门扉上的对联。这些对联或者描述吸烟的乐趣、情趣,如"酒余茶后,香闻兰蕙;风清月白,味辨淡菰","鼻观留香,非念绿茗;胸襟解渴,莫望青楼","个中滋味频领取,纸上烟云任卷舒","未忘白梅曾止渴,不含绿茗亦闻香";或者讴歌吸烟的韵味绵长,如"烟云归一路,水旱备双枝","既未济水火,呼吸生云烟","未谢人间火食,恍餐天上烟霞","芳香如入芝兰室,吐纳还同烟火仙","停云积雪芝兰室,吸雾餐霞烟火仙","呼吸间烟云变化,座谈处兰蕙芬芳"等,这些对联无非是鼓吹雅趣与好处,贴在烟店的门楣上,无形中成了一句言简意赅的广告语,既提升了烟店的文化内涵,又由此制造了烟店的品牌效应。从这个意义上可以说,明清时期烟店的楹联在某种程度上就是具有现代性的商业广告,这不能不说是我国烟草商人的一大文化创造,为烟文化的传播和烟草的销售发挥着积极的作用。

---

① 汪银生主编:《中国烟文化》,安徽人民出版社1993年版,第152页。

## 二、烟具中的器具文化

　　就像人的外在形象一样，烟具因其形状、材质、使用手段上的种种差异，有着自己鲜明的个性和特征，形成了丰富的文化现象。"精神刺激革命也制造了许多带来利益的外在事物。各种瘾品问世之后，接踵而来的是精致烟斗、镶宝石的鼻烟盒、细瓷茶杯、艺术茶匙、大麻烟枪、加味卷烟纸等不胜枚举的相关产品。"① 除了嚼烟之外，在卷烟出现之前，烟草的使用都要借助烟具。人类使用烟草的五百多年时间里，烟具作为烟草必不可少的载体，在不同民族、不同区域的使用过程中发展出多种形态，关于烟草的器具文化则是最为丰富而具体的。哥伦布最早在新大陆看见印第安人吸烟，其使用的就是烟管。烟草传入中国后，吸食方式也一同传入。最初吸食烟草的方式，据万历年间士人张燮的《东西洋考》记载："烟初入内地时，食者将烟草置瓦盆中，点火燃之，各携竹管向烟，群聚而吸之，其管不用头。"从这一记录可以推断，烟草在我国的传播初期并没有专门的器具。随着吸烟风气的传播和普及，融入了中国能工巧匠的奇思妙想，种种烟具才开始设计和生产出来。陆耀在《烟谱》中提道："烟管亦曰烟筒，北方直谓烟袋，其法截竹为筒……"明万历七年，鼻烟壶由意大利人利玛窦带入广东，旋即赴京师献此物，始通我国。烟斗则从清代始，由外国使馆和商人引入中国上海、北京等地，多种多样的烟具品种繁多、琳琅满目，不仅便利了人类对烟草的使用，而且沉淀了深厚的烟文化，也促进和发展了各种烟具制作的技艺。

　　"烟具既是生产力及工艺水平发展的体现和标志，又是某一时代人们审美意识、审美情趣的结晶。烟具的演化过程由原始到现代，由单一到组合，由实

---

　　① ［美］戴维·考特莱特：《上瘾五百年——烟、酒、咖啡和鸦片的历史》，薛绚译，中信出版社2014年版，第136~137页。

用到艺术,可以说是浸透着历史文化的色彩,反映了时代的变化和进步。"①烟具出现伊始,生活条件相对落后,生产技艺也不发达,烟具的制作主要满足吸烟的便利性。因此,一开始的烟具多由人们就地取材制作而成,较为粗糙,例如美洲印第安人吸烟所用的烟管。随着烟草及其制品在世界上的广泛传播,使用烟具的普遍性推动了烟具的发展。由于吸烟作为日常行为,烟具的选用自然显现出人们的生活方式、消费水平,乃至审美态度。因此,人们除了关注烟具最基本的使用功能外,开始日益重视烟具的价值感、装饰性和艺术性。随着人类文明的进步以及技术的发展,从制作材料的选择到图案花纹的装饰,从雕刻工艺的精湛到镶嵌工艺的精巧,小小的烟具活脱脱地成为能工巧匠的展示舞台,是文化技艺的聚光所在。

烟斗。烟斗的历史源远流长,"根据其原始的形状,应该在5000年前印第安人就已使用"②,美洲人对烟草的嗜好以及对选择烟斗来享受这一点上,从留下来的烟斗数量就可略估一二,也因此在美洲文化中有许多与烟斗有关的神话。烟斗在美洲不再仅仅只是燃烧烟草的工具,而是开始具有独特的社会和礼节的功能。"烟斗是印第安人与神灵世界和平共处、协调统一的象征,在一些集会和庆典活动上,都要举行烟斗仪式。仪式参加者围坐成圆圈,轮流吸上一口烟斗,这样就相当于到神灵世界走了一遭。"③ "当讨论事情时,人们会传递一支烟斗。通过这种方式,烟斗发挥了和英国国会中发言人权杖类似的作用——它是一个仪式的道具,一种将争吵转变为辩论的手段。"④ 甚至烟斗被用以封缄誓言、宣布开战以及提供安全通行的权力,其中任何一个部落的

---

① 王安珠编著:《中国烟具文化》,百花文艺出版社2004年版,第13页。
② 邵岩、木霁弘编著:《烟文化说》,中国科学技术出版社2005年版,第82页。
③ 王红艳:《北美印第安文化的缩影——烟斗仪式的历史与现实意义探究》,载《楚雄师范学院学报》2014年第10期。
④ [英]伊恩·盖特莱:《尼古丁女郎——烟草的文化史》,沙淘金、李丹译,世纪出版社2004年版,第14页。

"和平烟斗"①演变成往来于各个冲突地区的安全通行证。"和平烟斗"的使用使烟草在美洲不仅仅代表了友谊和分享,还代表着亲善和示好,成为与陌生人进行友好交往的前奏。同时,烟斗的使用还有其特别的性别限制含义,"烟斗是男人的专利,直到欧洲人抵达北美的时候,在很多部落中使用烟草都是只有男人才能进入的禁区"②。烟斗使用的普遍化程度伴随着烟斗使用的文化含义的不断丰富、复杂,从另一个角度印证了烟斗在美洲出现和使用的悠久历史。

虽然有确凿记载的抽烟斗的历史是从 1500 年才开始,但是烟斗作为人类发明吸烟的一个证据,数千年以来在各项考古中被发掘。凯尔特人(Celts)早就有将具有香味的药草放入自制的铁烟斗来吸食的习惯。考古学家曾分别在意大利、俄罗斯及爱尔兰等地出土过铁和陶土做的烟斗。在意大利的庞贝古城中就有一幅壁画《The Knucklebone Player》,其中清楚地描绘了一个人正享受着抽烟斗的乐趣。只是直到哥伦布发现新大陆时,欧洲人才知道烟草的存在。③ 烟斗随着烟草进入欧洲,并随着烟草的使用传播开来。烟斗的取材也从最初的泥制,逐渐发展为各式木头、陶瓷、银、玉、玛瑙等日益珍贵的材料。小小的烟斗,成为使用者身份和品位的象征物。烟斗的制作工艺在采用土耳其所产的海泡石作为原料之后发生了重大改变。在那之前,烟斗的制作虽然已经很美观,但大部分的烟斗都不是很实用,直到海泡石的出现才使烟斗的制造更进一步兼具了美观与实用性。海泡石是一种白色、质轻的矿石,原来用来雕刻装饰品,18 世纪中期,巴黎的工匠开始采用海泡石来制造烟斗,并被称为

---

① 源自北美印第安人的旧俗,"和平烟斗"是印第安人特制的、专门用于礼仪的"卡柳梅特"烟斗。这种烟斗通常采用大理石或红滑石做斗,白蜡木做烟杆,做工非常精细,常饰以兽毛或羽翎。若将烟斗递与陌生人,则表示愿意与其友好相处;在敌对部落缔结和约的仪式上,双方部落酋长席地而坐,同吸一只烟斗,则表示摈弃前嫌、和平共处。

② [英]伊恩·盖特莱:《尼古丁女郎——烟草的文化史》,沙淘金、李丹译,世纪出版社 2004 年版,第 11 页。

③ 《烟斗的由来》,华夏收藏网,2012 年 9 月 24 日。

"烟斗制作史上的革命"①,他们以精湛的技艺,雕刻出各种造型的烟斗,使烟斗成为更加具有艺术审美价值的实用器具。通过长年累月对材料的尝试、选择和淘汰,目前,世界上公认的最为适合制作烟斗的材料是石楠根,以石楠根为原料制作的烟斗也是世界上最为流行的烟斗品种。石楠多生长于地中海沿岸的山坡及岩壁上,生长极其缓慢。制作烟斗所采用的是其深入地表的根瘤。以石楠根为原料制作出来的烟斗坚固耐用、木质细密、木纹漂亮、透气散热、阻燃力强。烟斗不仅选材苛刻,之后的制作工序更集中体现了木、石雕刻艺术、银器锻制工艺、镶嵌镂空技术等,总共需要 5 个阶段 75 个步骤才能完成全部斗身成形与处理,饱含着设计师与制作者的心血。据说年轻工匠们只有在制作了二三十年后,才有实力去设计烟斗的造型。因此,"烟斗对于真正的烟斗客而言,就像剑客手中的剑那样重要"②。对烟斗的选择,体现着男性的沉稳、处事的从容、内涵的丰富、审美的苛刻,因此被认为是烟具中的"贵族"。烟斗客除了欣赏烟斗形式上的艺术美之外,更迷恋沉醉的是烟斗所具有的精神特征。马克·吐温曾说:"如果天堂里没有烟斗,我宁愿选择地狱。"在侦探小说大师柯南·道尔的笔下,福尔摩斯的经典形象之一就是随时握着一只石楠根烟斗。在这位侦探的很多案子里,烟都成了破案的线索,于是他开始潜心研究各种吸烟者的特点癖好,最后还发表了专论,"里面详细说明了多达 140 种的烟斗、雪茄盒香烟的不同烟灰特征"③。烟斗代表的精神气质,诸如思考、冷静、稳定、内敛、谦让、较少焦虑等,被认为是成熟男人所具备的优秀品质。因此,烟斗不仅是诸多工艺的集大成者,再加上时间的打磨,烟斗沉淀了人类赋予的优秀精神内质。因此,烟斗是收藏界的宠儿之一。

鼻烟壶。鼻烟是舶来品,国外盛放鼻烟的一般称为"鼻烟盒",因为其形状往往呈方形或者类方形,开口大,便于取鼻烟,例如苏格兰高地的人"采

---

① 邵岩、木霁弘编著:《烟文化说》,中国科学技术出版社 2005 年版,第 84 页。
② 《陪伴一生的烟斗》,载《中华手工》2009 年第 11 期。
③ [英]伊恩·盖特莱:《尼古丁女郎——烟草的文化史》,沙淘金、李丹译,世纪出版社 2004 年版,第 166 页。

用了公羊角做原料,使盛鼻烟的盒巧妙非常,在盖子与容器的连接处装上合页,特别方便取鼻烟"①。早在1665年,吸鼻烟就在戏剧中崭露头角,拉开了莫里哀《唐璜》第一幕第一场的序幕。这部戏剧以人物斯哥那瑞勒开场,他独自站在舞台上,拿着鼻烟盒,大唱烟草的赞歌:"不管亚里士多德和一切哲学会说些什么,没有什么东西能比得上烟草。诚实的人们爱着它,如果没有了烟草,人们活着还有什么价值!它不但让人的头脑重获活力并得到净化,还引领人们走上美德之路,教人变得诚实……"② 鼻烟在英国广受欢迎,从而逐渐形成了一整套复杂的吸烟礼,根据这些礼数来判断一个陌生人的社会阶层或知识水平,甚至从一个人使用鼻烟盒的样子就可以大概推断他的性格。但是,鼻烟壶却是地地道道的中国产物。中国的鼻烟壶制造至今已有400余年的历史了。为什么从鼻烟盒演变为鼻烟壶呢?是因为在鼻烟传入之初,盛放鼻烟的器具是用装丸散膏丹的小药瓶,"所以最早的鼻烟壶是仿中药瓶而制作的"③。后来,使用者发现鼻烟壶不仅便于携带,而且特别适宜鼻烟的保存,加之康熙帝玄烨喜爱鼻烟盒、鼻烟壶,对鼻烟的流行以及鼻烟壶的生产和发展起到了决定性的影响。清朝时期,皇宫专门有为皇帝制作鼻烟壶的"造办处",民间也有制作各种鼻烟壶的作坊。无数丹青画手、能工巧匠,投入了大量的匠心与技巧,使鼻烟壶的制作逐步融入中国文化的博大精深之中,具有浓郁的中国艺术风格。当时鼻烟壶的制作材料有金、银、瓷、玉石、琥珀、水晶等,这些材料本身都具有观赏性和保值性,再加上绚丽多彩的制作技艺,使得鼻烟壶的制作空前繁荣起来。赵之谦《勇庐闲诘》记载:"时(康乾之时)天下大定,万物殷富,工执艺事,咸求修尚,于是列素点绚,以文成章,更创新制,谓之曰套。套者,白受彩也,先炎之质曰地,则玻璃砗磲珍珠,其后尚明玻璃,微白,色若凝脂,或苦霏雪,曰藕粉。套之色有红有蓝……更有兼套曰二彩、三

---

① 邵岩、木霁弘编著:《烟文化说》,中国科学技术出版社2005年版,第87页。
② [英]伊恩·盖特莱:《尼古丁女郎——烟草的文化史》,沙淘金、李丹译,世纪出版社2004年版,第98页。
③ 《中华闲趣》编委会:《中华闲趣之茶·酒·烟文化》,中国经济出版社1999年版,第414页。

彩、四彩、五彩或重叠套，雕镂精绝。康熙中所制浑朴简古，光照艳烂若异宝。乾隆以来，巧匠刻画，远过詹成，矩凿所至，细入毫发，扪之有棱。龙凤盘螭，鱼雁花草，山川彝鼎，千名百种，渊乎精妙，凡所造作或称曰皮（坯），最著者曰辛家皮、勒家皮、袁家皮。"① 可以看出，鼻烟壶融合我国传统审美和传统技法，开创了烟具别具一格的制作历史。"鼻烟壶之所以深受中国人的喜爱是因为它的造型和装饰的活泼多样，迎合了中国人的审美心理。除了扁瓶式外，还有知了、荷花、鱼、灵芝、茄子等形状。而纹饰有山水草木、花鸟鱼虫、瑞禽珍兽等。"② 乾隆末年，内画壶的出现更是将鼻烟壶艺术推到一个新的高度，"内画鼻烟壶是利用透明或半透明的壶胚中，用'背画'的技法，反笔在壶胚内壁进行书法和绘画创作，是一门集书法、绘画、雕琢为一体的综合艺术"③，其精巧的构思，精细的内画，使内壁上的山水、人物、花鸟栩栩如生，具有很高的艺术性和审美性。今日之中国，鼻烟的使用已经较为罕见，但鼻烟壶作为中国传统的工艺品，凝结着时代的特征和艺术的特质，具有很高的工艺价值和收藏价值，是中外人士和艺术家鉴赏、喜爱的工艺品之一，被广为收藏和研究。

旱烟具。我国初期吸食烟草并没有专用的器具，但随着吸烟风气的开始蔓延，专门用来吸烟的烟筒才开始出现，并基本达到人人携带的程度。旱烟具的种类形制也有很多，陈琮《烟草谱》记述："吸烟之具，铜头木身，名曰烟筒，又曰烟管、曰烟袋。有金、银、铜、铁四种，或用竹管，两头以玉、石、铜铁镶之。式样不同，短者七八寸，长者四五尺……近日有嘉定竹刻烟管，山水人物花卉及诗词之类，最为奇胜。"陆耀的《烟谱》对烟筒的记载更为详细，他不仅记录了烟筒的种类、制作方法，同时也记录了各地及各阶层的人吸烟所用烟管的差异："烟管亦曰烟筒，北方直谓烟袋。其法截竹为筒，闽人取

---

① 转引自高莹莹《始务宽大　浸至盈握》，凤凰网，2010 年 7 月 23 日。
② 冷松筠：《它从海上来——鼻烟壶传奇》，载《大美术》2004 年第 1 期。
③ 田宝川、褚艳：《内画鼻烟壶艺术的发展及其鉴赏》，载《河北科技大学学报》（社会科学版）2006 年第 3 期。

烟置近根处着火，而自梢吸之……江浙则镂木为置烟之器，而截竹以为之管，朴实无华，田野间多用之。士大夫则用金、银、铜、铁之类嵌其两头，又或用乌木象牙为之。滇人象牙管内另置铜管纳其中……（烟管）长者至与人等，不便携带；长一尺五寸者佳，朝士于靴中置一管，长不过五六寸。"与鼻烟壶的"高端"相比，一开始的旱烟杆多了"接地气"的亲和力。旱烟杆是由烟斗派生而来的烟具之一，其造型简洁，美学意义就在于简约，一竹一木打成中空，两端分别接上烟嘴和烟锅就成为吸烟的用具。旱烟杆使用方便，可随身携带，是我国历史较为悠久、曾经大范围使用、上至庙堂君臣下至草野百姓都随身携带的一种主要烟具。在我国一些地区，尤其是东北，由于烟草有一定的趋避虫蛇的作用和解除疲乏、医治疾病的功能，人们出门在外，人手一支旱烟杆也就成为习惯。烟杆由烟嘴、烟锅、烟杆三部分组成，烟嘴、烟锅多用金属铜、铁、锡或者玉石材料做成，形状大同小异，差别不大；烟杆一般用竹、木制成；烟袋杆有长有短，短的一尺左右，长的达四五尺。长烟袋点起来很费劲，而且不容易清洗，旧时富裕的人还得让别人来服侍。一般而言，年轻者喜用短小利索的短烟杆，年长者则偏爱长烟杆。随着旱烟具的不断发展，也和其他烟具一样，选料更加讲究，工艺日趋繁复精巧，成为实用性、审美性合二为一的工艺品。

烟荷包。烟荷包是北方的满族、蒙古族、达斡尔族、鄂温克族、鄂伦春族、锡伯族、赫哲族等少数民族男子外出的主要佩戴物，别于腰间，内装烟草、火镰等物。烟荷包的制作工艺非常考究，不仅注重质料，而且注重形状以及图案花纹的拼制。烟荷包有皮质的和布质的两种，形状各异，常见的有鸡心形、方形、葫芦形、宝瓶形、花篮形、花瓶形、书卷形、银锭形、灯笼形、钟形、山形等；做工非常精致，各民族在其上面都绣有美丽的图案，如鄂伦春族一般在荷包上绣云子卷、花朵、蝴蝶等，满族一般在上面绣"龙凤呈祥""刘海戏金蟾""麒麟送子""喜庆有余"等吉祥图案。鄂伦春族、鄂温克族有一种用狍腿皮缝制的烟荷包，毛朝外，上面自然拼成几何图案，非常美观典雅；烟荷包的底部或两侧往往缀以装饰性的皮穗或绒穗。烟荷包的制作都是妇女们的活计，尤其是年轻妇女们必须掌握的本领，一般妻子给丈夫做、姐妹给哥弟做。烟荷包还是信物，是年轻女子给未婚夫的定情物。

还有一些相对小众的烟具，则是不同民族在因地制宜的生产生活中发明创造，并没有广泛流通。例如云南省拉祜族和白族特有的吸烟用具"小烟炉"①，"小烟炉"有盖，炉子周围布满着小孔，炉内放烟，炉下口作生火用。只要用火草点上火，烟炉周围的小孔插上管，有几个人就插上几根管，多人围着烟炉吸烟、聊天。"小烟炉"讲究的是共享其乐，体味烟的神韵，不论长幼，不论贵贱。还有大理白族地方群众所使用的"瓦地特"烟锅，此类烟锅小巧、价廉、制作简单、便于携带，因而也就成为普通劳动者的吸烟用具，多为赶马人和庄稼人所用。劳动者所使用的烟锅还有铜、铁、木、竹等材料打造的，如大铜头、小铜头、小铁头烟锅等。铜制作的烟锅有弯脖子烟锅、直脖子烟锅、鸡冠子烟锅等，可谓品种多样，形态各异。

从以上种种烟具的大概介绍可以看出，随着社会的文明进步和技术的不断完善，随着消费者观念的更替和改变，烟具能够明显地反映出不同历史阶段的审美情趣、艺术造诣，并能够折射出使用者的社会状态、生活习惯、文化层次和消费心理。"就烟草文化而言，烟具的生产、消费、吸食习俗以及烟具的形成与演变，都成为人类社会发展的一个重要组成部分。综观烟具的演变过程，它不但反映了烟草的发展史，也反映了社会的发展史。"② 具体来说，沉淀于烟具中的烟文化有如下特征：

一是从实用性向艺术性的转变。烟草的使用是从生产力较为落后的社会向全世界扩展的，与之相适应，烟具出现之初与当时当地的生产生活条件相吻合，往往就地取材、粗糙制作，满足基本的吸食功能。烟草及其制品所带有的粗犷与野性的特质，被较不发达的社会接受和认可。随着烟草及其制品在全世界的传播，生产力较为发达的社会针对其进行了技术改造和艺术加工，以满足差异化的消费需求，匹配不同的社会阶层。因此，在依然注重实用性的基础

---

① 云南省烟草学会编：《云南烟俗文化》，云南民族出版社2005年版，第22页。
② 王安珠编著：《中国烟具文化》，百花文艺出版社2004年版，第13页。

上,烟具的装饰性、艺术性、珍贵性越来越得以重视,烟具的等级和层次更加鲜明而丰富。例如烟斗,从廉价的木雕烟斗发展到上层社会使用的昂贵珍品,从对材料的精益求精到对装饰细节的孜孜以求,烟斗不仅仅只是烟斗,特殊材质和特殊工艺制作而成的烟斗成为身份的象征、财力的体现,成为艺术品和收藏品。正所谓:"烟壶烟斗烟缸个个是智慧之作,金银铜铁玉陶件件显艺术之光。"

二是从普遍使用向不同阶层的分化。随着烟具从实用性向艺术性的转化,材质、工艺等的选择决定了烟具的价值。原先为大众所普遍接受并使用的普通烟具开始分化出三六九等,对消费能力和消费层次的划分也自然而然呈现出来。如选用象牙、玉石、金银等珍贵材质的烟嘴、鼻烟壶,一般只能为富有的消费者所拥有;广大农村地区的烟民所使用的多数是就地取材、价廉物美的竹木制烟具;而那些兼具材质的珍贵性、设计的独特性、制作的艺术性的精美烟具,则成为收藏界的宠儿,在脱离烟草之后日益升值,成为纯粹的艺术品。

三是和中华文化的结合越来越紧密。烟草及其制品尽管是舶来品,但在传入中国之后迅速和中华传统文化融合、发展,迅速完成了本土化,并在世界烟具史上占有独特的地位。例如最为典型的鼻烟壶,盛行于讲究排场的清代,其不仅仅质地精良、做工考究,而且集中展示了中华吉祥文化。从选材上看,能够制作鼻烟壶的材料包括金、铜、银、瓷、玉石、珊瑚、玛瑙、琥珀、翡翠、水晶、木、竹根、木变石、漆器、葫芦、果核等,取材的广泛性体现着中国人"天人合一""天人感应"的哲学观。鼻烟最初是作为药物传入的,具有祛湿、提神、驱寒等功能,所以鼻烟壶的造型多为扁瓶式的药瓶;后来又出现了知了、象、狮、荷花、钟、人物、鱼、鸡、灵芝、茄子、蜡烛等各种形状。鼻烟壶上面的纹饰选择,则是中国传统文化的集中体现,例如山水草木、花鸟虫鱼、瑞禽珍兽、亭台楼榭、喜鹊报春、凤穿牡丹、马上平安、榴开百子、鲤鱼龙门、猫蝶连年等吉祥图案。此外壶面上还题有如"福禄寿""喜""事无不可向人言""风云在掌中"等吉祥文字和中国人遵循的传统价值观。烟荷包上的"龙凤呈祥""刘海戏金蟾""麒麟送子""喜庆有余"等吉祥图案也是寓意了美好的祝福。正是和中华文化日益紧密的结合，烟具得以成为烟民们的心中所好，从而完成了中国化的转变。

除了直接的烟具之外，火柴、打火机以及其他与点火有关的种种物件、与烟草相关联的周边产品共同构成了一个庞大的"家庭"，例如美国 Zippo 公司曾经生产了一款可充气的防风暴打火机，名字就叫作"骆驼打火机"。此外，还有许多衍生出来和烟草有关的必要设备和器具，诸如烟灰缸。烟灰缸产生于19 世纪末，是为了应对纸烟问世后烟灰、烟蒂随地弹扔有碍卫生而应运而生的。随着社会的发展、时代的进步，烟灰缸除了具备实用功能之外，也在实用功能之外成为一种艺术品，具有一定欣赏价值，有些更有收藏意义。诸如此类的烟草衍生品，丰富了人们的生活，因为这些独特巧妙的物品证明了吸烟对普罗大众的重要性和吸引力。从繁多的烟具种类中，我们可以说，它们代表了对优雅、迷人、仪式化的香烟历史的微观呈现。

卷烟"神奇"地出现之后①，开始逐渐地压缩了传统烟具的使用空间。譬如爱尔兰作家奥斯卡·王尔德曾在小说《道林·格雷的画像》里赞美道："香烟是完美享受的完美典范。它高雅而精致，它让你百尝不厌。你还想要什么？"② 随着技术的进步和卷烟机械的出现，卷烟的生产效率大大提高，直接促进了卷烟消费的激增。卷烟由于其便捷性、一次性逐渐成为烟草主要的使用方式，传统烟具逐步从历史中退却，但是沉淀于烟具中的器具文化，使得传统烟具从烟草的使用器具变身而成艺术品、收藏品，从而在人类文化长河中熠熠发光。

伴随着卷烟出现的新的烟具，是卷烟嘴、便携式卷烟盒、烟灰缸、组合卷烟具等新的事物，这其中较为典型的要数卷烟嘴。卷烟嘴俗称"咬口"，一头

---

① 关于纸烟的起源有一种传说：1832 年埃及部队围攻土耳其大本营圣卓思得城时，士兵们截获了一支运烟草的骆驼队。虽然有了大量烟草，可是大家没有烟斗，有一个聪明的士兵想出办法，用包火药的纸将烟草卷起来吸。随着这个方法的传开，现在盛行的纸烟问世了。

② [英] 伊恩·盖特莱：《尼古丁女郎——烟草的文化史》，沙淘金、李丹译，世纪出版社 2004 年版，第 171 页。

连接卷烟,一头口含,是吸卷烟的用具。由于卷烟不直接在烟嘴里燃烧,所以选材范围较广,既有古朴高雅的竹、木、角、骨等雕刻制品,也有昂贵的玛瑙、象牙、白玉、翡翠制品等。和其他传统烟具一样,选材的不同往往昭示了使用者的身份和实力。

可以看出,只要烟草消费的行为仍然存在,新的烟具必然还会出现,这不仅是历史发展的必然,也是烟草这一庞大消费行为的文化发展趋势。正是在不断推陈出新的过程中,烟草文化深深嵌入人类活动的社会场域中。

## 三、烟标中的审美体现

烟标,俗称烟盒或烟壳,它既是香烟的商品标志,又因其地域、时代和生产者独具匠心的设计而打上了文化的烙印。一张精美的香烟商标在很好地履行它作为商品标志的同时,还潜移默化地起到推广传播、宣传教育、美化心灵的作用。故烟标与邮票、火花、钱币、酒标一起并称为世界五大平面收藏品。

烟标是卷烟出现之后,在卷烟商品化过程中出现的烟文化代表之一,是烟草的商标兼包装物,由于其起到阐释烟草内涵、代表烟草产品形象的作用,因而对烟文化的传播起着积极的效应。不过,烟标并不只是用于定义烟草产品,很大程度上,烟标是对吸烟行为的界定和引导。早在烟标出现的两年前,即1878年,烟草业曾经创造了一种新的嗜好,叫作"香烟画卡收集"。香烟画卡于1878年首创,是当时众多香烟推广妙招中的一种。画卡以名人、异国风情、野外冒险、活力体魄、性感形象为主题,一经推出就受到消费者的欢迎。当时,"香烟画卡收集"集卡簿、画卡贩子、画卡拍卖会等一应俱全。香烟卡片通常是成套的,一个人需要购买数百包烟才能收集到一整套的卡片。这些漂亮的香烟画卡也轻易地吸引到了小孩。"朱湘(1904—1933)是中国一位著名的悲剧文学家,他指出自己刻画的抽烟形象就是源于幼时收集的香烟卡片。"① 在画卡的启发下,更为固定且同时具有形象展示、广告效应的烟标很快面世了。1880 年,奥匈帝国生产的 20 支铁听装"尼尔"牌卷烟烟盒上所绘印的是世界上最早的烟标。烟标的上部分是一只展翅飞翔的鹰,下半部分是古老街道的一角。② 经过漫漫岁月的打磨,小小烟标的方寸之间,传统文化、书法艺术、绘画摄影、广告装潢等集聚为一体,通过一幅幅巧妙的构思、寓意深刻的设计和精美的图案,向受众展示着古今文明的璀璨。烟标的出现都打上了"此时此地"的烙印,几乎每一个重大事件或节日都有与之相应的烟标。烟标富含知识性、趣味性,不但客观地反映和记录着历史,更显示出设计者的文化背景,使得烟标具有客观反映历史和文化的独特特点,蕴藏着丰富的文化和历史底蕴。

"从 1890 年纸卷烟由美商老晋隆洋行输入我国起,中国人便开始见识烟标。"③ 新中国成立前,我国的烟标主要由舶来品烟标和民族烟标两大类组成,其中也出现过不少与烟标相互映衬的烟画。

就舶来品烟标而言,随着 1890 年美商老晋隆洋行第一次将机制卷烟运到上海,1893 年英商商务烟草公司在上海设立第一家机制卷烟厂,1902 年世界卷烟托斯拉斯英美烟草公司来华设厂以来,烟标逐渐成为人们耳熟能详的烟草产业的一部分。"最初输入中国的香烟牌号有美商的'小美女'、'品海'、'脚踏车'、'火鸡',英商的'绞盘'、'三炮台'、'老刀牌'等,之后又有日本烟商的'孔雀'、'云龙'牌等,这些卷烟以其独特的包装盒图案吸引了国人,以吸食和携带方便的特点诱导和改变了国人的吸烟习惯。"④ 为宣传卷烟从而

---

① 周迅:《近现代中国的吸烟状况》,载 [英] 桑德尔·吉尔曼、周迅等《吸烟史——对吸烟的文化解读》,汪方挺、高妙永、唐红、张薇译,九州出版社 2008 年版。

② 国家烟草专卖局科技教育司、中国烟草学会主编:《烟云漫话》,当代世界出版社 2001 年版,第 213 页。

③ 国家烟草专卖局科技教育司、中国烟草学会主编:《烟标藏奇》,当代世界出版社 2001 年版,第 2 页。

④ 戎国荣:《中国老烟标的文化底蕴》,载《收藏界》2002 年第 2 期。

扩大市场，外商采取各种手段在中国开展烟草广告，以上海为中心，从城市到乡村、从沿海到边疆，层层推广，使"卷烟"这一对中国人而言的新鲜事物得以迅速传播，从而进入日常生活。如英国惠尔斯公司的"老刀"牌香烟，是19世纪末最早进入中国的舶来品之一。"老刀"烟标是以大海为背景的水手图，放炮手的动作和炮弹溅落在船群中的浪花，似乎代表了西方列强从海路上强行打开通往中国的道路。这枚烟标所代表的卷烟品牌，直至1952年随着英美烟草公司被收归国有后才结束了它在中国半个多世纪的历史。

此时的民族烟标可以说是在对洋烟行进行抗争的过程中诞生和发展的，有着浓厚的时代气息，反映和代表了中国早期卷烟工业的竞争发展史。1905年前后，以三星烟公司、德伦烟厂、中国纸烟公司为代表的我国民族烟草加工业初步形成，又产生了以南洋兄弟烟草公司和华城烟草为代表的两家最大的民族卷烟厂。其中，南洋烟草股份有限公司投产的"白鹤""双喜""飞马"以及"黄金龙""白金龙""大联珠"，华城烟公司出产的"美丽""金鼠"牌等香烟，曾盛极一时。如"金鼠"牌，由华城烟公司推出，因为1924年时值甲子年，加之"金鼠"物美价廉，烟标又讨喜，一上市就受到追捧，销路喜人。同时，我国的烟草工业尚属萌芽时期，在同资金雄厚、技术先进的外资企业同台竞技的过程中，其发展曲折而艰难。为了更好地抢夺市场，一些烟草公司打出"爱国"牌，以提醒国民的爱国意识，同时打开销路。如1905年成立的北京爱国纸烟公司曾直接以"爱国"为卷烟牌名，生产有以"国货救国""中国人应吸中国烟"为推广口号的"十字军""双斧""金豹"等。再如1931年"九一八"事变，马占山在齐齐哈尔就任黑龙江省政府代理主席兼军事总指挥，率领爱国官兵奋起抵抗日本侵略军。他指挥的江桥抗战打响了中国人民抵抗日本侵略的第一枪，成为深受全国人民称赞的民族英雄。在此背景下，最敏锐的福昌烟草公司立刻推出了"马占山将军香烟"，烟标上印有马将军的半身像，他左手抚腹部，右手自然下垂，身着黑皮风衣，戴皮军帽；而在《申报》刊登的广告说："爱国民众已一致改吸马占山将军香烟，因有以下四种原因：一、全国景仰马占山将军；二、每箱有慰劳金国币拾元；三、色香味悉能抵抗舶来品；四、破天荒精美铁（花）听。"并注明：每元两罐。有人说，香烟投放市场后，供不应求，就是不吸烟的人也买几包回去留作纪念，以表达老百姓对前线抗战将士的支持。① 时代的大事件，民族的精气神，在烟标上得到栩栩如生的展现，从不同的角度反映出丰富多彩的大千世界，体现着鲜明的时代特征。

20世纪20年代前后，是我国烟画的"黄金时代"②。南洋公司把家喻户晓的《三国演义》中的人物全列入画中，而且有编号，绘画和印刷都很精美，曾引起孩子们的搜集狂潮。后来改换《封神榜》人物，据说这套人物构图取材于广百宋斋藏本的"封神绣像"，形象丰富、神态生动，又有赠品，自然博得了孩子们的欢心。同时，这一时间段出现的烟标以及烟画，以女性形象为主题的很多，在照相技术并不发达的年代，经过漫长的岁月洗礼依然活灵活现地保存在画面之中，这是十分宝贵的历史"图证"，不仅对烟文化的轨迹是宝贵的资料，对时代特色同样具有一定的史料价值。譬如《烟画中国：昔日摩登女郎》展示了作者李德生收藏的一万多张烟画。③ 这些烟画上的女性，有清末的花国领袖、民国初年的名媛闺秀，也有20世纪二三十年代的新女性、大明星等。这些旧日的粉黛，若依其出版年月的先后顺序排列开来，可以称得上是一部珍稀的"近代女性仪态容妆博物馆"，展示出20世纪前半叶的中国"女性美"的渐变轨迹。在这些烟画烟标中，"美丽"牌香烟是成功烟标的典范之一。"美丽"牌香烟的烟标以"有美皆备，无丽不臻"为广告词，运用嵌字的修辞手法，把"美丽"二字分别嵌入，寥寥八字，朗朗上口，音韵铿锵，同时配合以沪上著名画家谢之光先生依据当红的名伶吕美玉主演时装戏《失足恨》的一张戏装像而设计的烟标。烟标图案的正中央是以吕美玉为代表的温婉贤淑的东方美女形象，四周饰以天蓝色的花边，再用粉橙色打底，这么一衬托，使这张烟标设计稿显得十分别致高雅。既有国货特点，广告词又别出匠

---

① 王晓磊：《往事：想不如烟都不行》，烟草在线，2011年10月21日。
② 成高编著：《烟文化》，中国经济出版社1995年版，第59页。
③ 李德生：《烟画中国：昔日摩登女郎》，江西教育出版社2009年版。

心,因而成为当时广告界宣传的典范。加之吕美玉主演的时装戏《失足恨》,其饰演的女主人公尚宝琳因痴情失足,酿成终生遗恨,而这类事情在当时的新式学堂中屡屡发生,社会效应强、关注度高,因此该烟标产品一经推出便轰动一时。1925年3月,"美丽"牌香烟隆重登场,因为烟丝好,价钱巧,又借着吕美玉的人气,上市三天即被抢售一空。全厂日夜加班生产,依然供不应求。"美丽"牌香烟一炮而红,遂与"金鼠"牌香烟齐名,备受各界欢迎。华城"美丽"牌香烟上市的成功,使吕美玉不仅成了剧坛红星,而且成了影响一时的摩登人物,其时的摩登女子们连她在舞台上的穿戴和发型都竞相模仿起来。这个颇具时代性和代表性的烟标,使得华城烟公司的市场销量长期保持领先地位。一直到新中国成立后,"美丽"牌仍是国产烟中的名牌。

烟标具有明显的时代特征,从中可以窥见历史的痕迹和特定时期内社会发展变化的某个侧面。新中国成立后,伴随着历史发展的潮流,烟标上同样鲜明地反映出新中国成立、抗美援朝、经济建设、"文化大革命"、改革开放等历史的痕迹和烙印。

新中国成立初期,烟标上的"欢庆""解放""和平""民主""幸福"等字样比比皆是,图案以天安门、和平鸽、秧歌舞、工农联盟图为主,极具时代特点,一看便知是那个年代的产物。20世纪50年代初,国营上海烟草公司成立,将英美烟草公司遗留下来的"强盗"(老刀)牌改为"劳动"牌,图案设计以具有时代色彩的"工农联盟"为主题,画面是一位工人与一位农民手执镰锤并肩而立,并附有"劳动创造世界"的名言。① "文化大革命"是我国特殊的历史时期,这一阶段的烟标具有强烈的政治色彩,称为"文革标"。当时由于政治环境使然,烟标图案90%的色彩以红色为基调,采用正红、深红或杏红,主题大多定格在领导人题词、语录、诗词、口号等"红色文化"上,特别是毛主席语录、诗词或题词。当时的烟标基本上见证了当时的社会现实,具有特殊的"文化大革命"气息。

---

① 《中华闲趣》编委会:《中华闲趣之茶·酒·烟文化》,中国经济出版社1999年版,第405页。

1978年改革开放以来,随着生产力的逐步解放,发展的潮流一浪高过一浪,消费者的需求个性化也日益突出,烟标的发展空前繁荣,相互的竞争也分外激烈。好的烟标设计,其颜色的选择和搭配至关重要,一方面要突出民族特色,体现我国卷烟产品的深厚历史渊源及东方特色;另一方面又要和卷烟产品的口味协调一致。一系列老品牌采取翻新改造的手段,结合时代特点的同时注入崭新的内涵,强化品牌的个性化。新出现的烟标取材则更加广泛,包括民族文化、民俗、自然景观、传统文化、艺术珍宝、古典文学等,例如以名山大川、名胜古迹命名的烟标有"井冈山""五台山""云雾山""长江""黄河""黑龙江""黄果树""岳阳楼""花溪"等,可以说但凡在一定范围内有点名气的自然景观和人文景观名称,都能从多如牛毛的烟标上找到;还有以地名或城市名来命名的烟标,如"湘""云""贵"以及"北京""上海"等;有的烟标以十二生肖命名,如"龙子""龙女""飞马"等;有的烟标还带有浓烈的民族文化色彩,如"阿诗玛"等。可以说,每个烟标背后都有一个美丽动人的传说。烟标世界可谓包罗万象,异彩纷呈,让人眼花缭乱,不仅有风土人情、历史掌故,也有文艺体育、建筑交通,再加上精心的设计和品牌内涵的注入,每一枚烟标上都体现着文化品位和价值取向,在方寸之间展示着美和文化的交融。其中为烟标收藏界所津津乐道的"金陵十二钗"烟标,就是其中成套烟标的审美代表。"这套烟标塑造了名著《红楼梦》中的十二位女性人物,逼真地再现了十二钗的艺术风采。由著名红学家周汝昌作诗、著名画家刘旦宅作画、著名书法家陈大羽篆书的烟标,以美妙绝伦的诗与画刻画了富有典型性格的红楼人物,极富民族色彩,成功地提炼了这一艺术题材。在烟标收藏界,这套烟标被誉为最美的人物艺术专题。"① 烟标用料的考究,主题的精心设计,图案造型的精美精心,使烟标具有厚重的人文性、文化性。一些著名景观景点的烟标甚至发挥了旅游指南、度假导游、参观纪念的功能。因此,烟标因其集艺术性、知识性、趣味性、指导性、纪念性于一体,而成为收藏品的宠儿

---

① 戎国荣:《烟标:烟草文化的缩影》,载《生命世界》2006年第5期。

之一。

烟标作为烟草文化的代表，正在起到积极传播烟草文化的作用。烟标于方寸之间集政治、文化、经济、民俗、风光、艺术等为一体，充分展现了精神和物质的结合，现实和意识的结合，显示了历史价值和文化机制，从而成为中华民族文化的一部分。① 在市场经济飞速发展的今天，烟标的设计尤为重要，只有充分了解欲设计的烟标所处的时代背景和发展趋势，才能设计出具有浓厚文化底蕴、符合时代特色的优秀烟标作品。

在烟标短短的发展历史中，几千年来中华历史积淀的极其深厚的传统文化给予了其文化的滋养，因此，无论从哪一方面看，烟标都集中展示了中华民族的审美取向。当然，这个深厚的传统文化既给烟标的发展带来了丰厚的文化底蕴可供挖掘，同时也给烟标的设计带来了一定的局限。例如在色调的运用方面，中国传统文化认为，红、黄（金）、白（银）等是喜庆、尊贵的颜色，这也是消费者较为喜好的颜色。在根据品牌定位、明确消费群体的基础上，合适的色彩色调就是关键，但是色彩色调选用就必须考虑文化的影响问题。因此，无论是促进还是限制，一枚小小的烟标，集中展示了中国特色的审美观。

## 四、地域中的差异习俗

文化具有鲜明的地域性特征。文化的地域性一般指的是在特定区域内历史悠久、独具特色、传承至今仍发挥作用的文化传统，是特定区域的生态、民俗、传统、习惯等文明表现。这些文化现象在一定的地域范围内与环境相融合，与当地的民风民俗、风土人情产生着密不可分的联系，打上了地域的烙印，民族文化的个性具有不可复制的独特性。文化的地域性是在不断发展、变化中逐渐形成的，是一个长期的过程，同时在一定阶段内具有相对的稳定性。

---

① 范媛媛：《FCTC 下方寸之间的智慧——浅析烟标设计现阶段的局限及趋势》，载《艺术与设计》（理论版）2011 年第 2 期。

烟草进入中国之后，伴随着大范围的长期的传播，烟文化在广袤的中华地域与不同类型的文化互动、融合，沉淀出个性鲜明、各领风骚的地域特点。

从吸食方式的特色看，东北是与烟相关的习俗和文化都非常丰富的区域。烟草传入东北之后，由于其不仅具有解乏提神、对抗寒冷、有一定驱避虫蛇的功能，而且有利于人际交往，因而烟草迅速成为东北人民生活中的必需品，并迅速占领东北大地，烟民数量众多。绝大多数家庭为了满足自己的消费都种烟、栽烟、储存烟，因此烟文化的丰富有着扎实的现实基础。就自然条件而言，北方较为干燥、风大；就性格特征而言，由于游牧民族居多，性格豪爽彪悍，在吸食方式的选择上偏向于容易携带、便于交换、防风等特质的烟具。一是用烟袋吸。用烟袋是东北最为普通的吸烟方法，而且男女通用。烟袋以长为美，有的长至三四尺。烟袋对于东北人来说是出外旅行必须随身携带的物品，男子别于腰间，女子拿在手里，也有人系在斜襟衣服的最上面的扣上。二是卷烟。这里的卷烟一开始不是工业化产品，而是广大农村自产自销烟叶的粗加工使用方法。具体说来就是将烟叶碾碎，用纸卷成紧实的长条状，吸烟的时候掐去一头点燃使用。三是用鼻烟壶或者嚼烟。鼻烟壶主要流行于满族和蒙古族地区，后来达斡尔族、鄂温克族等也受满族和蒙古族的影响吸鼻烟。嚼烟主要见于狩猎的鄂温克族。使用鼻烟壶和嚼烟，可以避免在狩猎中因散发浓重的刺激气味和火光把野兽惊跑的问题，既能避免吸食旱烟可能造成的损失，又能解决烟瘾。南方的吸烟特点和雨水丰沛、草木茂盛有直接或者间接的关系。因为湿气重，蚊虫多，南方在很长时间内都被称为"瘴疠之地"，而吸烟可以驱赶蚊虫，同时对瘴疠有一定的预防作用。在使用方式上，除了农村也喜欢自卷卷烟使用之外，较为流行的是使用水烟筒。水烟筒在南方各省被普遍使用，例如"云南十八怪"里面的水烟筒，以及被誉为粤西一宝、又称为"大碌竹"的水烟筒。水烟筒的取材也很有南方特点，一般是用竹子做成的，长约一米，在竹子中间开个小孔，斜插上一根手指般大的小竹筒作为烟嘴。使用的时候就往竹筒里灌进半筒清水，抽烟时，将一小撮烟丝或者卷烟按在烟嘴上，点火之后将嘴巴贴着水烟筒上端筒口猛吸。水流随着气流翻动发出的"呼噜、呼噜"声，

也能为吸食者增添情趣，而且烟气经过清水的过滤之后，据说能够去掉大部分尼古丁和杂质，变得更加醇香爽口，在一定程度上能够降低烟草的有害成分。因此，水烟筒大行其道，甚至一些南方的官员到北方做官，也把水烟筒带到了北方。

和烟文化的地域特色密不可分的就是不同民族的烟俗文化。民族本就是和地域紧密关联的产物之一，因此，各民族对烟草的使用所形成的不同烟文化，也成为烟文化地域特色中一道特殊的风景。

主要聚居于北方的蒙古族等游牧民族，在烟草的使用习惯上主要采用鼻烟的方式，这种吸烟方式应该和他们的生产活动有关。由于游牧民族居无定所、经常迁徙，终年在马背、野外和帐篷里生活，生产生活的条件所限使其养成了把日常生活用具如针线盒、火镰、腰刀等佩戴在身上的习惯，亦可作为装饰品，就吸烟来说也必须选择更加便携且不用明火点烟的方式。自然，烟袋、水烟和烟杆都不适合，所以鼻烟是最佳的选择，可见鼻烟和鼻烟壶的使用有种"自然选择"的意味。由于对鼻烟的偏好，就有了敬献鼻烟壶的习俗。《呼伦贝尔志略》云："蒙人相见必曰门德……不俟交谈出怀中鼻烟壶双手献客，客接嗅后，答以如礼又多数嗜淡巴菰，待客则装烟以为敬。"① 关于蒙古族敬烟的习俗礼仪，徐珂在《清稗类钞》中有详细的描述："蒙人喜鼻烟，凡男子，必具烟壶一枚。常日，宾主相晤，接谈之初，平等则交相递送，彼此鞠躬，双手捧换，向鼻端一嗅，璧返一如递状。卑幼递于尊长，必一足跪献，长者欠身，以右手接之；长者递于卑幼，则反是。递于王公、札萨克，必跪献，王不起坐，一嗅授还，不答礼。宾主初面，除递哈达、请安、递鼻烟壶外，又有行装烟礼者。装烟，取客之烟筒。（无论男、妇，左胁下必插铜早烟筒，后腰悬火刀镰，镰下坠红绿色或布一寸）装主人之烟，而后以布拭烟嘴，递送于客，递送或双手或右手，以等级而分。其递之先后次序，亦以老少尊卑而定，平等则同时交递。"② 可见，递送鼻烟壶的方式依年龄、身份不同而各异。

---

① 王平：《民国〈呼伦贝尔志略〉的史料价值》，载《中国地方志》2015年第2期。
② 达妮莎：《蒙古族习俗禁忌与民间手工艺》，载《艺术理论》2009年第10期。

而居住于凉山的彝族好吸之烟多为草烟，又名兰花烟、茄叶烟、黄花烟，是一种很有"劲头"的烟叶。兰花烟是普通烟草种以外的另一有栽培价值的烟草种，是作卷烟、斗烟、水烟的原料。在彝族民间有一传说故事：在远古的时候，有对恋人朝夕相处，女青年叫兰花，不幸夭折，男青年朝思暮想，茶饭不思，一蹶不振。后来在恋人的坟头上长出两株小草，一株开黄花，一株开兰花，黄花要火烧后才发出香味，兰花可自然香。他认为兰花是他恋人的化身，不忍心火烧，所以采回了黄花。兰花任其发展，成了长满山谷的兰草。由于黄花的叶片每当燃烧时，总是像兰花一样清香四逸，故名兰花烟，这是以香气似兰而得名的，并非以花色而命名的。从此，在崇山峻岭的大凉山有了"兰花烟"，有的人称"还魂草""云香草"，彝语叫"侬乌"。这个习俗传了下来，渗透进彝人的生活之中，"手不离烟，烟不离火"，"烟火不停，子孙不断"，烟成了他们接人待客的礼仪之物。他们认为："伸手要烟不羞耻，伸手要酒不羞耻，伸手要饭才羞耻。"可见烟草在他们日常生活中的重要性。凉山彝族人认为，烟是传家接代的标志，烟源于天上的烟雾，又终汇于天上的烟雾，代代吸烟是向上天表明"本家有人吸烟，子孙不断"，否则会被天神视为"断根"；于是人人吸烟，代代吸烟，从不间断。"住在老林边，吸的兰花烟，吃的洋芋果，烤的疙瘩火；喝的罐罐酒，煮着鼎罐饭，吸的转转烟，快活似神仙。"这首民谣，就是凉山山区群众吸烟生活情趣的写照。如果与生疏的外来人在途中相遇，彝族人往往会问："远方的客人，你要到哪里去？请到家里歇歇，吃一杆烟再走吧！"烟草这一"见面礼"，往往让客人感到质朴的热忱，感到温馨和愉快。

西藏人也嗜好鼻烟和鼻烟壶，但在他们的文化中，对于鼻烟的来源有自己独特的解释。鼻烟的来源有一个美丽传说：相传，在藏王赤松德赞时期，西藏的南部地区出现了许多妖魔鬼怪，作恶多端，给众生带来灾难。为了降妖，藏王特地从印度请来莲花生大师。莲花生大师法力无边，把妖魔镇在桑耶寺，大部分妖魔俯首称臣，掏心献师，甘愿当护法神，但仍有妖魔逃脱，由于在逃跑时将血滴在地上，于是滴血处长出了烟草花，后被人们发现并制成了鼻烟。西藏鼻烟的制法是一种非常传统的工艺，把当地生长的麻黄烧成炭，进行过筛，为了保存方便，将过筛后的细粉加水做成饼状，晒干。为防止在保存过程中出现吸潮现象，炭饼还要继续烧，直至变成纯白色为止，吸烟时拽出炭饼掰成小块，在特制的研磨器上根据个人的口味添加烟草调制，并研磨成细粉，当炭和烟草完全融合且手感润滑时工序才算完成。

　　云南少数民族地区有"姑娘叼着旱烟袋"的吸烟习俗。"姑娘叼着旱烟袋"是"云南十八怪"中的一怪。这里的旱烟袋指的是装着嚼烟的旱烟袋。云南的阿昌族、景颇族、德昂族、傈僳族、布依族、傣族、哈尼族、佤族、拉祜族等民族有嚼烟的习惯，每逢聚会、串门和聊天，男女皆互敬嚼烟，表示友好和尊敬。他们将少许烟丝掺入微量的熟石灰、橘子、槟榔、芦子（一种藤生植物）、撒荠（一种黑色胶状物质）放进嘴里，嚼得津津有味，像含着一颗香甜可口的果核，有一种甜甜的滋味，直到满口充满红色的混合液时，才连渣一起吐出。据说嚼烟有消炎止痛的功效，对牙齿和口腔有一定的保护作用。同时，烟具的使用在民族众多的云南，是颇有学问的一门民俗。例如烟锅杆的长短明确显示着使用人的年龄特征，烟锅杆象征着人的辈分、卑贱及地位和权势。最长的烟锅杆是家族最高的长辈所用，有的地方老人所用的烟杆之长，毫不夸张地说可以当街对坐、隔街借火。烟锅杆的长短十分讲究，从烟锅杆的长短可以分辨谁是父谁是子，儿孙的烟锅杆不能比长辈的烟锅杆长，否则视为不敬不孝，会遭到众人和族人责骂，甚至受到族人的严惩。长辈所使用的长烟锅杆不仅显示辈分和地位，平时走村串寨可作"拐杖"和"镇狗棒"，野外劳作可当梭镖防身之用，累了歇息可以过烟瘾。大富人家所使用的烟锅，品种也十分繁多，颇为讲究。此外，流传于云南的别具一格的烟俗还有烟盒舞。烟盒舞作为滇南彝族最具特色的一个舞种，以独特的舞蹈语汇展现了彝族的历史观、道德观、价值观和思维方式，在民族学、民俗学、社会学领域有很高的研究价值。彝族烟盒舞包括正弦和杂弦两部分，形成了山区和坝区两种风格和多种流派，舞蹈套路多达220套，目前仅搜集整理117套，其中正弦62套，杂弦55套。彝族烟盒舞的舞蹈形式有双人舞、三人舞和群舞等，舞者手持旧时盛火草烟的圆形木制烟盒，在四弦的伴奏下，弹击盒底击节作舞，节奏明快，气氛热烈。烟盒舞与彝族人民的生活有密切的关系，舞蹈中的"斗蹄壳"，明显地模仿动物斗蹄子而来；"踩谷种""踩慈姑"等，则是反映农耕的舞蹈。据说，开始跳时没有烟盒，只徒手跳或拍掌，后来，当人们吸烟时，发觉手指弹烟盒能发出"呱、呱"之声，既可统一舞蹈节奏，又能增添舞蹈的热烈气氛，于是弹起烟盒跳起舞的方式一直流传至今。其丰富多样的舞蹈套路和深邃的舞蹈内涵表明彝族人民出众的舞蹈创作才能和艺术领悟能力。烟盒舞在烟盒的节奏声中，通过头、脚、身、手、腰等各个身体部位的巧妙运用，以优美的舞姿形象地表达了彝族特有的审美趣味，同时下腰连环翻滚等高难度的舞蹈技巧，也具有很高的艺术价值。烟盒舞以其独特的艺术魅力广为当地各族群众喜爱，成为民族间加强团结、增进友谊的平台和载体。

还有广泛流传于甘肃、福建、山西、江西的水烟和水烟筒的使用习俗。水烟不仅制作工艺别具一格，在烟具的选用上也具有不一样的习俗。作为我国传统烟草之一的水烟，是用晾晒的烟叶经过特殊工艺调制而成的，不同区域的产品有其特色，例如福建的皮丝烟、山西的青皮烟、江西的西条烟和甘肃的兰州水烟等。这其中，兰州水烟以自己历史悠久、风格独特而被赞誉为"兰州水烟甲天下"，其水烟的吸食用具主要为水烟壶和水烟筒，其中水烟筒和云南一带所使用的水烟筒如出一辙；后为了携带方便，从水烟筒演化而为水烟壶。随着卷烟的普及，到20世纪末期，以水烟壶吸食水烟的行为已经比较少见，但用水烟筒吸水烟的烟民在云贵地区的少数民族山寨还保留较多。

# 第四章　烟文化中的反烟与禁烟

最早反对烟草的原因并不是出于健康考虑，而是从道德评价入手的——因为最开始的时候，由于受历史的局限，人们认为烟草一方面是一种可以麻醉人的"灵丹"，另一方面又会消磨人的意志力甚至改变心灵。随着人类文明的进步和手段的提高，烟草在科学的视野中，日益成为公共健康安全的"敌人"。1948 年，理查德·多尔爵士通过一连串的肺癌流行病理学的研究，使英国和美国公共卫生专家确信抽烟确实危害到人们的健康，反对抽烟的公共卫生运动自此开始。而从更广阔的历史空间看，烟草使用一直和各种各样的反烟、禁烟行动如影随形，是一场延续至今的拉锯战，是和文明社会发展的一部斗争史，而且中外概莫能外。

## 一、纠缠往复的反烟与禁烟

由于科技发展的局限和对烟草这一新生事物了解的局限，烟草在全世界传播之初，人们并不能对烟草成分进行精确分析，烟草究竟对人体有些什么影响、是否对健康产生危害，这些判断往往只能依赖于喜好和经验。对烟草的喜爱和对烟草的厌恶一开始就泾渭分明，不同的阵营为着自己各自的目的展开辩论甚至冲突，在长久的岁月里带来了反烟和禁烟的交叉往复。香烟以及香烟产生的烟雾被贴上了很多标签——政治的、社会的、健康的、道德的，每一个都有不同的社会和文化含义；每一个标签的出现都是历史的产物和人类对自身认识的不断深化。

从目前的资料可以判断，人们对烟草危害的认识是和对烟草的益处的认识同频推进的。15世纪末，烟草刚传到西班牙时，人们出于对"口含火，鼻喷烟"的吸烟者的恐惧而把吸烟者送进了监狱。烟草刚传到英国不久，就遭到了英王詹姆斯一世的攻击。1558年，英国有人因为吸烟过量而中毒，于是，英国政府颁布法令，规定对吸烟者予以重罚。1595年，英国药物学家所著的《最新而且最有价值的有关烟草的看法》一书指出：吸烟对人体有危害，影响甚广。1602年，在一些医生的推动下，英王亲笔写下了历史上有名的《讨烟檄》，把烟草说成是阴司的腐败，万恶的渊薮，并采取了严厉的禁烟措施，将烟草的关税提高了40倍不说，还杀掉了一个叫沃尔特·罗利的抽烟贵族，以警告烟民。紧接着，又处死了一群吸烟的人，捣毁了烟草机构，摧毁了乡村大片烟田。同一年，作为最早的反烟宣传，《扫除烟害运动》一书在英国出版。土耳其皇帝莫拉塔四世也不甘示弱，不但颁布了严厉的禁烟令，还亲自上街去抓捕、惩处烟贩子，一旦发现烟贩子卖烟，就当众砍掉他们的头，并将尸首丢在路旁，以示禁烟的决心。1615年，波斯王沙阿巴斯害怕吸烟影响国民生殖率，下令用烟商的货物架起火葬堆，把烟商当众活活烧死；然而到了沙阿巴斯二世时，却因为自己酷爱烟草，而把前朝的禁令统统付之一炬。1633年，英国国王詹姆斯的儿子查尔斯一世在父亲颁布的《对烟草的强烈抗议》的基础上，再次发表禁止声明。他写道：

> 这种叫作烟草的植物或药物在一开始并不为人们所熟知，在我们这个时代作为药物被少量地引入……但随着时间流逝，它被大量引进以满足人们紊乱的胃口。人们大量地吸烟，而这又激起了诸如酗酒及做其他无节制事情的欲望。人们的健康因此而毁坏，人们的举止因此而堕落。鉴于上帝对子民的关怀，国王只得采取措施，阻止滥用烟草

的罪恶后果。①

1634年，俄国沙皇颁布禁烟令，规定吸烟者要遭鞭打，嗅烟者要遭割鼻，屡教不改者流放西伯利亚或者处死。1635年，土耳其颁布了一道严厉的法令，凡吸烟者杀无赦。一个月后，在伊斯坦布尔市中心，100名烟民因吸烟被处死。但是，在严厉禁止的同时，更有人极力推举吸烟的种种好处。在16世纪，很多欧洲的医生都把烟草当成"神药"来使用，用它来医治牙痛、肠寄生虫、破伤风甚至癌症。18世纪，西班牙塞维利亚的教会曾禁止教徒吸烟，因为很多人在做弥撒时也忍不住点上烟袋，让教皇深恶痛绝，但这个规矩坚持了80多年，最后也放弃了。法国国王路易十四的御医曾写过一篇《频繁吸烟是否会大为折寿》的文章，结果是他的同事在介绍这个著作时，遭到了医生同行的嘲讽："在您诽谤这种非凡的植物时，您的鼻子里恐怕还塞着刚吸完的烟草末吧？"② 但是，在反烟和禁烟的同时，由于烟草本身所具有的提神以及轻微的治疗作用，在被尊称为"太后草""还魂草"之后，对于烟草的禁止往往半途而废。1723年，英国牛津地区曾经举行了吸烟比赛，凡是能够连续吸三磅烟的人便可以得到12先令的赏金。③ 这不仅是对大英帝国禁烟令的绝妙讽刺，而且为烟草的传播起到了推波助澜的作用。

19世纪末期，当香烟在美国迅速流行开来，烟草的消费和酒精的罪恶被关联在一起：浪费，放纵，损人害己。随着华盛顿州1893年将香烟的销售列为非法，美国的反烟运动拉开了帷幕。当时的社会改革者维达·密霍兰德写道："这场斗争旨在将我们挚爱的国家从一种精神奴役中解放出来，她正屈从于这种奴役，因为她允许烟草这一被毒化的药品喷云吐雾，像阴霾笼罩大

---

① ［英］伊恩·盖特莱：《尼古丁女郎——烟草的文化史》，沙淘金、李丹译，世纪出版社2004年版，第67页。

② 程赤兵：《人类还能战胜烟草吗？——没有胜利过的禁烟之战》，腾讯·大家，2014年8月2日。

③ 汪银生编著：《中国烟草的历史现状与未来》，安徽大学出版社2000年版，第150页。

地。"《纽约时报》在1884年的一篇社论中以斩钉截铁的语言表述了这场国家危机:"当西班牙人吸食香烟时,西班牙的腐朽开始了,如果这一恶行在成年美国人中流行开来,共和国的毁灭就为期不远了。"① 反烟运动逐渐扩展到全国,许多州先是开始禁止向未成年人出售香烟,继而禁止任何形式的香烟出售。但是,"到1909年堪萨斯州、南达科他州和华盛顿州都通过了禁止性措施。随着这些禁令开始生效,全国范围内的香烟销售却一路飙升"②。对香烟的反对和禁止之声,伴随着烟民的扩大化,烟草营销的专业化、细分化,在数十年间展开了拉锯战。在这期间,第一次世界大战极大地促进了香烟的传播,"在战争前,基督教青年会对于吸食香烟发出了严厉的反对的声音,而在战争时期,它又如此热心的分发香烟了。很多基督教青年会的工作人员,在从法国的哨兵站回国的时候,已经变成了重度的吸烟者了"③。在死亡威胁的面前,香烟排遣寂寞、舒缓情绪、释放压力的精神功能充分地发挥出来,成为必备的军需品。香烟的浪潮随着世界大战席卷全球。

在科技不断进步的过程中,对烟草成分的精准分析、对烟草和健康问题的关联性研究,深化了人们对烟草和健康问题的关注,引起香烟对健康影响的持续争论。研究人员和公共健康代表们试图引起公众关注科学研究的结论,对包括香烟在内的各种瘾品抵制、拒绝和改变;烟草业的利益相关者则花费大量的研究经费投入对烟草危害的减低和反向论证中,以对抗烟草危害健康的指控;而烟草消费者则在烟草业的营销包围、研究人员的数据论证、公共健康代表的呼吁中,审慎地选择了自认为更加适合自身地位、身份,更能减少健康危害的烟草品牌。这一缕袅袅青烟,尽管面对各式各样的审视、质疑和争论,但是并没有因为它潜在的健康危害而受到大面积的抵制和抛弃。

烟草传入中国之后,在受到广泛欢迎的同时也面临着一些人的抵制。对于

---

① [美]阿兰·布兰特:《香烟的世纪——香烟的沉浮史告诉你一个真美国》,苏琦译,东方出版社2011年版,第29页。
② 同上。
③ 同上书,第32页。

烟草的危害，我国很早就有了认识。明末清初的科学家方以智提道：烟草"久服则肺焦，诸药多不效，其症忽吐黄水而死"。明后期《滇南本草》中记载："野烟，性温味辛麻，有大毒……令人烦乱不省人事。"晚清的《高要县志》记载："烟叶……性最酷烈。取一二厘于竹管内，以口吸之，口鼻出烟。服之以御风湿，独取一时爽快，然久服面目俱黄，肺枯声干，未有不殒身者。愚民相率习服，如蛾扑火，诚不可不严戒之也。"己卯年，即崇祯十二年（1639），明毅宗朱由检颁布了中国历史上由朝廷发出的第一道禁烟令。然而这位皇帝对烟草的厌恶并不是因为它危害健康，而是出于一种多疑的忌讳。因为明朝定都燕京，"吃烟"就是"吃燕"，要把大明江山吃掉，所以不能容忍；崇祯皇帝更曾明文规定吃烟者处死。清太宗皇太极曾于崇德二年在关外下禁烟令，凡"犯禁一斤以上者先斩后闻，未满一斤者，囚禁义州，从重科罪"。此后清朝的历代皇帝都反对吸烟，然而禁令却逐渐松弛。到了嘉庆皇帝时，更有一个名叫周石介的江南监生，因为上书奏请禁烟反遭皇帝训斥，说他"妄言国政，指陈利弊，多系空谈"。事实上，我国古代的"禁烟令"虽然屡屡出现，但是从来没有真正禁止成功，有些甚至主动撤销禁烟令，例如曾经禁烟最为严格的皇太极，后来只是要求民众自种自吸，不去朝鲜购买即可。

由此可以看出，历史上各个国家虽然对限制烟草采取过各种各样的措施，但其实施的动因却是五花八门。有人认为吸烟有害身体，有人认为种植烟草影响粮食安全，有人认为吸烟违反宗教道德，甚至有人认为吸烟危害政权稳固……然而，由于缺乏有效的说服力，再加上烟草税收对国家财力的巨大贡献、烟草成瘾的不易戒断，以及烟草在社会生活和社会礼仪中的融入，种种禁烟举措往往不能贯彻到底，形成众多半途而废的"禁烟令"。

## 二、科学视野中的烟草之害

随着反烟运动的持续开展，运动规模的不断扩大以及对烟草认识的不断深

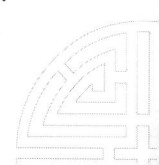

化,对于"吸烟"现象的讨论也无所不包。从产业到政治,从健康到教育,从生态到文化,从经济到立法,从体育到文艺……主题万象,探讨也更加具体化、专业化、科学化。

对于吸烟危害的真正认识来自现代科技的发展。排在第一位的是对烟民及被动吸食"二手烟"的人的健康影响。不过历史总有很多戏剧性,在医学无法证明吸烟与健康的因果关系之前,"1947年亚特兰大美国医学会,医生们排起了长队领免费香烟"①。在这之前,"骆驼"牌香烟甚至打出了"医生吸骆驼牌比其他牌子的多"的广告口号,通过美国医学界的专业形象和健康取向为香烟是否危害健康做出了背书。把医生和香烟消费者联系起来的做法是高明的手段,至少让"骆驼"牌香烟的顾客认为,既然连医生都做出了选择,那么毋庸置疑骆驼牌是值得信任的品牌。"骆驼"牌香烟为什么会采取这样的策略?恰恰是因为越来越多的消费者开始担心吸烟对健康的影响。烟草公司为了减轻人们的吸烟危害健康的焦虑情绪,才让医生——这个从事健康保卫工作的权威——来成为广告的主角,抵消人们对香烟危害健康的恐惧。但是,随着医学的进步和研究的深入,烟草对人体健康产生影响的因果效应还是逐渐明朗化。到了20世纪50年代中期,不同研究者采取临床观察、特定人口研究和实验室试验的方式,将香烟危害健康的科学和医学知识向前推动了一大步,证明了吸烟引起疾病的重要关联。

1960年以前,就美国来看,当时大部分的公共健康政策依然主要集中在对传染病的控制上。但是,当时医学界对于系统性、慢性疾病的关注和研究越来越多,并逐渐发现,其实系统性、慢性疾病已经在取代传染病成为主要的死亡原因。在这些研究成果的基础上,公共健康官员开始调整他们对于健康的相关政策。之后,香烟作为某些严重疾病起因的确定,标志着公共健康史上一个重要的转折点。1962年,英国皇家医学会内科学会发表《吸烟与健康》的报告,论及吸烟史导致肺癌的主要原因,拉开了吸烟与反吸烟论战的序幕。而从

---

① [美]阿兰·布兰特:《香烟的世纪——香烟的沉浮史告诉你一个真美国》,苏琦译,东方出版社2011年版,第73页。

1961 年就开始起草，历经 3 年时间，以 7000 多份医学文件为基础的《吸烟与健康》报告于 1964 年 1 月 11 日正式出炉，更是成为禁烟运动史上的里程碑。美国政府首次以官方名义宣布：吸烟会导致严重的呼吸道及心血管疾病，属于肺癌与心脏病的直接原因之一，须引起社会的足够重视。报告引起了社会的极大震动，次日开市，烟草类股票几乎全军覆没，行内人士将报告的发表称为"烟草业的海啸"。一年后，美国联邦贸易委员会投票通过《香烟标签与包装法》，要求香烟盒上必须标明"国家卫生局证实：吸烟有害健康"字样；两年后通过《香烟广告法》，所有相关广告除标明警告字语外，还不得对消费者进行任何形式的误导与欺骗。1963 年，瑞典 25 位科学家倡导发动反吸烟运动，建立了国家"吸烟与健康协会"。1968 年，盖洛普调查显示：相信"吸烟有害健康"的民众已从 7 年前的不到 44% 上升至 78%。① 1970 年，美国政府禁止电视广播媒体播放任何形式的香烟广告。吸烟的可接受度越来越遭到公共卫生运动的反对，遭到健康研究领域的否定。

"一支小小的燃烧着的香烟就是一座微型化学工厂。从 15 种烟草中已经提取和确认的化合物为 4720 种。"② 除了聚焦于烟草对吸烟者本人的健康危害之外，香烟的烟雾是否会危害到不吸烟的人？在为吸烟展开辩论的历史中，"二手烟""无辜受害人"的新探讨扭转了争论的方向。大约从 20 世纪 70 年代开始，吸烟作为"环境毒素的制造者"成为烟草战争中重要的难题和挑战，并开始导致更加严厉的监管环境。人们不再只是谆谆告诫吸烟者个人行为的危害，而是可以讨论个人的吸烟行为对他人的危害。"无辜受害人"一词的出现，特别是针对生活在吸烟者身旁的不吸烟女性和孩童，更是加重了对吸烟者的道德谴责。伴随这个全新的概念，吸烟行为演变为一种危害他人健康、不受欢迎的自私行为；对烟草的反对，如一场不见硝烟的战争在全球渐成燎原之

---

① 《烟草：爱恨之间的纠结》，《北京日报》2011 年 3 月 16 日。
② ［英］迈克尔·格索普：《毒品离你有多远？》，冯君雪译，天津人民出版社 2013 年版，第 112 页。

势，并最终推动了世界卫生组织①就禁烟问题进行积极努力和不断深入的探究。1988年4月7日是世界卫生组织成立40周年纪念日，也是第一个"世界无烟日"。从第二个"世界无烟日"起，"世界无烟日"被确定为每年的5月31日，即国际六一儿童节的前一天。世界卫生组织赋予每年"世界无烟日"一个主题，围绕主题持续开展有关烟草对健康危害的讨论，并发出禁烟的倡议。例如，第一个"世界无烟日"的主题是"烟草或健康，选择健康"；1992年的主题是"工作场所不吸烟"；1999年的主题是"戒烟——放弃香烟"；2016年的宣传主题是"平装就绪"，呼吁所有国家做好对烟草制品采取平装（标准化包装）的准备，旨在通过推进平装包装，降低烟草制品的吸引力，消除烟盒包装作为一种广告和促销方式的影响，并使得健康警示信息更明显、更有效；2017年的主题则是"烟草——对发展的威胁"，世界卫生组织倡议，控制烟草可以挽救生命和减少对公众不健康因素的影响，极大程度上控制疾病的发生率，有助于降低贫穷和促进经济发展，从而可以打破因吸烟致病，因有病致贫，并加大个人和国家对卫生和疾病负担的支出，使国民经济发展受到严重的恶性循环。可以看出，世界无烟日的主题越来越聚焦、越来越明晰，对于促进人们科学认识烟草与健康问题、做出理性判断起到了积极的推动作用。

1997年5月3日，世界卫生组织发表《世界卫生状况》，并指出：全世界85%的肺癌男性患者和46%的肺癌女性患者的肺癌发病与吸烟有关；估计吸烟引起的疾病每年将造成300万人死亡，吸烟引起的主要疾病是肺癌和循环系统疾病；全世界因癌症而死亡的患者，7人中有1人是与吸烟有关的。之后的2003年5月21日，世界卫生大会批准了《世界卫生组织烟草控制框架公约》（WHO FCTC）的颁布。但是，烟草所导致疾病的长期潜伏性和不确定性，依

----

① 世界卫生组织（WHO）是联合国的专门机构之一，成立于1948年4月。其目的在于促进国际合作以改善卫生环境。其宗旨是使全世界人民获得最高水平的健康。其主要任务是，指导及协调世界各国的卫生工作，协助各会员国开展卫生工作，促进各种疾病的防治。我国是世界卫生组织创始国之一，在1972年第25届世界卫生大会上恢复了我国在世界卫生组织中的合法席位。1978年10月，我国卫生部与世界卫生组织在北京签订卫生技术合作备忘录。从那时起，我国与世界卫生组织的技术合作得到了迅速开展。

然是对其进行管理和改变吸烟行为的主要障碍。因此，仅仅只是制度层面的控制，并不能够彻底扭转人们对烟草的使用。

烟草对个人发展和宏观经济影响的研究也在不断深入。相关调查研究表明，由吸烟带来的小病小灾会影响烟民们的工作，主要体现在工作时间缩短、工资低以及退休时间提前上。根据美国国会财政办公室的一项研究，在控制了年龄、种族、教育程度等诸多变量之后，吸烟的人总体比不吸烟的人的收入平均低了10%，而曾经吸烟的已戒烟者，工资水平和不吸烟的人则基本持平，证明了吸烟对工作量和收入的影响。同时，吸烟的人，因为烟草所带来的恶性肿瘤、癌症、呼吸系统和心脏系统的疾病还会增加医疗和保险系统的负担。根据世界卫生组织的调查，在发达国家，每年有15%的医疗费用在因吸烟所导致的疾病上。以2014年的美国为例，全国全年的医疗花费（公费和个人缴费都算上）是3万亿，而3万亿的15%就是4500亿，占当年美国GDP的2.5%。① 也就是说，美国GDP有1/40被吸烟的人看病花掉了。而由国家卫生部和英国流行病学家理查德·皮托共同进行的一系列研究显示，在1996年，烟草所导致的疾病的致死人数超过了50万人。到2025年时，这一数字将会跃升至200万人（大约有1/3的死亡病例发生在35岁到69岁的病人之间）。② 北京大学中国经济中心曾经发布的《中国吸烟成本估算》中指出：在2005年，我国吸烟导致的疾病和直接成本是1665.60亿元，吸烟导致的间接成本包括误工损失、被动吸烟、火灾、环境污染等是861.11亿元至1205.01亿元，加在一起，因抽烟造成的成本高达2526亿元，而根据全国烟草专卖局网站提供的数据，2005年，烟草全行业的工商税利才2400亿。③ 在烟草带来的立竿见影的税利好处和对人口健康的巨大威胁之间，无论个人、组织和国家，都在审慎地做出判断和决策。

---

① 《烟民一点烟，国家就发笑？》，壹读，2017年4月13日。
② [美]阿兰·布兰特：《香烟的世纪——香烟的沉浮史告诉你一个真美国》，苏琦译，东方出版社2011年版，第299页。
③ 《让吸烟者有适度羞耻感》，《北京晨报》2014年9月1日。

除了从罹患肺癌等个人事故的角度来计算为烟草所付出的代价之外，还应该引起重视的是种植烟草对环境带来的严重而长远的影响。烟草会将土壤中的钾碱、钙、氮迅速耗竭。"弗吉尼亚州东部最肥沃的切萨皮克（Chesapeake）田地经过3年耕作就会耗竭，此后20年都不能再种烟草。""北美洲东部的原始森林消失许久以后，烟草依旧是许多国家——例如坦桑尼亚——森林滥伐的元凶，因为熏制烟叶需要大量木材。每熏制1英亩田地的烟叶，大约要耗损1英亩的森林面积。……烟草田大量使用化肥和农药，不但污染水源，还培养出对杀虫剂有抵抗力的蚊子和苍蝇，形成热带环境中的一大麻烦。"① 同时，密集耕作的烟叶，会排挤人口存活所必需的粮食生产。"植物学家早就注意到，能够使人产生快感的植物往往比提供主食的植物扩散得更快，扩散幅度也更大。这些植物耗用了土壤的养分，却供应不了多少的营养价值，甚或完全没有益处可言。"② 此外，没有完全熄灭的烟头所带来的火灾隐患是造成火灾的主要原因之一。2015年，全国公安消防部门共接报火灾34.7万起，从引发火灾的直接原因看，吸烟引发的占5.6%③；2016年，全国公安消防部门共接报火灾31.2万起，其中吸烟引发的占5.2%④。1987年大兴安岭森林火灾就是由吸烟引起的，大火燃烧一个多月，烧掉几十亿元。⑤ 吸烟还会对社会产生一些间接损失，譬如随处可见的烟头会增加环卫工人的工作量，被香烟带坏的青少年可能会更进一步有接触大麻、摇头丸甚至是毒品的风险，等等。

但是，针对烟草有害的认识以及禁烟的全球性行动要想取得一致性并不容易。"烟草业的经济影响力和操作广度都给自己带来相当程度的豁免优势，上

---

① ［美］戴维·考特莱特：《上瘾五百年——烟、酒、咖啡和鸦片的历史》，薛绚译，中信出版社2014年版，第78页。
② 同上书，第80页。
③ 《2015年火灾情况分析》，公安部消防局，2016年3月4日。
④ 《2016年火灾情况分析》，公安部消防局，2017年6月22日。
⑤ 徐强：《禁烟与烟草产业矛盾如何协调》，载《发展》1997年第7期。

了瘾的吸烟者之众多更是理所当然的优势。"① 同时,"在所有容易上瘾的精神类药品中,注射海洛因是最容易上瘾的吸毒形式,吸烟也是其中之一,人对它的依赖性比镇静剂和酒精都高。潜在的上瘾因素还有,吸烟者认为在社交和工作场合吸烟有助于提高社交能力和工作能力"②。因此,爱烟人士并不能全然接受全球禁烟的趋势,并采取了一些行动以表达自己的意愿。1990年10月26日至27日,在芬兰首都赫尔辛基举行了世界上第一届"世界烟民大会",全世界22个国家的125名代表参加了这次会议。③ 在当时全世界开始兴起的反烟呼吁中,他们认为,吸烟是一种人权,是属于个人的行为选择,烟民不应该受到歧视。与会者还通过决议,呼吁人们尊重他们的嗜好。为了体现自己的选择权和对烟草的嗜好,整个会议期间大家"吞云吐雾",会场烟雾弥漫。

烟草商们也纷纷响应,他们通过对历史的梳理提出了自己的新见解,甚至亮出了"人权"这把"尚方宝剑"。他们认为,烟草能够经受住不断涌来的各方攻击,不仅是因为对于那些懂得节制不滥用它的人来说,烟草能带给他们一种赏心悦目的乐趣,还因为烟草见证着某种自由的精神和勇敢的突破。如果没有了这种自由精神,生活就会蜕变成冷冰冰的方程公式。烟草业的支持者提出并强调着自由和民主的价值,而政府也被烟草工业拖入其中,对吸烟者的困境表示关注。法国烟草资料情报中心曾说:"每个人都应享受快乐,而我们的快乐就是吸烟。您或许不一定赞同我们的这种快乐,但我们最好聊一聊,达成共识,以便我们的快乐不会妨碍您的快乐。让我们一起行动,不要让我们之间的任何一方滥用权力。这样,我们共同的生活就会成为一种快乐。"④ 站在禁烟

---

① [美] 戴维·考特莱特:《上瘾五百年——烟、酒、咖啡和鸦片的历史》,薛绚译,中信出版社2014年版,第251页。

② [英] 迈克尔·格索普:《毒品离你有多远?》,冯君雪译,天津人民出版社2013年版,第113页。

③ 国家烟草专卖局科技教育司、中国烟草学会主编:《烟云漫话》,当代世界出版社2001年版,第71页。

④ [法] 迪迪埃·努里松:《烟火撩人——香烟的历史》,陈睿、李敏译,生活·读书·新知三联书店2013年版,第268页。

与支持烟草两头的人们,从自己的角度出发调整着策略,共同见证着烟产业的继续向前,也在对烟草的不同态度中推动着烟文化的发展。例如我国台湾地区的防高血压协会和社会祥和基金会在宣传禁烟时,仿作一首《钗头凤》印发在宣传卡片上:

> 本国烟,外国烟,成瘾苦海都无边。
> 前人唱,后人和,饭后一支,神仙生活。
> 错,错,错!
> 烟如旧,人苦透,咳嗽气喘罪受够。
> 喜乐少,愁苦多,一朝上瘾,终身枷锁。
> 莫,莫,莫!

从控烟立法的角度进行讨论的话,如何界定吸烟者的权利边界是关键。[①] 首先,根据法律实证主义的相关理论,法律并没有做出相应的关于人们是否有吸烟权利的规定,这就意味着法律上的"无义务",而"无义务"对应着法律上"自由的权利",换言之,吸烟是人们的一项自由权利。其次,根据自然法的理论逻辑,如果认为吸烟是一种天赋的自由权,法律则不能任意剥夺,就意味着吸烟要符合道德意义上的正义法则,就是不做损害他人的任何事情。就是说,如果吸烟行为不发生在公共领域,而是仅仅局限于私人领域,吸烟行为并不会对他人产生损害,法律就不能进行干预,吸烟就是个体的一项自由选择权利。再者,需要考量的就是社会习惯权利说的理论解释。也就是认为吸烟是一种年代久远、涉及人数众多、有着强大的社会历史惯性的社会习惯,这种社会习惯就成为一种正当性的行为。习惯权利是法律重要的渊源之一,合理的、正当的习惯权利应得到法律的尊重并予以承认和保护。从这三个立法角度来看,吸烟仍然是人们有权利追求的一种具体化的个人正当利益,只要在不危害他人

---

① 参见中共中央党校课题组《烟草控制国际经验与中国战略》,中共中央党校出版社2013年版,第175~177页。

生命健康利益的前提下,是应当获得法律的承认和尊重的。

曾写作《中国烟草的世界》的日本农学博士川床邦夫就认为:"烟、茶、咖啡、酒都是生活的嗜好品,而且烟的历史悠久,文化浓郁。我相信,爱吸烟的人向来都是讲究节制和礼仪的。"① 客观地看,长久以来无论是对于烟草控制立法、广告表现形式和表现方法的讨论,还是对于禁烟如何有益于社会发展和身体健康的探索,无不成为新的烟文化的有机组成。从个人认识角度出发,的确可以对烟草的使用保持个人评判。从文明习惯上说,随着人们对健康知识的掌握、文明程度的提高,吸烟者的数量会稳步减少。也有研究表明,与文盲、半文盲组比较,具有较高教育水平的人群参与吸烟的概率较低,但是有较高的条件需求,这意味着不吸烟则罢,一旦成为吸烟者,有较高教育水平的人会消费更多的卷烟。一般而言,具有较高教育水平的人在做出吸烟决策时更加理性,但是一旦吸烟,则吸烟成瘾会击垮更多有限的理性,从而更加凸显吸烟这一行为的非理性侧面。因此,对于吸烟行为和吸烟成瘾性的研究,仍然面临错综复杂的局面。

从我国具体实践来看,我国《宪法》总纲明确规定:保护人民健康是国家的基本职责。现在,吸烟有害健康已经是公理,既然如此,以法律的形式为吸烟设障,或许也能从另一个层面增加吸烟者的羞耻感,有助其戒烟。诸如《广告法》规定全面禁止香烟广告,至少是有价值的造势。

## 三、禁烟行动的开展

在对吸烟的危害越来越深入了解的基础上,人们开始担忧各种形式的烟草广告和旨在鼓励烟草使用的活动所造成的影响,以及伴随着全球性烟草使用量的大幅度增加,吸烟人群的扩大化趋势,再加上在儿童和青少年群体中直接或

---

① [日]川床邦夫:《中国烟草的世界》,张静译,商务印书馆2011年版,第264页。

者间接的伤害，各方力量在烟草的控制问题上逐步达成了一致。2003年5月21日，以世界卫生大会批准颁布的《世界卫生组织烟草控制框架公约》为标志，全世界范围内的禁烟行动得到法律规定。世界卫生组织呼吁所有国家开展尽可能广泛的国际合作，以控制烟草的广泛流行。

《烟草控制框架公约》（以下简称《公约》）及其议定书对烟草及其制品的成分、包装、广告、促销、赞助、价格和税收等问题均做出了明确规定，它包含以下三个重要基础：首先是法律规定，其主要内容是限定允许吸烟的场所，限制甚至禁止烟草广告以及对烟产业征税。其次，在法律基础上加以大众化的禁烟知识普及行动，并加强对吸烟行为的现场教育。最后，上述举措及其行为理据将得到司法领域的支持并深受其影响。基于此，《公约》明确指出，吸烟会引起上瘾，吸烟和被动吸烟会导致"死亡、疾病和丧失机能"，并且对目前吸烟儿童和青少年日益增多、烟草广告和促销手段产生影响表示警惕。世界卫生组织估计，全球范围内有7亿名儿童在其生活的家庭中都有经常性吸烟的成年吸烟者，这对儿童的健康成长带来不可估量的巨大损伤。《公约》要求各国至少应该以法律形式禁止误导性的烟草广告，禁止或限制烟草商赞助的国际活动和烟草促销活动，镇压烟草走私，禁止向未成年人出售香烟，在香烟盒上用30%~50%的面积标明"吸烟危害健康"的警示，以及禁止使用"低焦油""清淡型"之类欺骗性词语。《公约》还要求各国的烟草税收和价格政策应该以减少烟草消费为目标，禁止或限制销售免税烟草；室内工作场所、公共场所和公共交通中应该采取措施，以免人们被动吸烟。

这个框架性协议试图将所有的国家纳入共享的烟草管理体制中，以期促成公共性健康运动的新一轮高潮。在随后二十多年的时间里，对于是否吸烟和减少香烟的使用量，毫无疑问，《烟草控制框架公约》显现了积极的影响。

我国对烟草的控制也有一段摸索的过程，并且随着时间的推移，其进展也越来越迅速。1978年，我国著名心血管疾病专家翁心植给卫生部长写信，建议全国开展控制吸烟工作。1986年，上海市确定每年4月15日为全市"劝阻吸烟日"。1987年5月，全国第一个吸烟与健康协会——北京吸烟与健康协会成立。到了 1990 年 2 月，我国成立了中国吸烟与健康协会（2004 年改名为"中国控制吸烟协会"），是全国控制吸烟学术性、社会性群众团体，为非营利性社会组织，接受卫生部和民政部的业务指导和监督管理。大会通过了禁烟倡议书，讨论了《中华人民共和国烟草危害控制法》（审议稿）。全国人大常委会原副委员长吴阶平任首届协会会长，卫生部原副部长曹荣桂任第二、第三届协会会长。协会立志于广泛团结全国各级各地控烟组织、社会各阶层积极参与并促进全国控烟行动，促进政府控烟履约。1992 年 1 月，其会刊《中国吸烟与健康通讯》创刊。多年来，中国控制吸烟协会结合我国实际情况，团结一切愿为控烟工作做贡献的组织和个人，协调各有关方面和部门，落实各项烟草控制措施，为减少烟草危害保护国民健康而不断努力。当然，这是社会自发层面的控烟组织。

从政府行为来看，《中华人民共和国烟草专卖法》于 1992 年 1 月 1 日起开始实行，其中规定：国家和社会加强吸烟危害的宣传教育，禁止或限制在公共交通工具和公共场所吸烟，劝阻青少年吸烟，禁止中小学生吸烟，严禁非法制售手工、冒牌卷烟；禁止在电台、电视台、报刊播放烟草制品广告。1995 年 2 月 1 日起生效的《中华人民共和国广告法》明确禁止宣传媒介为烟草做广告，这使得烟草广告在许多场合望而却步。《中华人民共和国未成年人保护法》对少年儿童进行特殊保护，规定引诱少年儿童吸烟的人将接受处罚。可以说，如何控烟、禁烟，我国开展了一些不同的尝试和探索，取得了一定的成效。但是在烟文化深入影响国人的前提下，完全禁止人们吸烟还不现实，"人们对公共场所和工作场所禁止吸烟的态度，只是一般性支持，在自己所在的地方，支持力度就有所降低，因此，公共场所禁止吸烟的正常不能得到有效执行"①。禁烟和反禁烟注定是一场旷日持久的拉锯战。

我国于 2003 年 11 月 10 日签署了《烟草控制框架公约》，成为第 77 个签约国，成为世界控烟联盟的一员；约定 2006 年，《公约》正式在中国生效。

---

① 胡德伟、毛正中主编：《中国烟草控制的经济研究》，经济科学出版社 2008 年版，第 18 页。

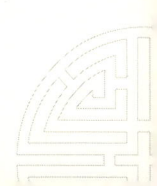

全国人大也批准通过了《烟草控制框架公约》，意味着国内烟草行业将承受更多来自《公约》的束缚。《烟草控制框架公约》中规定，中国需在《公约》生效五年后，全面实现公共场所禁烟，同时禁止烟草广告、促销和赞助等活动，达到保护公众免受烟雾危害等目标。这意味着中国将在2011年1月起全面禁止烟草广告及相关促销、赞助活动。2010年的全国人民代表大会期间，时任卫生部部长陈竺也明确指出："我国每年因吸烟死亡的人数达到了100万，2011年公共场所将全面禁烟。"①

2008年，为实现29届北京奥运会成为"无烟奥运"的目标，国务院法制办于2007年出台《公共场所卫生管理条例》（修订草案），要求公共场所禁烟。以《公共场所卫生管理条例》（修订草案）生效日为基点，中国控烟管理开始逐步与国际接轨。世界卫生组织控烟大会两年召开一次，中国作为缔约国从未缺席会议，但令人遗憾的是国际各方认为中国政府履约不力。在2015年前，中国控烟仅可依据《公共场所卫生管理条例实施细则》进行，其中提到"室内公共场所禁止吸烟"，"公共场所经营者应当设置醒目的禁止吸烟警语和标识"等条款，但由于"公共场所"定义不明，惩罚性条款乏力，法规执行效果并不理想。

为全面推进我国烟草控制工作，2012年12月4日，由工业和信息化部、卫生部、外交部、财政部、海关总署、工商总局、质检总局、烟草专卖局八个部门组成的"烟草控制框架公约履约工作部际协调领导小组"制定印发了《中国烟草控制规划（2012～2015年）》（以下简称《规划》）。《规划》提出，今后三年，我国将研究制定全国性公共场所禁烟法规，推动地方加快公共场所禁烟立法进程，制定出台公共场所禁烟法规。执法难，一直是困扰多地公共场所禁烟的现实问题。《规划》称，要按照"主体明确、权责清晰、监督有力、运行高效"的要求，严格执行公共场所禁烟法律法规；加强执法队伍建设，探索执法模式，不断加大执法力度；鼓励民间组织、舆论媒体和社会公众积极

---

① 《陈竺：明年公共场所将实行全面禁烟》，《广州日报》2010年3月4日。

参与，实行违规投诉举报制度和责任追究制度，加大公共场所禁烟监督检查力度。《规划》还确定了今后三年，我国吸烟率降低的目标为3%以上。坚持"预防为主、防治结合"的方针，防止青少年吸烟，促使吸烟者戒烟，力争青少年吸烟率从2010年的11.5%逐步降到8.5%以下，成年人吸烟率由2010年的28.1%降到25%以下。《规划》提出，要广泛禁止烟草企业以支持慈善、公益、环保事业的名义，或者以"品牌延伸""品牌共享"等其他方式进行烟草促销。电影和电视剧中不得出现烟草的品牌标识和相关内容，不得出现不符合国家有关规定的吸烟镜头。《规划》还提出，禁止任何形式的烟草企业冠名赞助活动。具体说来，《规划》包含以下九大内容：

一是全面推行公共场所禁烟。要健全公共场所禁烟法律法规，加大公共场所禁烟执法力度，加快无烟环境创建步伐。

二是深入开展控烟宣传教育。要积极营造全社会参与的控烟氛围，进一步丰富控烟宣传教育的内容与形式，强化控烟宣传教育的针对性和有效性。

三是广泛禁止烟草广告、促销和赞助。

四是不断强化卷烟包装标识健康危害警示，要加强卷烟包装标识管理。全面评估《中华人民共和国境内卷烟包装标识的规定》的实施效果，进一步改进卷烟包装标识。制定警示作用更强的卷烟包装标识样本，严格卷烟包装标识的审批和监管。严厉查处违反卷烟包装标识规定的行为。要完善烟草危害警示内容和形式。严格执行卷烟包装标识健康警语定期轮换使用规定。增加说明烟草危害健康具体后果的警语，并标明警告主体或依据，提高健康警语的权威性和有效性。实施《公约》"烟草制品的包装和标签"条款要求的健康危害警示，要提高健康危害警示效果。按照"大而明确、醒目和清晰"的要求，通过扩大警语占用面积、加大警语字体、增强颜色对比度等，切实提高烟草危害警示效果。逐步实施卷烟包装印制戒烟服务热线等相关信息，积极提供戒烟咨询和帮助。

五是切实加强烟草税收、价格和收益管理。按照"抑制烟草生产供应，保证国家财政收入"的总体要求，严格烟草税收征管，确保烟草企业依法、

按时、足额纳税。规范地方政府行为，防止为片面追求地方高税收对烟草企业采取不适当的鼓励、支持和保护措施。完善烟草制品价格形成机制，利用价格杠杆实现控烟目标。严格执行国家对烟草制品调拨价、批发价的统一管理，逐步加强对烟草制品零售价的指导力度，防止烟草经营主体利用价格手段促销烟草制品和追求高额利润。严格控制烟草企业成本费用，加大监督检查力度，防止不合理开支。完善国有资本经营预算，坚持按第一类标准对国有烟草企业收取国有资本收益。加强对烟草企业税后利润的使用管理，防止烟草企业盲目扩大生产能力。

六是建立完善烟草制品成分管制和信息披露制度。要制定烟草制品成分管制措施，加强烟草制品质量监督和检测检验，完善烟草制品信息披露制度。

七是有效打击烟草制品非法贸易。要巩固完善联合打假、打私机制，始终保持打假高压态势，有效提高打假、打私的能力和水平。

八是积极提供戒烟服务。要健全戒烟服务体系，提高戒烟服务能力，加强戒烟服务管理。

九是加快建设烟草监测监控信息系统。要建立烟草流行监测信息系统，完善烟草制品生产销售监测体系。

虽然做出了较为细致的控制目标，但是仍有不少机构认为，这一规划仍未切实履行世界卫生组织《烟草控制框架公约》的要求，例如，没有要求烟草危害警示图形印上烟包，很难实质推动中国控烟进程，并质疑其是一部妥协的控烟规划。

2015年是中国控烟的转折点。2015年财政部与国税总局先行上调卷烟批发环节税率，保证加税与加价双管齐下；新《广告法》也开始实施，禁止在大众传播媒介或公共场所发布烟草广告，禁止烟草制品生产者或者销售者在发布的迁址、更名、招聘等启事中"含有烟草制品名称、商标、包装、装潢以及类似内容"。北京市对于烟草管理采取了更为铁腕的措施，出台了史上"最严禁烟令"——《北京市控制吸烟条例》。此前中国十余个大中城市也制定过地方性控烟法规，但不符合《公约》要求，执行效果也不明显。

2015年6月1日,《北京市控制吸烟条例》正式实施。该法规落地三月后,中国控烟协会于9月22日发布了一项调查显示,北京宾馆、餐厅等公共场所的无烟环境有一定改善,中小学附近的烟草销售情况得到控制。

根据世界卫生组织的评估,全国性无烟立法是保护公众免受二手烟伤害、降低烟草消费的有效途径。"简而言之,只有全国性的专门控烟法律法规能够尽快出台并得到很好的执行,才能早日实现室内工作场所和公共交通工具的全面无烟化环境。"① 但是时至今日,中国尚未出台相关的国家级无烟法规。

客观地说,长久以来,烟草的使用有着深厚的文化背景、社会因素,它也是经过市场营销的推动、国家许可的合法产品。这种商品曾经在过去的一百年里成为最成功的跨国商品,还是全世界不可计数的农民、工人以及政府的重要收益来源。对烟草的依赖并不仅仅只是个体性的,市场主体甚至政府,都对烟草有着深深的不可割舍的依赖性。烟草行业是世界上许多国家财政收入的主要来源之一;烟草加工业是高效益、带动性强的产业;生产"世界商品"的烟草行业是一个创汇大户;烟草行业还为社会提供了一个重要的就业渠道。因此,作为在人类文明中具有一定的整体性、社会性和连续性的文化现象,烟草是极其顽强的存在。可以这么说,烟草兼具的精神兴奋功效和政治经济属性,让禁烟行动的成效不可能短期内达成;同时人们对吸烟和健康关系的认识也一直存有分歧。尽管禁烟的浪潮早已席卷全球,但真正实现禁烟的目标还有待时日。

---

① 中共中央党校课题组:《烟草控制国际经验与中国战略》,中共中央党校出版社2013年版,第229页。

下 编

# 第五章　烟产业的实业之路

烟草产业包括从烟叶的种植到加工的流程，还包括烟草机械、包装等关联性产业。总体来说，只要与烟草种植、加工、销售相关的产业都包括在内，是包含了农、工、商三大产业链条的综合性产业。烤烟的大规模种植和栽种技术的科学化，带动了第一产业的发展；烟草的加工促进了卷烟工业及其相关工业的发展，从而带动了第二产业的发展，增加了工业总产值；烟草的销售、对科技的投入带动了第三产业的发展，从而大大增加了GDP。世界烟草发展的500多年，不仅仅因为它有极其深厚的社会消费基础，更是因为各国都对烟草课以重税，为政府开辟了一条重要的财源渠道，因此得到了上层的许可和支持。对烟产业本身的研究，是全面了解烟草的经济、政治功能以及烟文化和烟产业互动的题中之意。

## 一、从烟草到产业

"中国早期烟草业，无论是种植业还是烟丝业，孕育过很强的资本主义萌芽，但封建的大环境决定着其发展的局限性；鸦片战争以后，中国民族烟草工业所经历的磨难和饱尝的艰辛及其走过的曲折历程，在中国近代史上是极为典型的；中国历史上的烟政、烟税制度以及烟草公卖和战时烟类专卖等，从不同的角度启迪着后来的人们。"① 从烟草进入中国之后,烟文化和烟产业就互为依托、相辅相成,扎根于中华大地,与中国经济的发展结下了不解之缘。每一个产业的发展有其特殊性和历史阶段,烟草在中国的实业之路,同样经历了艰难曲折和漫长求索。

烟草进入人类社会之后,由于其嗜好品的功效得以广泛传播和接受,嗅觉灵敏的经营者开始不断推动烟草实业的发展。早在 17 世纪初期,烟草作为一种潜在的利润来源就被预言了。罗伯特·哈考特在《游历圭亚那的利害关系》一书中就指出烟草将会给英国带来极大的利益:"我敢说……只有烟草这种商品(有如此多的人在寻找它需要它)才能给我们(殖民地冒险事业)带来最大的好处和利润,大到可以和西班牙人在印第安人那儿所找到的最好最富有的银矿相媲美。"② 1610 年,约翰·拉尔夫随着第三批前往北美弗吉尼亚殖民地的英国移民抵达了弗吉尼亚,通过詹姆士河口来到了前两批人建立的詹姆士敦,却发现早来的人中十有八九已经被饥荒和疾病夺去了生命。拉尔夫在这里定居下来,并且爱上了当地的印第安公主波卡洪塔斯,和她结了婚,并成功地将受欧洲人喜爱的西印度群岛中的烟草品种引入弗吉尼亚,在那里建立了第一个以出口为目的的烟草种植园。1613 年,约翰·拉尔夫生产的第一批烟草被运到了伦敦,烟草开始成为北美殖民地最大宗的农产品。约翰·拉尔夫的经历是英国殖民公司命运中的一个奇特转折点,他让英国人意识到了烟草的价值,带动了投资种植烟草的风气,也让弗吉尼亚烟草在伦敦长驱直入。对烟草巨大的需求,从另一个角度推动了奴隶制的发展和烟草实业的开展。1619 年,约翰·拉尔夫引入了烟草历史上另一个全新而重要的概念——品牌,他将弗吉尼亚烟草命名为"奥利诺科"。之后,烟草的实业在沉重的手工劳动中不断发展并持续了很长的时间。而手工劳动的低生产率与烟草广受欢迎的状况是极其不

---

① 倪益瑾:《序一 学一点烟业发展史》,载于杨国安编著《中国烟业史汇典》,光明日报出版社 2002 年版,第 1 页。

② [英]伊恩·盖特莱:《尼古丁女郎——烟草的文化史》,沙淘金、李丹译,世纪出版社 2004 年版,第 60 页。

相符的——尽管民众对卷烟越来越追捧，市场需求高涨，但是手搓烟卷总是很费劲、很麻烦，让人们失去耐心。手工作坊式的生产总是严重制约了实业的发展，将卷烟制造引向正式的规模化生产，亟待技术的进步和突破。

1881年，弗吉尼亚发明家杰姆士·邦萨克设计了一台卷烟机，具有烟产业历史上突破性的意义。① 杰姆士·邦萨克受他父亲的羊毛制造厂的启发，尝试着用这台重达一吨的机器，在三个工人的操作下重现手工程序：压烟丝、包卷烟纸，然后精确地切割成香烟。使用这台卷烟机每分钟能生产超过200支香烟，是当时一个熟练工人一小时的工作量。尽管从今天来看，这个卷烟机的效率和产量都低得可怜，但是它完全可以说奠定了美国烟草工业的基础。卷烟机的出现，是烟草实业之路上里程碑式的转折。"随着新技术的应用，烟草工业这只初学飞行的幼鸟获得了一个史无前例的发展机遇。"② 卷烟机的问世，让卷烟的诸多优点得以发挥，成本大幅下降，在市场上更是畅通无阻。消费者认为，香烟比烟斗和雪茄更轻便而容易携带，也比较可口，"快抽"的特点更是切中要害。抽一支产品化的卷烟只需要5~7分钟，而烟斗和雪茄却需要慢吞吞的各种形式化动作和缓慢的燃烧过程，少了半小时几乎是不可能抽完的。从快节奏的工业化社会来说，小巧的香烟容易携带和方便点燃的特点，以及没抽完也可以轻易扔掉而不心疼的特性，正是机器时代的象征。因此，卷烟在美国的普及虽然相对较晚，1865年全美的卷烟产量不过2000万箱，但随着科技进步和新的消费理念的出现以及第一次世界大战爆发等多种原因，到1928年美国卷烟产量已增加到1亿箱。③

卷烟的发展和科技进步直接相关。从世界范围来看，在烟草的产业化发展进程中，出现了三次革命性的变化：

第一次革命是美国混合型卷烟的问世。1913年，美国人将烤烟、香料烟

---

① ［美］阿兰·布兰特：《香烟的世纪——香烟的沉浮史告诉你一个真美国》，苏琦译，东方出版社2011年版，第18页。
② 同上书，第18页。
③ 徐传快、王振海、别毅兵编著：《烟草密码》，中国发展出版社2015年版，第27页。

和白肋烟混合在一起制成新型卷烟——混合型卷烟。与过去人们习惯吸的烤烟型卷烟相比,它既节约了原料、降低了成本,又进一步降低了对人体的危害。此外,它还具有吸味醇厚、入喉和顺的特点。这种"美式卷烟"诞生后,立即引导了世界卷烟生产的新潮流。

第二次革命是1954年过滤嘴卷烟的出现。20世纪50年代初,欧洲人开始关注吸烟对人体健康的影响。1952—1953年,美国的卷烟销量急剧下降,这迫使美国人首先研制生产了过滤嘴卷烟。吸过滤嘴卷烟,可使嘴唇不沾烟丝,还可以过滤掉烟气中一部分有害物质,所以,它进入市场后受到了卷烟消费者的欢迎。

第三次革命是1976年美国生产出低焦油卷烟。20世纪70年代以来,从美国开始,低焦油卷烟的生产在世界各国逐步得到普及。1954年,美国市场上的卷烟平均焦油含量为37mg/支,而如今,在美国和欧盟成员国市场上销售的卷烟,焦油含量都已低于12mg/支。日本市场的卷烟产品的平均焦油含量已降到了9mg/支以下。现在,世界上许多国家生产的一系列低焦油、超低焦油卷烟已为广大卷烟消费者所接受。

作为烟草传入国,中国烟产业的起步相对较晚。不过烟草自16世纪末至17世纪初传入国内之后,发展极为迅速。目前烟草生产在我国已成为一个重要产业,是烟草行业的基础,也是广大烟农的主要收入来源。从今天来看,中国发展烟草产业的条件十分优越,不仅有得天独厚的品种多、吃味好、内在质量高的原料基地和广阔的销售市场,而且拥有一定的卷烟工业发展历史基础和先进设施。同时,交通发达,煤炭资源也很丰富,这一切都为我国卷烟工业的发展提供了极为有利的物质基础。但是,今天的一派生机并不能掩盖曾经的艰难曲折。从历史的角度回顾,我国烟产业的实业之路走得并不一帆风顺。

中国烟产业起源于20世纪初期。处于封建社会末期的中国,自给自足的自然经济仍然占统治地位。尽管在鸦片战争之前,我国的商品经济已经有了一定的萌芽和发展,但是力量极其弱小。明代中叶就传入的烟草,在当时的自然经济状况下并没有大的发展,只是当时经济的一种点缀和附属。由于烟草的商

品属性很强,除了满足农民的自种自吸之外,也有相当部分的烟草作为商品出售。由于烟草较之于一般的作物种植其利润更高,因此促进了种植面积的成规模性发展。《玉堂荟记》云:"烟酒……自天启年中始也。二十年来北土亦多种之,一亩之收价可敌田十亩。"张翔凤《种烟行》称:"种禾只获利三倍,种烟还获十倍租……黠者招佃充力作,上田百亩种九区。"① 在经济利益的驱动下,农民把良田拿出来种植烟草,导致明清时期烟田面积日渐扩大,虽然没有动摇到粮食的生产,但是也引起了讨论,甚至引发部分区域的限种、禁种。由于吸烟人数日渐扩大,烟草影响到的不仅仅是种植的农民,同样包括制烟者、售烟者和吸烟者,其广泛的影响让当局者不能贸然下禁止的命令。另外,烟草种植对光照、无霜期和水源等的要求不高,适合于广泛种植,也在一定程度上分散了对影响粮食作物种植的担忧。"最初在闽、粤沿海地带种植,继而'岭南、江苏诸州及齐、鲁、秦、晋间往往有之'。至清中叶以后,北至松花江,南至雷州半岛,东起胶东半岛,西达甘肃、新疆等地都有烟草种植。"② 在广泛种植当中,烟草种植在农业内部开始出现专业化倾向,并形成一些比较集中的产烟区和一些特色产品。例如福建的"建烟",山东的"济宁烟",江西蒲城所产的"蒲城烟",云南曲靖所产的"兰花烟",甘肃兰州的"水烟",东北的"关东烟",山西的"青烟"等,都是远近闻名的烟中佳品。这些烟广受欢迎,行销全国,在地方经济发展中有着一席之地。

烟草种植的规模化推动了烟草加工业的发展,加工业开始从农业中分离出来。烟叶的加工技术随着使用的普及和种植业的专业化不断提高,从最初的揉碎使用发展为《烟草谱》所记载的"先剪去其蒂,叶上粗筋细细剔尽,然后用板两片将烟叶夹好,刨落纷纷,形如细发"等精细化加工。接着是焙烟:以火酒喷制或用油炒。最后是封烟,或十六两为一封,或十两八两为一封,轻重不一。③ 这样一来,一批加工兼销售的烟铺和作坊出现了。

---

① 杨国安编著:《中国烟业史汇典》,光明日报出版社 2002 年版,"导言"第 11 页。
② 汪银生编著:《中国烟草的历史现状与未来》,安徽大学出版社 2000 年版,第 91 页。
③ 杨国安编著:《中国烟业史汇典》,光明日报出版社 2002 年版,"导言"第 12 页。

有了种植和加工的基础,烟草贸易开始快速发展和兴盛起来。据记载,明末清初"山西、陕西大商,以烟草为货者,有九堂十三号,每堂资本出入岁十余万金。号大于堂,兼通岭外,为飞钞交子,皆总于衡烟"①。烟草贸易中,开始形成一批大大小小的商品集散交易中心,比较重要的有福建的漳州、泉州,湖南的衡阳,湖北的汉口,山东的济宁,甘肃的兰州等。例如在山东,"济宁出产以烟叶为大宗,业此者六家。每年买卖白银至二百万两,其工人四千余人"。由此可见,清代烟草至少在乾隆时期就形成以手工工场为组织形式的规模化生产,由此也产生了由资本和雇佣劳动相结合的资本主义生产文化形态的萌芽,这与明清时期纺织、陶瓷等行业的资本主义生产文化的产生和发展进程相吻合,丰富和加强了我国资本主义生产形式的发展态势。② 烟草的贩运和销售,进一步强化着烟草的商品属性,缓慢推动着烟草实业化的进程,并促进了烟业行会的出现。从资料来看,许多地方采取了较为规范的行会化专门管理模式,几乎每个烟业行会或会所均制定了行业规约来协调规范各经营主体之间的利益关系,如各地的《烟店条规》《烟业条规》,还有《渝城烟帮担子公议章程行规》《河东烟行会馆碑》等。③ 这些行业内部自我约束、共谋发展的条规、章程,无疑推动了我国封建社会后期的资本主义性质的商业文化的发展。

客观地说,由于自然经济结构的限制,我国鸦片战争之前的烟草行业尽管有了资本主义生产形态的萌芽,但是市场的深度远远不够。尽管没有形成统一的全国市场,但是对即将到来的中国烟草工业的产生奠定了必要的基础。

鸦片战争之后,西方列强的坚船利炮以及大量的商品倾销在短时间内便打破了中国自给自足的封建自然经济格局。缓慢发展中的烟草实业,在"实业救国"的旗帜下开始兴起。

---

① 同治十一年《衡阳县志(卷十一)》,转引自杨国安编著《中国烟业史汇典》第十三章"地方志有关烟草的记载",光明日报出版社2002年版,第209页。
② 吴启纲:《明清时期的烟文化现象初探》,载《社会科学论坛》2011年第8期。
③ 杨国安编著:《中国烟业史汇典》,光明日报出版社2002年版,第196~207页。

中国民族卷烟工业的兴起开始于手工卷烟。1890年，上海市场首次出现了外国卷烟牌号——美商老晋隆洋行"品海"牌香烟。为了给"洋烟"打开销路，他们采取免费品吸甚至是拉往来行人白吸的方式开展促销活动。为了跟上19世纪末吸食卷烟风气的流行趋势，1899年，中国商人范善庆在上海创办了我国第一家手工卷烟作坊"范庆记"。鼎盛时期雇佣工人多达50余人，日产卷烟5万余支。随后，上海又相继出现了"朱宽记""许昭记"手工卷烟作坊，它们与"范庆记"并称"三记"。① 不过由于手工卷烟不仅设备简单、成本低廉，而且效率低下、产量有限，经营难以兴旺。

在"洋烟"进入中国之后，英美等国的烟草公司积极向中国这个潜力巨大的市场渗透，凭借自身优越的条件和鸦片战争中取得的特权，逐步插足于中国的卷烟市场。1899年从上海输入的卷烟就达70余种，输入额在70万两白银以上。② 为了争夺中国市场，美国烟草公司和英国帝国烟草公司达成妥协并形成联合，于1902年注册成立了英美烟草公司，形成了对我国烟草市场的垄断地位。高加龙在《中国的大企业——烟草工业中的中外竞争（1890—1930）》中记载："将香烟输入中国开始，他们（指美国烟草业制造商）的销售量最初是逐渐增长，但到了20世纪初期却飞速上升，从1902年的12.5亿支增加到1912年的97.5亿支和1916年的120亿支，1916年的销售量为1902年的10倍。"1919年英美烟草公司每周能生产2.43亿支卷烟。1937年，英美烟草公司在中国生产和销售了550亿支卷烟。在短短几年间，洋烟席卷全国，垄断了烟草生产，造成当时巨额贸易逆差和白银外流。

当时中国已到晚清，清廷政权已经飘飘欲坠，他们对此局面并没有什么好的对策。1902年，北洋集团在保定试办烟草公司，发表《北洋烟草公司招股章程》动员投资，并从日本购进卷烟机，其生产的"龙珠"牌香烟受到了国人的欢迎。但是，在经营不善和外国势力的阻挠的内外交困下，北洋烟草公司于1906年宣告破产。尽管只是短短四年的企业，但是作为清末唯一的官商合

---

① 刘杰主编：《烟草史话》，社会科学文献出版社2014年版，第38~39页。
② 汪银生编著：《中国烟草的历史现状与未来》，安徽大学出版社2000年版，第97页。

办烟草企业，北洋烟草公司是中国民族卷烟工业中最早的企业之一，对后来的民族卷烟工业的发展，特别是对南洋烟草公司的建立和发展都产生了积极和深远的影响。

面对此种境况，民间有识之士纷纷打出"实业救国"的旗帜，自办烟厂，自创卷烟品牌与洋品牌对抗。南洋兄弟烟草公司于1906年正式投产，创办人简照南原来是旅日华侨。其公司一开始生产的品牌有"白鹤""飞马""双喜"等，日产量也不过30万支左右。由于力量薄弱，南洋烟草公司曾经一度停产，后来在其叔父简铭石以及广大华侨和国民的支持下，1909年恢复营业，1911年开始扭亏为盈。与此同时，上海、北京、青岛、天津、汉口等地，由于洋行众多，当地商人"有样学样"，出现了一些私人资本的大小不一的烟厂和烟草公司。1925—1936年间，由于接连发生了"北伐战争""五卅惨案""省港大罢工"等一系列历史事件，激发了中国人民的爱国热忱，曾经掀起一场"挽回利权，抵制洋货"的爱国运动，民族卷烟工业得到一定程度的发展。"以往上海地区卷烟销售量中，英美烟草公司占90%，华商烟厂占10%。五卅运动后正好颠倒了过来，华商烟厂占90%，英美烟草公司占10%。"① 但是，由于民族企业大部分资本不够雄厚，技术处于摸索中，再加上中外企业纳税率的不平等，许多烟草企业夭折在幼年时期，连南洋烟草公司也于1928年因亏损再度停产。中国民族卷烟工业"实业救国"的抱负一开始就遭受重创。1932年，宋子文攫取了南洋烟草公司的实权，担任公司的总董事长，南洋烟草公司成为官僚资本主义的胜利成果之一。到1937年，英美烟草公司的产量占中国卷烟产量的70%以上。② 抗战期间，日本军队在占领区采取各种手段压制民族卷烟工业，对所有经济领域都实行严格的"统制"政策③。1941年，日本建立"伪满洲国"，英美烟草公司工厂的资产被侵华日军没收，全面实行一体化管

---

① 刘杰主编：《烟草史话》，社会科学文献出版社2014年版，第47~48页。
② 汪银生编著：《中国烟草的历史现状与未来》，安徽大学出版社2000年版，第99页。
③ "统制"政策，主要指"战时统制经济"，是指从1937年到1945年日本发动全面侵华战争及太平洋战争期间，在国内推行的"强制性干预"和"管制"经济的体制。

理；在上海则是利用联营社垄断烟叶原料，控制卷烟生产和销售市场。这一时期的民族卷烟厂只能在夹缝中求生存，并纷纷迁至内陆建厂以求保全，也让四川、广西、贵州等省份和地区的卷烟工业得到一定的发展。抗日战争胜利以后，交通恢复，手工卷烟也随之兴盛。1946 年，广西柳州的烟厂增加到 30 余家；贵州的贵阳手工卷烟厂坊恢复到 22 家；浙江全省开工，制销卷烟的大小厂家有 100 家；山东的手工卷烟在潍坊、益都、昌邑、寿光等地再次兴盛，仅潍坊城关就有 500 多户。但是好景不长，随着英美烟草公司、南洋兄弟烟草公司的复工以及民族资本经营烟厂的兴办，手工卷烟再次受到影响。浙江宁波、温州、衢州、台州的手工卷烟厂坊大多关门；绍兴、丽水的手工卷烟厂坊全部停业；金华、兰溪两县开设的 24 家手工烟厂关停了 19 家。贵州省贵阳市的手工卷烟 1948 年尚有 6 家，到 1949 年已无手工卷烟厂了。

在中国民族卷烟工业蹒跚起步的阶段，云南的烟产业也得以缓慢萌芽。1909 年，士绅王世西弃学经商办烟厂；1920 年，王世西在云南大理创办苍洱仁智烟草公司；1922 年，庾晋侯倾其家产创"重九"品牌。其中庾晋侯就是"重九烟之父"。庾晋侯曾有留日经历以及受革命之家的熏陶，不仅在云南率先采用机制卷烟，所创立的品牌"重九"更成为中国烟草史上的经典之作，历时 70 余年而不衰，其商标设计一直沿用到今。自 20 世纪 20 年代起，云南卷烟经历了短暂辉煌，先后出现了六七十家烟草厂商和 200 多个香烟牌号，但由于本土烟叶品种和工艺的落后，土烟始终难敌洋烟，烟草牌号往往如昙花一现。直到农艺师徐天骝于 1939 年引进美国弗吉尼亚州烟草优质品种"大金元"，并穷极一生之力不断改进，中国本地烟才有了和洋烟相比的资本，也奠定了云南作为"烟草王国"的地位。

中国共产党早在建党初期，就分别在上海、天津等地的英美烟草公司和南洋兄弟烟草公司建立了党支部。1921 年 7 月 20 日，英美烟草一厂工人为反对外国监工亨白尔克扣工资并殴辱工人，于当日下午举行罢工。翌日，英美烟草二厂工人积极响应罢工。此时，中共第一次党代会正在上海召开，得知这一消息后，即派中共党员李启汉领导这次罢工。8000 余名工人经过 20 余天斗争，于8月10日取得胜利。1925年，中国共产党分别在英美烟草一厂、二厂、三厂建立党组织。后由于党组织体制的变化，英美烟草三厂党支部划归中共杨树浦部委领导。自20世纪20年代始，上海卷烟厂工人在向警予、李立三、杨之华、刘宁一、马纯古等中国共产党人的领导下，参加了五卅运动和上海工人三次武装起义，组织了多次罢工斗争。1950年初，上海中国共产党组织公开时，上海有12家烟厂分别建立了6个党支部和2个联合党支部，共有党员153人。① 中国共产党领导各地烟草公司的工人开展的罢工斗争和赤色工会的活动，动摇了国民党的反动统治。

1949年，伴随着中华人民共和国的成立，中国社会发生了翻天覆地的巨变，中国的烟草行业也迎来了发展的春天。党和政府通过没收官僚资本、接受外国资本和改造民族资本，逐渐形成了具有中国特色的当代烟草产业体系。1952年，大小卷烟厂由新中国成立初期的1149个减少到760家。"一五"期间（1953—1957），我国卷烟工业开始由工业部门实行归口管理，中国轻工业部成立了烟酒工业管理局，接管大型企业，但中小型卷烟企业仍由地方管理。1956年，中央食品工业部重新成立，接管了地方国营企业，解决了烟草行业中央和地方的矛盾。其间虽然出现过盲目发展的态势，但卷烟工业经济效益有了明显提高。1965年，我国卷烟产量比1962年增长近一倍多，三年间向国家缴纳税利56亿多元。② "文化大革命"期间，中国烟产业和其他产业一样遭受重创，管理混乱、质量下降、供销矛盾突出等导致经济效益大幅下滑。

十一届三中全会之后，伴随改革开放的东风，我国烟草产业开始腾飞。

1981年5月，国务院决定对烟草实行国家专营；1982年成立中国烟草总公司；1983年国务院发布《烟草专卖条例》；1984年设立国家烟草专卖局，与中国烟草总公司一套机构、两块牌子。

1991年全国人大颁布《中华人民共和国烟草专卖法》，1997年国务院发

---

① 赵晓阳、曲振明、张妍：《烟史展痕》，《东方烟草报》2004年5月13日。
② 汪银生编著：《中国烟草的历史现状与未来》，安徽大学出版社2000年版，第110页。

布《中华人民共和国烟草专卖法实施条例》,以法律形式确立和完善国家烟草专卖制度。2005 年 11 月,经国务院同意,国务院办公厅下发《关于进一步理顺烟草行业资产管理体制深化烟草企业改革的意见》(国办发〔2005〕57号),明确烟草行业继续实行"统一领导、垂直管理、专卖专营"的管理体制,中国烟草总公司依法对所属工商企业的国有资产行使出资人权利,经营和管理国有资产,承担保值增值责任。

2008 年国务院下发的《国家烟草专卖局主要职责内设机构和人员编制规定》,对国家烟草专卖局的工作职责做了进一步明确。通过上述几个阶段,我国逐步形成了以"统一领导、垂直管理、专卖专营"为核心的烟草专卖制度和管理体制。其中专卖专营又包括三大法定许可制度,即烟草专卖品生产和进出口的法定许可证制度,烟草专卖品是指卷烟、雪茄烟、烟丝、复烤烟叶、烟叶、卷烟纸、滤嘴棒、烟用丝束、烟草专用机械;烟草专卖品销售和经营主体的法定许可证制度;烟草专卖品运输的法定准运证制度。

中国烟草行业实行专卖专营体制以来,在党中央、国务院的正确领导以及地方各级党委政府、各有关部门的大力支持下,充分发挥行业管理体制的优势,不断深化改革,强化专卖执法,推进科技进步,狠抓基础管理,促进了经济效益不断提高。党的十八大以来,习近平、李克强等中央领导同志对烟草行业的改革发展和控烟履约工作都极为重视,烟草行业稳定了体制、稳定了机构、稳定了政策,为持续健康发展、履行烟草控制职责奠定了坚实基础。

在党和政府的高度重视下,经过持续不断的努力,特别是近几年的建设和发展,中国烟草产业不仅初步形成了独立完整、具有相当规模的工业体系,且已成为我国国民经济中的一大优势产业,这无论是在中国烟草产业发展史上,还是世界烟草产业发展史上都是辉煌的成绩。

## 二、烟产业的综合贡献

烟产业涉及面广、产业链长,横跨农、工、商,再加上专营体制、高额税收,对我国的经济、政治、社会、文化等多方面都发挥着积极的作用。尽管只是一株植物演化出来的产业,但是它具有不可忽视的综合影响,也是推动经济社会发展的不可忽视的力量。早在拿破仑三世的时候,当有人让他采取措施阻止吸烟这一恶习,他回答道:"如果你说得出有一项美德每年能带来同样的收益的话,我当然可以立刻下令禁止它。"——当时,"这项小毛病(消费烟草)每年能带来一亿法郎的税收收入"①。

第一是烟产业对国家巨大的税利贡献。各国政府普遍认为,提高烟草税收不仅是控制烟草生产和消费的重要措施,同时也是增加政府收入的有效手段。尤其是在金融危机持续蔓延、政府财政较为紧张的大背景下,提高税收成为各国政府管制烟草产业的首选政策。2009年,全球烟草税收呈现普遍加重趋势,特别是几个烟草生产和消费大国,均较大幅度地提高了烟草税负。为什么在世界金融危机的当下,提高了烟草税负仍然阻挡不了消费者的购买欲?因为"数以百万计的消费者那种'非买不可'的感觉,将瘾品隔绝在商业荣枯循环的影响之外。经济史学家阿尔弗雷德·赖夫曾经研究1860年至1900年的40年间英国人的烟草消费,他发现失业率从2%上升到10%,烟草消耗量只减少了1%左右,足以证明这是无弹性需求"②。

在对国家的税利贡献中,税利总额是烟草行业最为熟悉、最为关注的一个核心指标。在财务统计中,烟草行业税利总额由税金总额和利润总额两部分组成,其中税金总额包括消费税、增值税、烟叶税、城市建设维护税、教育费附加等,但不包括所得税;利润总额为税前利润总额。2013年烟草行业税金总额6810.6亿元,占税利总额的比重为71.2%;利润总额2749.2亿元,占税利总额的比重为28.8%。在烟草行业利润总额的分配中,还要缴纳所得税和国有资本收益,按全口径计算,2013年烟草行业上缴财政总额8161.2亿元,占

---

① 《烟草与文化:时空中的激情燃烧》(黄鹤楼学院专用教材),黄鹤楼漫天游文化传播有限公司2010年版,第202页。
② [美]戴维·考特莱特:《上瘾五百年——烟、酒、咖啡和鸦片的历史》,薛绚译,中信出版社2014年版,第125页。

税利总额的比重为 85.4%。① 长期以来，我国政府对烟草行业实行"寓禁于征"的税收政策，行业税利一直是全国财政收入的重要来源。近年来，在烟草行业持续稳定发展和烟草制品税制改革不断完善的基础上，行业税利保持着较高的增长速度，为国民经济持续健康发展提供了强有力的财政支持。1982 年至 2012 年，烟草行业税利对全国财政收入的贡献（烟草行业税利与全国财政收入的比值，下同）在 6.5%（1985）至 13.1%（1996）之间。② 烟草行业税利对全国财政收入的贡献呈现出三个较明显的阶段：1982 年至 2001 年，烟草行业税利与全国财政收入的比值较高，波动幅度较大；2002 年至 2007 年，烟草行业税利与全国财政收入的比值较前一阶段有所下降，升降幅度趋于缓和，由大幅升降转变为小幅升降；2008 年后，烟草行业税利与全国财政收入比值渐趋平稳，波动不大。李先念同志曾在视察许昌烟区的时候说过："烟草是我国的一项重要的经济收入，我们的军费开支、财政收入和经济建设有相当部分来自烟草行业，应重视烟草生产。"③ 作为一个生产经营特殊商品的行业，烟产业在国民经济和社会生活中有着极其重要的作用。单以税收贡献为例：烟草税收为国民经济积累了大量的财富，烟草业对国民经济发展有着举足轻重的影响，是仅次于石油、电力的一大税源。2006 年，"中国纳税百强排行榜"显示，在 2006 年度纳税前 100 名企业中，从行业分布来看，有 28 家烟草企业进入 100 强，纳税额占百强纳税总额的 28.2%④；"十二五"期间，烟草企业五年累计实现工商税利 47680 亿元，年均增加 1078.4 亿元，年均增长 13.6%；累计上缴国家财政 41323 亿元，年均增加 1212.2 亿元，年均增长 17.5%；自 1982 年中国烟草总公司成立到 2015 年年底，烟草行业累计为国家积累资金达

---

① 李保江：《烟草行业"万亿税利"从何而来——烟草税利来源及结构简析》，烟草在线，2014 年 11 月 7 日。

② 韩彦东：《烟草税利对国家财政贡献的分析》，载《中国烟草》2013 年第 17 期。

③ 丁恒杰：《追寻毛主席的足迹——纪念毛主席视察许昌烟区 50 周年（三）》，烟草在线专稿，2010 年 10 月 24 日。

④ 王慧英：《专卖制度下我国烟草产业的改革与发展》，载《上海经济研究》2009 年第 4 期。

88930亿元①；2016年，烟草行业全年实现工商税利10795亿元，全年上缴财政总额10006亿元②。仅从这些烟草企业上缴税利的数字和占全国GDP的比值变化可以看出，烟草为我国经济社会全面发展、增加国家财政收入做出了积极的贡献。

对地方财政而言，尤其是对"两烟"大省和老、少、边、穷地区，烟草税利始终是重要的财政支柱。在2003年国家烟草专卖局公布的《名晾晒烟名录》中，在22个省187个县市共有31个名晾晒烟类型或品种纳入专卖管理，如广西、吉林、湖北、湖南、云南、四川、重庆、广东、浙江、黑龙江等省（区）面积和产量都较大，为地方财政做出了重要贡献，特别是在如云南、湖南、贵州等经济发展相对滞后的省份，一直呈现出烟草财政的特点。2015年，烟草工商税利与云南、湖南、贵州三省地方财政总收入（全口径）的比值分别为50.18%、24.24%和19.27%。③ 这些省份烟草行业税利如果发生波动，当地财政收入将受到极大影响。此外，上海、江苏、浙江、广东等经济发达地区，尽管当地财政收入对烟草行业税利的依赖度相对较低，但由于卷烟工业企业比较发达，烟草税利都在500亿元以上，对当地财政收入起着举足轻重的作用。④ 许多烟草企业长期保持当地第一纳税人的地位。特别是云南省，是中国最大的烟草生产基地之一，烟草产业是云南省最为重要的支柱产业和财政收入来源，是经济实现稳定增长最可倚靠的关键力量，烟草产业兴衰直接关系该省的经济和民生的发展。云南省工业总产值和GDP都线性依赖于云南烟草业。云南约40%的国土面积属于烤烟种植最适宜区，其经纬度、海拔、土壤、气温、日照、降水等自然条件得天独厚，其所特有的立体气候也非常适合烟叶生

---

① 《中国烟草概况》，国家烟草专卖局官网，http://www.tobacco.gov.cn/html/10/1004.html。
② 《2016年烟草行业全年实现工商税利10795亿元》，中国烟草资讯网，2017年1月17日。
③ 霍晨、韩彦东、丁冬：《中国烟草对国家财政收入贡献到底有多大？》，《中国烟草报》2016年5月11日。
④ 同上。

长,云南烟叶生产量基本占全国总产量的三分之一。① 1990—1999年十年间,云南省烟草累计实现"两税"(烟草消费税和增值税)3158亿元,占全省财政总收入的三分之二以上。2004年云南省烟草"两税"收入达至412亿元,占全省财政总收入660亿元的62.4%。② 2012年,玉溪市烟草制品业从业人数为8362人,全员劳动生产率为425.5万元/人,远远高于工业平均水平60.5万元/人。玉溪市烟草制品业实现税利331亿元,约占政府财政收入的82%,成为玉溪市财政收入的重要支柱,为全市经济和社会发展做出了巨大贡献。③ 陈涛利用菲德模型对烟草产业对云南省经济增长的带动效应进行计量分析,得到烟草产业部门对云南省经济增长的带动总效应为2.748,这说明烟草工业产值每增加1个单位,对云南省生产总值的贡献为2.748个单位,这与烟草产业在云南省经济发展中占主导地位、在全国的龙头地位相符合。④

当然也要客观地认识到,烟草行业确实为国家财政提供了大量税收收入,但其财政贡献率呈日渐降低的趋势。⑤ 烟草行业财政贡献率的降低不仅表明该行业在国民经济中的地位日益下降,而且表明我国烟草专卖制度的财政功能已经大大弱化。这一方面是控烟禁烟运动发展的必然趋势;另一方面也表明国民经济中非烟行业发展迅速,日渐抵消了烟草行业对国民经济的影响。

第二是解决就业人口问题。2010年,全国有130多万种烟农户、500多万卷烟零售户和50多万烟草工商企业从业人员,与烟草生产经营直接相关的劳

---

① 李春琳:《"十二五"期间云南省烟草产业发展风险研究》,载《中小企业管理与科技旬刊》2012年第1期。
② 朱俊峰:《中国烟草产业发展研究》,博士论文,吉林农业大学,2008。
③ 张远宾、熊理然:《烟草产业对地区经济增长贡献的实证分析——以云南省玉溪市为例》,载《科技和产业》2014年第10期。
④ 陈涛:《烟草产业对云南省经济增长的带动效应研究》,载《北方经济》2012年第8期。
⑤ 周克清:《烟草行业对国家财政的贡献度研究》,载西南财经大学财政税务学院编《光华财税年刊》(2008—2009),西南财经大学出版社2010年版。

动人口超过 2000 万①，烟草行业在保障就业、增加收入方面具有一定作用。根据 2011 年中国统计年鉴的数据，2010 年我国经济活动人口达 78388 万人，就业人员为 76105 万人，仅烟草行业就解决了 2.6% 的就业人口问题。

第三是烟草行业对"三农"问题和精准扶贫的贡献。在我国农村地区，种植烟草的经济效益较高，是农业结构调整的重要内容之一。同时，由于烟草种植主要分布在云南、贵州等经济发展相对落后的地区，烟草产业的发展对促进当地的就业、增加农民收入、调整地区产业结构、扶贫开发等具有重要意义。烟草行业 2010 年，全国种烟农户 132 万户，户均种烟收入 25100 元；卷烟零售户 508 万户，户均售烟收入 16370 元。② 而根据国家统计局 2011 年 1 月 20 日公布的 2010 年国民经济运行情况，农村居民人均纯收入仅为 5919 元。根据《中国统计摘要 2013》，2010 年我国农村家庭户均人口数为 3.95 人，而种烟农户仅靠种烟其人均收入就达到 6354 元，高出全国农村居民人均纯收入平均水平 435 元。2016 年，全国实现烟农总收入 660 亿元（含生产投入补贴），实现烟叶税 128 亿元，烟农户均收入 4.92 万元，同比增加 0.43 万元。③ 因此，民间长期以来都有"要致富，烟草路"的说法。根据笔者个人的调查，仅在 1998 年，开始尝试种烟的农户收入就是种植传统作物玉米收入的五六倍。在湖北鄂西地区，当地烟农认为种烟草可以脱贫致富，每年三月间都要举办一个"栽烟节"④。尤其重要的是，目前我国 80% 以上的烟叶生产和 50% 以上的卷烟生产均集中在老、少、边、穷地区，这些地区经济社会发展对烟草行业依赖度很高，烟草对"三农"问题的缓解暂时发挥着不可替代的作用，实现烟草转产和发展烟草替代种植需要一个较长的过渡阶段。

在扶贫工作尤其是当前的精准扶贫工作中，烟草行业发挥着积极的作用，

---

① 《中国烟草控制规划（2012—2015 年）》，国家烟草专卖局，http://www.tobacco.gov.cn。
② 同上。
③ 《2016 年烟草行业全年实现工商税利 10795 亿元》，中国烟草资讯网，2017 年 1 月 17 日。
④ 汪银生编著：《中国烟草的历史现状与未来》，安徽大学出版社 2000 年版，第 112 页。

其能够让老、少、边、穷地区群众通过种植烟叶发家致富，让贫穷落后地区通过发展烟草产业改善经济面貌。经过多年努力，我国扶贫工作取得了巨大成就，有力地支撑了经济社会的全面发展。扶贫工作，不能仅从资金上考虑，还要从技术上倾斜，让广大群众掌握一技之长，为减贫打下坚实基础。多年来，烟草行业在脱贫攻坚工作中，从政策上进行倾斜，从资金上进行帮助，从技术上进行指导，让广大贫困群众通过种植烟叶改善生活，提高落后地区群众的生活质量。2015年12月16日，国家烟草专卖局就烟草行业精准扶贫工作举行了新闻发布会。围绕烟草产业扶贫、对口帮扶、社会公益、新农村建设、基础设施建设、现代烟草农业建设、促进烟农增收等多个方面，介绍了近年来烟草行业在精准扶贫、反哺农业方面所做的工作以及取得的成效。发布会提出了下一步烟草行业精准扶贫工作的总体思路：认真贯彻落实中央扶贫开发工作会议精神，按照"六个精准""五个一批"总体要求，切实做好老、少、边、穷地区扶贫开发工作，继续大力支持老、少、边、穷地区烟草产业持续健康发展，继续大力支持老、少、边、穷地区广大烟农脱贫致富，继续大力支持对口联系县区增强内生动力。围绕"一依托、四带动"，即依托烟草产业扶贫，带动一批移民搬迁建设、新农村建设、小城镇建设、公益项目建设，着力打造烟草行业精准扶贫工作新亮点。

第四是烟草为国家创造了大量的外汇。烟草产业通过出口和在境外合资办企业实现创汇。出口是在过去很长时期内中国烟草实施"走出去"战略的主要方式。2001—2005年，中国烟草累计出口卷烟783.5亿支，年均出口156.7亿支；累计出口烟叶67.0万吨，年均出口13.4万吨。包括烟机及其他产品出口，累计出口创汇23.5亿美元，年均创汇4.7亿美元。[1] 自20世纪90年代初期，我国烟草行业就开始探索在境外合资开办生产型、贸易型公司，同时展开品牌合作。此外，烟草行业也在不断探索与主要跨国烟草公司进行战略性合作，通过寻求资质良好的代理商构筑境外卷烟销售渠道、加强技术合作与交流

---

[1] 李保江、马超：《中国烟草"走出去"》，中国烟草市场网，2006年10月23日。

等新路径，从各个渠道加强国际间的互动互通，为国家创汇。2016 年，仅云南省出口烟叶 7.65 万吨，货值约 19.8 亿元人民币，在国际市场疲软的情况下实现出口逆势增长。① 仅在 2005 年，全国共有 133 个卷烟品牌（含来牌加工品牌和合作品牌）出口到 56 个国家和地区，其中 5 亿～10 亿支出口至新加坡、马来西亚、日本、朝鲜、巴拿马和澳大利亚。② 但是，在世界烟草贸易中，我国烟草的进出口贸易除了传统的烟叶出口外，卷烟外销率目前仅为 1%，这与英美烟草公司的 99.0%、奥驰亚集团的 81.1% 和日本烟草公司的 50.5% 形成了鲜明的对比，同中国烟草大国的地位极不相称。③ 中国烟草出口的层次和质量都还有非常大的提升空间。

第五是烟产业对科技发展的推动作用。"如果科学现在威胁到烟草业行业，烟草行业必须'抓住'科学。"④ 作为有着极高利润和价值空间的产品，烟草的传播和各方面的科技发展密切相关。从种植技术的推动和创新，到工业环节的创造和发明；从加工方式的变革和更替，到保障健康的应对和研究，烟草产业因为自己产业链长、影响面广的特点，也对多个领域的科技发展起到了重要的推动作用。烟叶生产是卷烟生产的"第一车间"，对农业科技的投入就是对烟产业第一车间的保证。在烟草行业"十三五"科技创新规划编制中专门强调，要强化现代烟草农业科技支撑，紧紧围绕中式卷烟原料保障的战略需求，更加突出烟草基因组产业应用，加快烟叶生产技术研发与应用，全面提升烟叶生产技术水平。要着力烟草生物技术创新突破。深化烟草基因编辑、芯片开发、突变体筛选、基因组学关键技术研究；加快烟草主栽品种病害抗性定向改良高世代材料的田间验证工作；开展抗烟草病毒病、抗青枯病、低 NNN、低镉等种质资源与育种材料的创制；深化高香气、高钾、高烟碱、少腋芽等功能基因研究。要着力烟草绿色防控创新突破。加快烟草病虫害绿色防控技术开

---

① 《2016 年云南烟叶出口逆势增长》，中国烟草市场网，2017 年 1 月 20 日。
② 李保江、马超：《中国烟草"走出去"》，中国烟草市场网，2006 年 10 月 23 日。
③ 姜琳：《中国烟草对外贸易研究》，载《现代商贸工业》2008 年第 8 期。
④ ［美］阿兰·布兰特：《香烟的世纪——香烟的沉浮史告诉你一个真美国》，苏琦译，东方出版社 2011 年版，第 113 页。

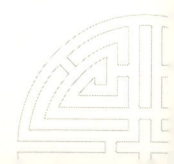

发和集成推广,推动烟蚜茧蜂防治蚜虫技术升级和本地化。还要着力植烟土壤保育创新突破。研究启动烟田土壤保育重大专项,深化生物修复、酸化治理、重金属阻控、有机质提升等烟田土壤保育关键技术研发。同时,面对国际禁烟的呼声日益高涨和烟草危害健康的有目共睹,烟草行业要想持续发展,必须花费巨资投入科研,依赖科技的进步和创新以最大限度降低烟草的有害成分,使烟草制品不得不朝着低焦油、清淡型、少危害的方向发展;必须引进生物高科技人才,与生物技术研究机构和大专院校合作,以研制出少危害的高科技烟草产品等。从历史上看,烟草品种的改良,调制技术的改进和革新,混合型卷烟的研制,过滤嘴的出现,加香加料技术的创造,低焦油含量香烟以及药物型香烟的出现,都是烟草行业为了应对对健康的危害而推动的技术创新和产品创新。

## 三、烟产业发展的新挑战

随着人们健康意识的提高、科学技术水平对烟草认识的深入,烟草自身的缺陷更加显露。在这种形势下,如何调整烟草产业结构、企业结构、产品结构和市场结构都将成为其未来发展所要面临的挑战。目前,我国烟产业面临的发展新趋势呈现以下特点:

面对烟草公司全球化扩张趋势的挑战。2000年的时候,时任美国总统比尔·克林顿在他的年度演讲中提道:"为了实现美国经济的全部的可能性,我们必须跨越我们自身的边境,去形塑这样的一场革命,它将拆毁藩篱,在不同的国家和个人、经济体与文化体中间构建新型的连接网络。这场革命,就是全球化。它是我们的时代里最为核心的现实。"① 在全球化的浪潮中,烟草公司是最为积极和踊跃的参与者、推动者。"全球化"仿佛一个金字招牌,让烟草公司嗅到了全球市场丰厚份额所带来的效益。美国烟草公司早在1950年就开

---

① [美]阿兰·布兰特:《香烟的世纪——香烟的沉浮史告诉你一个真美国》,苏琦译,东方出版社2011年版,第297页。

始了全球化的扩张。飞利浦·莫耶斯烟草公司在一份 1977 年的报告中提道:"自从 1959 年以来,飞利浦·莫耶斯烟草公司已经在发展中国家构建了一个稳固的基础。我们以投入大于产出的规模在发展中国家投资。我们是在为未来进行投资。"① 中国烟草迟早都将直面与跨国烟草公司直接而激烈的市场交锋与竞争。一方面,这是中国烟草积极实施"走出去"战略的应有之义。实施"走出去"战略是中国烟草提升竞争力的必由之路,也是提升烟草行业税利的潜力所在。只要行业抓住国家实施"一带一路"倡议给中国烟草"走出去"发展带来的新机遇,扎实推进卷烟出口基地化运作,积极开展并购重组资本化运作,不断提升卷烟市场国际依存度,就是中国烟草正视全球化的竞争,主动出击,主动占领国际市场份额的行动。另一方面,中国烟草必须做好积极的准备,以应对国际烟草大鳄在市场开放之后对中国国内卷烟份额赤裸裸的市场竞争。在弱肉强食、优胜劣汰的市场经济规律中,如果中国烟草不是足够强大,中国烟草经济运行的效率、企业管理的效率、队伍建设的效率、市场营销的效率、公共关系处理的效率都不足以与之抗衡的话,难免会招架无力甚至会节节败退。因此,如何使中国烟草高效率地成长和成熟起来,是应对市场全球化竞争的第一个挑战。

世界性反烟运动日益高涨的挑战。自 2009 年以来,中国对《烟草控制框架公约》(以下简称《公约》)已经进入了全面履行阶段,《公约》转化为国内法律法规和政策的速度也将加快。如此一来,烟草行业的生存空间必然受到来自最强的国家力量的约束,而这种约束往往是难以抗拒的。尽管诸多科研成果已经证明吸食烟草对人体健康所造成的危害,但是由于烟草是"嗜好品"而不是"毒品",在全世界范围内都是合法存在的商品,因此只能"控烟""反烟"而不能"禁烟"。当前,由于全世界的卫生和健康机构、媒体等的大力宣传和呼吁,各国政府已经制定了不少控烟措施;但是在如此严苛的环境下,烟草业仍然保有自己的产业地位,许多被关心、被劝告的消费者仍然不愿

---

① [美]阿兰·布兰特:《香烟的世纪——香烟的沉浮史告诉你一个真美国》,苏琦译,东方出版社 2011 年版,第 297 页。

意戒烟,这就让烟草产业继续生存提供了合法的以及被需要的空间。同时,卷烟是有烟产业国家的税收主要来源之一,虽然其比重随着国家经济的发展将有所降低,但它还涉及相关产业千百万人的就业和广大烟农脱贫致富的问题,因此尽管"反烟""控烟"已经是大势所趋,但是从不愿戒烟者的需求出发(这也是人权的一部分),从国家利益和烟产业涉及的就业人口等综合因素出发,烟产业必须理智应对反烟、控烟的挑战,以大力减害,从而保证烟草行业的平稳发展。

中国烟草行业"新常态"的挑战。中国经济"新常态"直指高效率、低成本、可持续,是"新"与"常"的有机结合,其中的"新"具有新速度、新情况、新挑战等内容;而其中的"常",则意味着新状态的可持续性与连续性。作为与国民经济发展紧密相连的行业,烟草行业经济运行在宏观大气候的作用下,亦表现出鲜明的特点,此即是烟草行业的"新常态"。首先,税利增长速度趋缓。基于烟草行业税利要为国家、地方财政收入多做贡献而考虑,烟草行业历来高度重视税利等经济运行指标的增长速度。据统计,自2000年至2014年,烟草行业税利增长速度平均达到了15%以上,最高的增长速度为2004年的25%以上。① 但2013年的税利增长速度仅为10.5%,而在国家局主要领导的2015年新年贺词中透露,2014年全行业实现工商税利总额超过10420亿元,相比2013年同比增长9%以上,虽然达到了国家烟草专卖局在2014年年初的全国烟草行业工作会议上提出的"保八争十超万亿"的年度目标,但两相对比,行业近几年的税利增长速度已明显下降。客观地说,行业税利增长速度的下降,与行业经济总量逐年增加从而导致体量增大而影响增长速度相关,具有一定的客观性,但增长速度的下降却是不争的事实。这也全面宣告行业在适应中国经济新常态下,进入了一个中高速的增长阶段。其次,面临增长速度回落、工商库存增加、结构空间变窄、需求拐点逼近的挑战。这四个挑战是国家烟草专卖局党组在2014年全国烟草行业工作会议上明确指出的,

---

① 青禾:《新常态下烟草行业文化的传承与创新》,烟草在线,2015年1月5日。

既与全球烟草行业受到控烟舆论压力加大、卷烟市场需求下降的客观因素影响，也与中国经济乃至世界经济的大气候密切相关。例如以菲莫国际公司、英美烟草公司、日本烟草公司、帝国烟草公司四大跨国烟草的发展态势来看，虽然在税利的增长上，四大跨国烟草公司仍然表现出积极向上的发展态势，但就卷烟销量这一指标来看，均出现不同程度的下降。在新的速度下，面对新的挑战、新的问题，迫切需要行业全面加大深化改革的力度，积极推动行业发展从要素驱动、规模增长向创新驱动、价值提升转变，进一步释放改革红利、进一步挖掘发展潜力，以加大市场化改革为切入点，提升结构积极应对增长速度回落等客观现实；以规范管理、精益管理、流程优化、效率提升为抓手，进一步节约运行成本，有效盘活现有资源效率。

新技术、新运用出现的挑战。物联网的应用将越来越多地渗透到我们生产生活中的每一个角落，将物联网技术引入烟草行业对行业发展有着非常深刻的意义，通过物联网技术有助于实现烟草行业资源整合，建立现代化的卷烟流通体系，提升烟草行业的核心竞争力，最终实现我国烟草的快速、稳定和可持续发展。就中国烟草现状来说，对新技术、新运用的接纳是因为我国烟草市场结构过于分散，优势企业和名牌产品难以持续成长，烟草企业的规模实力和市场竞争力都亟待提高。对于一个行业整体而言，培育优势企业和发展名牌产品是支撑其长远发展的关键所在，而培育优势企业和发展名牌产品首先要求市场结构要相对集中。从中国烟草行业的实际情况来看，由于受计划体制、财税体制、国有企业体制等方面的体制性约束和烟草专卖制度在执行过程中的扭曲，如借专卖执法搞地区封锁、地方保护等，使得其市场结构一直较为分散，行业集中度非常低下，面对国外烟草集团品牌竞争力和市场竞争力明显不足。面对跨国烟草企业和著名国际品牌的强大竞争压力，中国烟草如果不能及时借助最新的技术并加以运用以有效改善市场结构并真正走上大企业、大市场、大品牌发展之路，一旦正面的市场竞争发生，国内烟草企业则有面临被鲸吞蚕食的巨大可能性。

"产业争地"的潜在危险和挑战。烟叶生产是行业发展最为重要的基础，

是最前沿、最艰苦的工作，也是外部环境复杂多变的一项工作，历史的实践证明：烟叶稳，行业则稳。2005年，我国取消了除烟叶之外所有农产品的税赋，继续对烟叶征税并不意味政府有意控制烟叶的生产，因为烟叶生产的配额是由政府决定的。更确切地说，税收是地方政府的重要收入，而烟叶又是使烟草业产生高利润和税收的主要原料。因此，中国政府在烟叶的生产中扮演了重要的角色。基于对烟叶种植和质量基础性的认识，在20世纪80年代，玉溪卷烟厂（红塔集团的前身）就把烟叶生产放到突出地位，把烟田作为"第一车间"进行精耕细作的建设。玉溪卷烟厂投入大量资金扶助农民发展优质烟叶生产，兴修烟路烟水工程，改善烟草种植环境，推广科技种烟实用方法，在实践中走出了一条工农"双赢"的发展之路，保证了优质烟叶生产的一整套科技措施和扶持政策得以全面实施，为保障优质原料供应发挥了重要作用，适应了农、工、商产业链统一管理的需要，玉溪卷烟厂在烟草行业中比较早地走出了从原料抓起、提高产品质量的路子，促进了卷烟工业的高速发展，对行业的改革与发展产生了重要影响。尽管我国的烟草种植体制具有相当完善的性质，种植烟草可以及时获得有保证的现金收入，对注重风险控制和看重现金收入的农户具有一定的吸引力，但是，现在农民对于种植的选择越来越多，尽管种烟仍然是个经济效益高的好项目，但是高利润、高收入的同时也伴随着高风险，诸如烟叶丰产导致卖不出去、等级降低、二道贩子卖烟叶等。如果有更容易操作、利润更加可观、种植劳力投入低的可替代项目，烟叶的种植面积将会受到影响。另外，伴随着城镇化的推进，除了建设争地之外，不少乡镇逐步向工业化过渡，再加上农副产品多样化、效益化，在产业蓬勃发展的同时也是土地资源日益紧张的过程，这都给烟叶规模化生产带来一定影响。虽然目前产业争地的现象还不明显，但土地有限而产业发展无限，必须对烟叶种植问题未雨绸缪。

# 第六章　烟文化对烟产业的推动

文化创造财富。文化是产业发展的精神内核，能够提高产业附加值与竞争力。文化的导入往往是不遗余力的。文化先行，取得的效果更是事半功倍。任何一个国际性品牌，不仅需要过硬的质量，还需要丰富的文化内涵，它不仅能满足消费者的实用需求，还应满足消费者的文化想象——在同类产品充分竞争的全球化时代，消费者选择某个国际性品牌的产品，事实上也是在选择某种特定格调、气质的文化。这也就是人们常讲的"文化附加值"的客观体现。烟草企业要顺应国际文化经济竞争的潮流，跟上世界文化经济竞争的步伐，应对全球金融危机的挑战，加强企业文化和品牌文化建设，对烟草品牌实施策划、宣传、营销，对烟草品牌进行文化塑造和正常维护，不仅可以增加品牌认知度、美誉度和品牌粘性，而且可以让烟文化持续助力烟产业的发展。

## 一、品牌的打造和崛起

从一般意义上来看，品牌只是一个企业或产品的标牌。但在全球化的消费主义盛行过程中，品牌日益被赋予了文化含义，成为它所代表着的价值观、信仰和生活方式，是一种标签化、差别化的标志。优秀的品牌体现着企业和企业家的价值诉求，蕴含了企业的经营哲学，是企业文化、产品属性、价值追求的综合体现，并且能够通过它的品牌号召力把具有与品牌相近和相同价值观、信仰和生活方式的消费者有机地集合在一起，给企业带来竞争优势。品牌的创建、维系、发展、传承与企业文化、与企业所在国家的文化和文明的传承都紧密关联。西方烟草产业在机械化之初，品牌的打造就开始了。随着全球化浪潮对烟草产业的推动，区域性、全球性的烟草品牌，为烟产业赢得稳定的消费群体、创造持续的赢利空间贡献了不可估量的影响。

全球化是历史的必然。在复杂的区域市场和差异巨大的文化环境中，尤其考验品牌的生存能力。企业不仅要利用本国的资源、条件和市场，还必须利用国外的资源和市场进行跨国经营。沃伦·巴菲特曾说过："我要告诉你为什么我喜欢香烟生意。它一本万利，它让人上瘾，而且还有异乎寻常的品牌忠诚度。"① 烟草营销塑造的世界品牌，更多时候是重新创作出一种与吸烟有关的价值和意义，在国外品牌进入中国之后，这些世界品牌某种程度上代表着西方的模式、西方的生活方式。品牌创造了一种值得去追求的富有魅力的一系列标准，被视为一种社会地位、世界大同主义以及富裕程度的标志。但是，这些意义和标签化的品牌形象并不是香烟本身所固有的，而是基于一定的文化土壤，由有目的的宣传和市场营销所构建的。

品牌的打造深植于当时当地的文化血脉。可以这么说，任何一种品牌都是特定地域、特定人群、特定发展阶段的历史传承、社会经济、文化成果的一种集中展示，也是一种创造性的物质文化、精神文化的反映。文化的传承性决定了中国烟草品牌的打造不可能割断与中华民族传统文化的联系，社会消费者都生活在中国文化环境中，深受传统文化的熏陶，要使烟草品牌为消费者所理解和接受，品牌策划创作人员必须深入了解中国传统文化中的风俗习惯、语言文化、价值观念等，从中华民族优秀文化中吸取营养，运用本民族独特的艺术形式、艺术手法来反映现实生活，创造出能够引起消费者情感共鸣且为中国老百姓喜闻乐见的品牌形象、品牌内涵和品牌故事。例如在不同的国家和地区，世界品牌"万宝路"的品牌形象就会有所调整、变化，以更好地迎合当地的需要。20世纪70年代，"万宝路"开始在香港拓展市场。但是在香港人的心目

---

① ［美］阿兰·布兰特：《香烟的世纪——香烟的沉浮史告诉你一个真美国》，苏琦译，东方出版社2011年版，第294页。

中，牛仔属于下层劳工，不是高尚身份和高雅行为的代表。于是，"万宝路"公司及时调整形象，"将原来出现在'万宝路'香烟上的文身牛仔，变为年轻、洒脱、事业有成的农场主"①。当转到日本销售的时候，烟盒上的品牌宣传出现的则是返璞归真、过着田园诗般恬静安宁生活的牧童，迎合了日本在快节奏、高压力都市生活中渴望释放心灵、逃避纷争的心理需求。可以看到，像"万宝路"这样成功的品牌，其中一点就是立足于各地富有传统特色、符合心理预期的文化要素，立足于当地各民族的文化艺术传统及审美意识，采用传统艺术形式创作，主要表现本民族人民群众的生活、思想感情、愿望和艺术审美的情趣。

　　品牌的打造和价值观念息息相关。烟草起什么名字，首先要能够明确划分消费者社会地位和形象，以突出消费者的情感需求，不仅要能继承和发扬中华民族优秀的文化传统，而且也要在很大程度上影响到人们的价值观念和消费取向，支配着人们的思想意识和行为方式。例如"中华"牌香烟，是新中国历史与文化的见证品牌，自诞生之日起，"中华"二字即成为"金字招牌"，其诉诸爱国热情和民族情感等传统价值观念的烟草广告，为它数十年在市场上的屹立不倒奠定了坚实基础。人们对中华烟的品吸，不仅仅是消费品，更加具有政治意义和民族自豪感，因此它一直都是烟草市场的主流品牌。中国传统价值观念中主要以义与利、理与欲、公与私的辩证关系来体现价值取向，宣扬民族精神、爱国主义和集体意识，在义利选择中就义而避利，因此，为了更好地满足消费者的价值需求，品牌名称尤为重要。例如，1931年，上海大东南烟公司借"万宝山事件"在《申报》上做了一整版广告，其广告文案为："热血同胞，不可不知万宝山事件，爱国男儿不可不吸万宝山香烟。"广告把消费万宝山香烟与爱国行为等同，为的是刺激广大爱国人士的购买行为。再如创牌于1922年的"重九"香烟，为纪念云南响应"辛亥革命"推翻清帝制，实行共和的"重九起义"而创牌的。2011年，拥有百年历史的"大重九"品牌"复

---

① 流苏编著：《烟的故事》，岳麓书社2004年版，第18页。

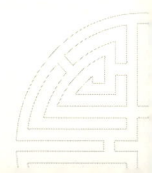

出";2015年,"云烟"(大重九)位居全国高档卷烟市场销量第二位,并且持续保持增长态势,成为"十二五"期间中式卷烟品牌集群里一道亮丽的风景。这不得不说,是历史感和品牌名所蕴含的爱国情怀奠定了"大重九"畅销的基础。还有利用富有象征意义的名词来命名,如"红双喜""钻石""将军"等含义积极向上的品牌系列,给消费者留下的是一种积极向上的价值感。

品牌打造要符合社会伦理观念。中国传统文化中伦理道德的核心思想是"仁、义、礼、智、信"。如孔子所说的"仁者爱人"是指人与人之间的道德情感关系,它所体现的关系准则是中国传统的人伦体系,长幼之情、兄弟之情、朋友之情、夫妻之情等。香烟作为人际关系的润滑剂,也深深根植在人们传统的伦理道德观念中。因此,香烟品牌的打造,不仅要符合传统伦理道德所倡导的主题,也要符合中国人的传统观念。在中国,传统上认为"男子吸烟有风度","招待客人无烟不敬,朋友见面少烟不恭",到了现代社会香烟仍然是招待客人、朋友见面的必需品,所以,仍要从礼节、喜庆、友谊、互惠等角度进行品牌打造,例如"红双喜""双喜""福""恭贺新禧""龙凤呈祥""利事""紫气东来"等蕴含吉祥意义的香烟品牌。安徽芜湖市卷烟厂生产的"迎客松"牌香烟的企业形象广告,借中国传统道德情感中的朋友之情道出了迎客松香烟的人际关系调节功能,其广告语"友谊之树常青",直接告诉消费者迎客松香烟增进友谊的产品功能,同时还寄予了美好的企业愿景:迎客松香烟品牌能永葆青春。另外,"红梅"牌香烟的广告语"新朋老友",不仅表明红梅牌香烟是新老烟民的朋友,还暗指抽红梅牌香烟能巩固旧友情,结交新朋友。这些品牌名和中国传统的伦理道德观念无不丝丝入扣,直抵人心。

品牌的打造要满足消费者凸显地位和身份的心理需求。如中国几千年的封建社会和宗法制度,使"官本位"思想根深蒂固,尽管在中国特色社会主义社会不断推进的今天,随着社会制度和法律体系的不断完备,法律赋予了每个公民平等自由的正当权利,大部分人的个体意识被唤醒,但相当一部分人唯上唯权的观念依然没有完全消除。特别是在改革开放伊始,利用品牌名称刺激和满足人们对权力的崇拜和追求,成为香烟创牌中遵循的原则之一。再结合中国传统的代表权势和富贵的大红大紫,我们在市场上能看到大量大红大紫差异不大的外包装。而品牌名称,则多采用"金""精品""极品"等渲染词,或者是加上"王"等代表尊贵的后缀。在广告语中,通过"至尊""经典"等华丽辞藻的渲染,不仅为香烟披上了一层象征权力、荣誉的面纱,还成功传达了产品的品质和企业的实力,如"豫烟王"牌香烟的广告词"王者气派,中原至尊","南京"牌香烟的"至尊至醇,辉煌永恒","中华"牌香烟的"尽显尊贵,唯我中华","云烟"牌香烟的"至尊至荣,王者风范"等。消费者在购买这些香烟品牌的时候,不仅仅获得消费上的满足,更多的是体现了社交中的身份、地位。

品牌的打造与文化内涵密不可分。现代广告作为文化创意产业,一方面要服务于产品销售,另一方面又要重视广告创作的艺术效果,需要在商业属性和社会属性之间获得平衡。中国五千年的历史创造出光辉灿烂的华夏文明,文学艺术形式丰富多彩,包括诗词歌赋、音乐舞蹈、书法绘画、园林建筑等。随着国际控烟形势的严峻,尽管不能直接出现烟草字样,但是巧妙利用传统文学艺术元素也能够创造出一个个既有商业价值又有文化内涵的精美广告。如烟草广告中的烟标设计集书法、摄影、绘画、广告、装潢、印刷术为一体,通过一幅幅精美的图案,向人们展示了古今文明的璀璨。烟标上既有名胜古迹,又有历史典故,如借用已有的社会文化来命名的"人民大会堂""中南海""西柏坡""长征"等牌香烟。该类名称多以文物古迹、自然风景、神话传说、民风民俗、革命历史、建筑物作为题材,用意是利用文化底蕴借船出海,因为此类名称在消费者当中早已广为传播,知名度较高,美誉度较好,拿来即用不但省去了大笔的广告费用支出,而且具备良好的品牌形象,甚至有些品牌名称在大媒体上还有较高的曝光频率。同时,烟草公益广告和企业形象广告中对诗词歌赋的运用也堪称极致,如"黄山"香烟的"一品黄山,天高云淡"是对毛泽东名句"天高云淡,望断南飞雁"的化用;"铂金·红塔山"香烟的"山高人为峰"是对国画大师张大千名联"海到尽头天是岸,山至高处人为峰"的运用。这些广告利用人们耳熟能详的诗词歌赋,使广告信息潜移默化地进入消费者的记忆库，不仅提高了产品的知名度，还减少了消费者在选择产品时的信息搜索时间，有利于扩大产品的市场占有率，同时也打造了企业的文化形象。

总之，中国烟草品牌的打造，无论是近代还是现代，无不依托传统文化表现产品或企业形象，并利用消费者心底的传统观念、价值情怀寻找产品与消费者之间的结合点，成为烟草创牌和广告创作的一大特色。中国传统文化为近现代烟草品牌和广告提供了丰富的创作源泉，而近现代烟草品牌和广告传播也因传统文化对消费者的深刻影响具备了强大的传播效果。

## 二、烟草营销开创的世界

烟草营销的本质在于通过广告和营销活动来推动甚至重塑烟文化的某些意义，以便进一步强化吸烟的社会属性，使吸烟成为一项合适的、得体的、有品位的公共活动、社会活动。烟草业充分利用了 20 世纪以来消费者文化的兴起、科技的进步带来的产品标准化和批量生产，有目的地强化了烟草的社会属性，让吸烟这一行为受到深刻的道德和礼仪的复杂影响。何时何地适宜吸烟？吸哪个品牌的烟？什么类型的品牌和自己所处的阶层、所遵循的价值观是一致的？男性和女性在吸烟的选择上应该有什么不同？……在对诸如此类问题的解答、强化和引导中，烟草业开创了广告营销的新世界。

"第一次世界大战结束后不久，新生的视觉文化开始兴起。广告逐渐成为消息传播的基本手段：它通过形象的表达方式，试图将速度美学、真实再现、社会情怀和女性诱惑等多层内涵融为一体。"① 许多世界顶级品牌，都在数百年的历史积淀中秉承一个永恒的信念传承至今，百年淬炼修成无价之宝。营销的作用主要就是引导不同的目标人群，去探寻越来越精致的各种香烟口味以及越来越符合自我形象认知的香烟品牌。在烟草行业历史上，"万宝路""555"

---

① ［法］迪迪埃·努里松：《烟火撩人——香烟的历史》，陈睿、李敏译，生活·读书·新知三联书店 2013 年版，第 180 页。

等世界品牌都是在不断摸索中发现市场营销的巨大作用的,也正是在不断认识到市场营销的巨大作用的过程中,品牌营销开始成为人们专门研究的一个领域。通过营销的努力,以公共关系和心理学的专业化为基础,开始形成一系列了解和操纵人类行为的系统方法,例如将香烟塑造并促销成独立的女权主义者的象征。香烟营销揭示了创造消费意义和激发消费动机这种新技术的重要性。

中国最早的香烟广告是以月份牌的形式出现的。月份牌是卡片式的单页年历,方言指日历,是清代末年和民国初年以后在上海流行的一种融中西绘画于一体的绘画形式。之后,上海原有的小校场木版年画已逐渐被新崛起的"月份牌"画所取代,嬗变出上海年画史上一个新的历史时期。在"月份牌"画成为中国年画史上异军突起的一个新品种的同时,由于其发行量大、普及性广、影响深远而成为最早的香烟广告的绝佳载体。"到了20世纪二三十年代,上海的报刊业逐渐发达起来,在旧上海的报纸杂志上,香烟的广告最多,也最醒目,其佳句妙语也令人耳目一新,记忆深刻。"① 例如:

"风行"牌:风行世界,所向披靡,烟佳胜人,品高价低。

"欢迎"牌:欢迎牌香烟能使人极端欢迎,如名伶佳剧之受人欢迎一样。

"胜利"牌:胜利之军,胜利之民,均欢悦胜利牌香烟。

"美丽"牌:日长无事,麻雀消遣,一物莫忘,美丽香烟。

"三炮台"牌:三炮台香烟最宜男女交际场合,盖此烟并无不适之烟气,使妇女闻之而触喉也。

此外还有为了推广香烟而创作的歌曲、故事等,如《大前门香烟广告歌》:

大前门,大前门,烟叶好,烟味好,装潢来得格鲜明,戏迷吸了唱唱小东人,喉咙越唱越起劲;文章吸了做做新言情,头脑越热越清

---

① 流苏编著:《烟的故事》,岳麓书社2004年版,第71页。

灵；倌人吸了喝喝小热昏，曼声一曲真醉人。大前门，前门大，中国制造的香烟大阿哥，请问谁人及得我？

英美烟草公司的"华盛顿"牌香烟，在和中国文化结合方面也动了不少脑筋，广告载文如下：

宋范仲淹幼有大志，为秀才时既以天下为己任。尝有送牛者，误送其家，公曰："吾未失牛，安能冒领他人之物。"公一生事无大小，均以诚实无欺为准则，政声远播，为宋代名相。"华盛顿"香烟问世之初，即本诚实不欺之旨，名副其实，始终不移。

"翠鸟"牌香烟，则是借助一篇滑稽小说进行广告和推广。这篇名为《隔壁听》的滑稽小说，让人在捧腹之余也牢牢记住了这包香烟。全文如下：

熊先生和他的夫人向来是很要好的，近来却有点不大和气。为的是他的夫人疑心他有了外遇了。这一天晚上，熊夫人又在门缝里偷看丈夫。只见他摊开一张带有题花的信笺，仿佛要写情书一般。停了一会儿，又摸出一件小东西来，像照片似的，低着头说："你的衣服好绿啊，我想替你穿着；你的嘴唇好红啊，我要和你接吻。你真是一只最好的小鸟啊！"熊夫人听到这里，便气愤地跑进房去，抢来一看，却是一盒"翠鸟"牌香烟！

要说我国早期香烟广告营销方面的得意之作，必须提到黄楚九。1917年，在医药行业发家之后，黄楚九转而投资烟草业，创办了大昌烟公司，其首推的品牌是"小囡"牌香烟。为了一炮打响这个品牌，他煞费苦心："小囡"上市，第一天的报纸广告一片空白，只在版面中心有一个小小的问号；第二天，报纸的第一版仍是大片空白，仅在版面中间画了一条小小的发辫；第三天，报纸版面仍旧空白，中间的发辫换成了一个胖嘟嘟的小男孩；第四天，在小男孩的头像上打出一条套红标语：祝贺大家早生贵子！并于当天赠送各大商号两个红鸡蛋；第五天，谜底揭开，报纸登出大昌烟公司推出"小囡"牌香烟。它敬告读者：凡购买一盒香烟，随烟送红蛋一只。一连几天有计划的广告，引得了全上海人的关注，使得"小囡"的问世如黄楚九的预期一样一炮走红，市民争相购买，原本生意兴隆的英美香烟瞬间门庭冷落。作为上海显赫一时的民族资本家，黄楚九以名人的身份主动高调引领消费，并开始以大世界游乐场的门票一张送"小囡"一支，使得这一香烟品牌在最短的时间内占领了市场。

客观地说，和国外烟草行业的品牌营销相比，我国烟草行业的品牌营销还显得有些稚嫩。因为在我国烟草市场并未真正对外烟开放的时候，国际著名品牌早已跻身中国烟草市场，在高档香烟方面业已形成了品牌优势地位。如何立足我国基本国情，探索一条烟草营销的路子，"有所为而有所不为"，是我国烟草营销必须重点考虑的问题。在共同面对烟草广告越来越难做的情况下，各地烟草企业纷纷创造出新的营销策略，按类型大致可分如下几种：

"打感情牌"提升品牌好感度。礼品、赠品的设计开发，是国际著名烟草公司推广品牌、促销烟品的营销策略之一。19世纪末期，当美、英两国产的香烟开始登陆中国的时候，一向习惯于吸水烟、旱烟的中国人，就是不认可外国的"小白棍"似的卷烟。为了打开中国烟草消费市场，美、英两国烟草公司采用了"免费吸烟"的促销手段：派出大批的洋人推销商，头戴高帽子，肩背盛烟的纸盒子，在上海的酒店戏院、交通要道向人们抛撒香烟；有的推销员自己点上一支，给过往的行人点上一支，手把手地教中国人吸烟。经过一段时间的"免费吸烟"，他们见中国人渐渐习惯了卷烟，便开始在中国市场上大量销售香烟，并很快垄断了中国的香烟市场。再如20世纪末，香港政府宣布香烟广告不能在电视上播放，面对这一禁令，精明的香港烟草商们立即寻找新的促销手段。薄荷特醇星徽的烟草商迅速开展了向消费者送大礼活动：买特醇星徽一包，赠送林子祥最新激光唱碟十元现金优惠券。如此慷慨的优惠措施，引得消费者纷纷掏腰包，结果特醇星徽销售额扶摇直上，利润大增。目前，虽然我国烟草企业都有礼品，例如打火机、小文具、日用品之类，但往往都属于"公关用品"，而非"广告"物品，专业性、针对性不足，并不能真正满足

"烟草营销"的目的。而美、英、日等巨型烟草公司，其营销物品的开发是交由专门设计人员设计、开发的，原则就是人见人爱，同时和产品本身关联度高，还要引导二次消费或者转介绍消费的赠品，例如印有产品标识的帽子、T恤、香烟内装画卡、特别纪念邮票、雨伞、打火机、箱包、钥匙扣、手表等诸如此类的精美礼物。这些赠品逢年过节，还要加以包装配套赠送，甚至邮寄回函，吸引公众参与抽奖，比如在重点卖场，如果要推广某品牌，可以特别布置、陈列出一些高价值的开发赠品：品牌箱包、品牌便携折凳、品牌太阳帽、品牌水壶等。因此，如何结合营销目的提高赠品的关联度和专业性，是我国烟草营销要重点考虑的问题。

利用节日庆典打造关注焦点。2008 年中国北京申奥成功的那一天，"白沙"品牌第一时间在中央电视台向全国人民祝贺申奥成功。欢庆的人们欣然接受了"白沙"的祝贺，也记住了"白沙"品牌。这是烟草品牌利用重大时刻的高度关注而开展营销的成功案例之一。随着烟草营销日益严控，利用加入世贸、国足冲刺世界杯、奥运会申办成功、新年交替等重要时刻打造关注焦点，目前日益成为烟草企业大做广告积极营销的时刻。"芙蓉王"品牌就是坚持利用强势媒体，坚持与名牌栏目、名人结合，收取共振效应。新中国成立 50 周年庆典活动中，以"芙蓉王杯"冠名的海外华人大型音乐会，为提高"芙蓉王"的影响力产生了良好的作用。

借助体育赛事集中营销。体育赛事不仅关注度高、话题性强，而且时间集中、效果显著。加之比赛期间众多媒体积极参与，全方位、多角度对比赛进行跟踪报道，甚至还会有媒体进行全天候不间断的比赛现场直播，能够成功地在传播过程中把体育赛事相关的赞助商信息潜移默化地嵌入目标消费者的心中，提高品牌知名度。因此，烟草营销一直选择合适的体育赛事开展集中的推广活动，以期收到事半功倍的效果。例如国际知名品牌"555"香烟，从国际到中国赛段活动的一应事物——赛车、车手服装、路段标识、场面旗帜标牌等，均为赫然夺目的"555"商标和蓝黄两色的企业、品牌标准色。透过中国和各国电视传媒，凝聚亿万公众的注意力，达到了强势推广品牌的绩效。国外烟草公司认为,体育比赛与其品牌有着极为密切的关联,不仅可以体现品牌在形象上的定位,还体现了在企业文化上的选择,体育运动吸引了广大目标消费者的注意力,特别是吸引了年轻人,从而使赞助商的品牌更加深入人心。从国内来看,红塔集团1999年7月16日在北京长城饭店捐资100万元人民币,用于表彰在世界女足比赛中荣获亚军的中国女足姑娘们。1998年在昆明海埂投资3亿元筹建高档次、现代化的综合体育场馆——"红塔体育中心",一方面为支持和参与中国体育事业做出了巨大贡献,另一方面也是积极借"体育"这艘大船驶入"烟草营销"的海洋。常德卷烟厂2000年重奖奥运冠军、2001年冠名九运会湖南代表团。2003年10月18—27日,第五届全国城市运动会在湖南长沙举行,为支持体育事业,常德卷烟厂斥资1500万元,成为第五届全国城市运动会协办单位,以"芙蓉王"冠名火炬接力活动,并举办"芙蓉王"杯第五届城运会全国知识竞赛。河南许昌帝豪集团许昌卷烟厂出资赞助2003年世界十佳运动员评选等。

冠名文娱活动强化品牌形象。通过赞助活动,既赢得了群众的赞赏,又让烟草品牌融入活动中,不显山不露水地宣传了企业的品牌。比如,第17届全国钓鱼比赛以常德卷烟厂知名品牌"芙蓉王"冠名。宁烟在上海东方电视台推出了"大红鹰"系列动画片;在中央电视台赞助举办了在全国影响较大的"大红鹰"杯青年歌手大奖赛,在大连举办"大红鹰杯"第四届青年歌手大奖赛,飞越世纪——"大红鹰杯"中国风光摄影大奖赛;与中国作协《中国作家》杂志、宁波市文联《文学港》杂志联合举办"大红鹰文学奖"征文活动。上烟集团公司支持文化事业,每年出资协办"中华杯"上海国际服装大奖赛,主办"中华大奖第二届上海国际芭蕾舞比赛",与上海大剧院共同主办的"爱我中华"芭蕾巡回演出等。

但是,烟草营销利用"冠名"这一形式开展营销活动日益受到抵制。2013年5月29日《人民日报》刊登:"'世界无烟日'前夕,已连续举办9年的'中国娇子青年领袖'评选活动5月26日开始,活动由川渝中烟'娇子'烟草品牌赞助。中国控制吸烟协会今天呼吁:网民拒绝参与、青年领袖应拒绝

接受烟草品牌冠名评选。协会呼吁,所有被评的青年领袖应坚决拒绝接受并站出来明确反对,千万别让自己的形象和影响力被烟草企业绑架。"这再次说明在控烟的严峻形势下,烟草营销的空间日益狭窄。

参与公益活动塑造良好形象。烟草作为税利大户,积极投身公益或者赞助公益广告,用公益活动、公益广告提升品牌知名度和企业美誉度,这也是营销策略中重要的手段之一。公益广告一般出现在中央一级的大型媒体上,广告片中只有倡导公益的主题和赞助企业的名称,但对于烟草企业来讲,就可以直接标明卷烟生产厂家,公益广告的广告主也只需支付广告片的制作费用,而播出大多是免费的,这对烟草企业是巨大的营销宣传契机。在公益活动方面,例如红塔集团为支持中国青少年发展基金会实施"希望工程",建立我国第一个"救助贫困地区失学少年基金",捐赠人民币60万元。1998年洪灾暴发,红塔集团累计捐资3396万元,并和国家体育总局联合主办"红塔杯"文体明星赈灾足球义赛,门票收入加上红塔集团和中国足协等社会各界捐赠的款项共计1.77亿元。宁波卷烟厂经过精心策划,捐资100万元,在延安设立"大红鹰"奖学金,以帮助品学兼优但家庭贫困的延安籍学生完成学业等。不过,塑造公益的形象是否可持续目前有待观望。2012年6月5日世界环保日,中国绿化基金会举办了一个2011绿色公益盛典的活动,表彰了23个为绿化公益事业做出突出贡献的先进典型,并颁发了"2011中国生态贡献奖",中国烟草总公司①就是其中之一。7月,这条旧文被媒体关注,而得知情况的中国控制吸烟协会也立即致函主办单位,建议撤销中国烟草总公司的这个奖项,认为把绿化贡献奖颁发给中国烟草总公司,有违世界公认的烟草业损害人类健康和破坏环境的事实,也违背了2006年起在我国生效的《烟草控制框架公约》的宗旨。中国绿化基金会对于致函中的质疑给出了自己的解释,此次评选中并未从科学角度将企业和行业对生态环境的影响因素纳入其中,而主要依据企业对绿化公益事业的捐款数额,中国烟草总公司2011年共捐了1亿元用于促进绿化,主

---

① 中国烟草总公司是全民所有制企业,是全国性的农工商贸一体化、具有法人资格的经济实体,受国家烟草专卖局领导。

要用于重庆地区的造林工程；同时自 2010 年起，中国烟草基金每年建资 500 万元，设立了金叶生态基金，通过碳汇造林和生态扶贫的形式，在内蒙古、河北、甘肃三地种植适宜当地土壤的板栗、沙棘等树木。这一事件，最后以中国烟草总公司被撤销奖项为结果。因此，公益活动也好、公益赞助也好，势必遭遇巨大的屏障。

影视作品潜移默化的营销。娱乐圈中，无论电视电影市场中，都有着明显的"明星吸烟效应"，也是烟草企业的宣传策略与电视电影业之间的微妙联合。例如影视节目内容中，不少大牌影星、"小鲜肉"、偶像人物在银幕上频繁地吞云吐雾，至少在客观上起到鼓励年轻人吸烟的副作用。有些专家更是一针见血地指出，有些烟草企业其实是电影制片商的暗中赞助者，借助影视作品宣传自己的烟草品牌。有人做过这样的统计，在 20 世纪最后十年中，大约在 30% 的好莱坞影片中"有意"出现过诸如"万宝路""骆驼""健牌"和"云丝顿"等世界名烟的商标。而在每年前 25 部最卖座的好莱坞电影中，竟有多达 85% 的片子中有吸烟的镜头，这种情况在国内也不少见。2003 年 4 月，赵本山和范伟合演的一个小品中，出现了"中华"和"石林"的影子。不过，2011 年颁布的《关于严格控制电影、电视剧中吸烟镜头的通知》规定："电影和电视剧中不得出现烟草的品牌标识和相关内容及变相的烟草广告；不得出现在国家明令禁止吸烟及标识禁止吸烟的场所吸烟的镜头；不得表现未成年人买烟、吸烟等将烟草与未成年人相联系的情节，不得出现有未成年人在场的吸烟镜头。""严格控制与烟草相关的情节和镜头。严格控制以'艺术需要''个性化表达'为名出现的吸烟镜头，应尽量用其他形式代替以吸烟表现人物心理、现场氛围的情节；对确因剧情需要出现的吸烟镜头，应尽可能缩减吸烟镜头的时长和频率。"

此外，还有利用企业的整体形象广告推广烟草品牌，专卖渠道展示烟草品牌，联合促销、新奇手法吸引大众等营销手段。不可否认，随着控烟措施的日益严厉，烟草营销的渠道更加狭窄。根据《中华人民共和国广告法》（2015 年修订版）（以下简称新《广告法》）第二十二条规定：

禁止在大众传播媒介或者公共场所、公共交通工具、户外发布烟草广告。禁止向未成年人发送任何形式的烟草广告。

禁止利用其他商品或者服务的广告、公益广告，宣传烟草制品名称、商标、包装、装潢以及类似内容。

烟草制品生产者或者销售者发布的迁址、更名、招聘等启事中，不得含有烟草制品名称、商标、包装、装潢以及类似内容。

因此，烟草企业开展营销必须另辟蹊径，以下是一些初步的策略：

利用名称类似的文化公司发布文化广告。也就是说，烟草公司注册类似名称的文化公司，再由文化公司发布宣传其自身服务的广告或公益广告。广告词采取模棱两可的态度，引导消费者联想到烟草制品，类似广告词包括："鹤舞白沙，我心飞翔"、"弹指间，尽显将军本色"、"利群，永远利益群众"，以及广为人知的"山高人为峰，红塔集团"等。尽管这些广告词可能暗示烟草企业或烟草制品，但文化公司有权在其经营范围内发布自己的广告，只要广告语中不出现烟草因素，则不能认定为烟草广告；但是，相关广告词用于文化广告后，不得再用于烟草制品的宣传，否则文化广告将被追认为烟草广告。

利用非大众传媒进行宣传。新《广告法》第二十二条没有明文禁止利用非大众传媒或非公共场所进行广告宣传。实践中，烟草企业会给烟草零售店免费提供烟柜，并在烟柜柜眉或灯箱上做广告。该广告经工商部门备案后可以发布。如果对特定烟草零售户通过电话、电子邮件、封闭的QQ群/微信群聊等方式联系和推介烟草制品的行为，不属于发布烟草广告的行为。但是，通过微博、开放的QQ群、微信公众号等方式联系和推介烟草制品的行为则属于发布烟草广告的行为。

利用促销手段开展营销活动。一是品牌延伸活动。例如通过赞助慈善、公益、环保、文体活动等进行品牌推广，或者举办假烟甄别、健康教育活动、趣味体育比赛等扩大企业知名度。新《广告法》对此没有明确禁止。二是有价奖励。例如通过买赠活动达到消费者口口相传的目的，有赠送彩票、实物（如打火机等）、服务（如赞助参加音乐节、F1观赛等）、消费者积分返利

(如扫二维码换积分等)、小样赠送(含烟支派发等)、有奖销售、转发相关微博参与抽奖等。新《广告法》对此也没有明确禁止。三是相关场所促销。例如在夜店进行促销,举办主题之夜活动、促销员口述销售、大规模烟灰缸展示、烟套展示、用烟盒摆出各种造型等。鉴于促销的场所多为公共场所,因此,在举办促销活动时不得出现含有烟草因素的文页、展板、易拉宝等制品,只能靠无烟草因素的制品吸引观众。

利用新媒体软植入,也就是通过微博、微电影等间接插入品牌形象。法律对软植入尚没有有效的认定标准和处罚先例。例如,微博账号"泰山俱乐部"由与烟草企业相关的文化公司设立,其每日发布的信息中,一半以"国学心境""国学图书馆"等栏目出现,不含有烟草相关的内容,营造一种文化气息,另一半则直白地以"烟草前沿""烟与生活"等栏目名称发布与烟草相关的内容。再例如,微电影《一支烟的穿越》讲述了某白领无意中得到了一包具有穿越时空魔力的香烟,靠着香烟的穿越力量实现了挣钱的梦想。《回家》则讲述了一个打工者如何幸运地抽奖中了机票,得以在春节与家人团聚的故事。两部微电影均数次出现烟草品牌标识。目前工商部门正在加强对新媒体的监管。另外,利用个体的人际沟通、开展口口营销,例如烟草促销员申请成为消费者的微信、微博好友,并以节日祝福、人生哲学的交流、健康小贴士的方式与消费者建立长期联系。这种软植入更具有隐蔽性和人情味。

总之,在烟草营销遭遇瓶颈和严禁的当下,如何在遵规守纪的前提下能动地开展营销和广告宣传,是全世界烟草企业面对的难题与挑战。

## 三、禁烟运动下的烟产业

"香烟是这样一个社会化产物,它的体积极小却影响极大。"① 烟草业作为

---

① [法]迪迪埃·努里松:《烟火撩人——香烟的历史》,陈睿、李敏译,生活·读书·新知三联书店 2013 年版,第 300 页。

一个特殊的行业，它既是国家财政收入的主要来源之一，又是有害人类健康、造成多种损失的罪魁祸首。2015年10月19日，世界卫生组织、国际烟草控制政策评估项目（ITC项目）和中国疾病预防控制中心在北京联合发布《中国无烟政策——效果评估及政策建议》，报告指出中国每年有100多万人死于烟草相关疾病。如果当前的吸烟习惯继续下去，到2050年，死亡人数将是现在的3倍。不仅如此，有将近7.4亿非吸烟者（包括1.82亿儿童）在有代表性的一周里每天至少有一次机会接触二手烟。接触二手烟每年导致10万中国人死亡。二手烟能使室内污染情况更糟于重度污染日子里的室外环境。世界卫生组织指出，中国尽管有14个城市通过了地方禁烟规定，但国际烟草控制政策评估项目的数据表明这些法规并未发挥应有的作用。究其原因，一是规定本身不完善（如某些城市的法规并非全面禁烟，留有在一些室内公共场所允许吸烟的口子），二是执法力度不够。在这种情况下，工作场所和餐厅的吸烟现象以及二手烟问题依然严重。无论从哪个方面来看，面对社会效益与经济效益的冲突，面对烟草对健康的危害，禁烟与烟草产业的矛盾不可回避。那么，烟草产业应该如何应对？究竟要向什么方向发展呢？

烟草是一种嗜好性商品，吸烟是部分人群长期形成的一种生活习惯和消费需求，显然，很难让这些消费者全部戒除吸烟习惯，在相当长的时间内还必须满足这些消费者的吸烟要求。即使提倡全民禁烟，在目前的情况下，也只能限于公共场所等指定地点，不可能完全禁止。因此，从人们生活习惯的历史沉淀及烟草产业以其高税利对我国经济建设所做的积极贡献的现实出发，在现阶段，烟草产业还有其存在的必要性，不能对烟草产业简单地加以禁止。同时，纵观世界控烟运动，每严格控烟一次，就使烟草科技进步一次，产品质量提升一次。第一次是1913年混合型卷烟的研发上市，它在满足消费者吸食口味的同时使卷烟中的有害成分明显减少；第二次是20世纪60年代过滤嘴卷烟的问世，有效地降低了卷烟焦油量，这是为应对欧洲控烟浪潮，卷烟工业企业主动降低卷烟危害而进行的一次重大技术革新；第三次是1970年低焦油卷烟的诞生，它预示着卷烟低焦油消费潮流的到来。1972年，美国公众卫生署在关于吸烟与健康的报告中指出："依据科学测定，低焦油卷烟对人体健康的危害程度相应减少。"① 世界烟草业的"百年维新"历程，事实上就是以技术变革推动卷烟降焦减害，以积极负责的态度关注公众健康的过程。因此，着力实施技术创新，努力提高烟草产品质量，在消费总量被迫萎缩的形势下，靠质量提升利润空间，确保工商税利贡献规模，应该成为中国烟草产业面对禁烟运动的必然选择。

首先，在承认烟草危害的基础上，不断提高降焦减害的技术。自 20 世纪 50 年代以来，降焦减害技术一直都是国际烟草界研究的重点、热点和难点。20 世纪 90 年代以后，国际上掀起了一轮新的控烟浪潮。世界上一些主要发达国家相继对市售卷烟的焦油、烟碱及 CO 的含量做出了严格的限制。中式卷烟是在中国加入 WTO 和《烟草控制框架公约》的背景下，结合我国国情及时提出的中国卷烟发展方向，要以中式烤烟型卷烟为主，中式混合型卷烟为辅，加强科技创新，努力增强与美式、英式、日式等风格的卷烟相抗衡的竞争地位。在大环境的机会与威胁下，如何发挥优势，扭转劣势，大力发展中式卷烟是我们当务之急要把握的问题。一切科技工作都要服务于中式卷烟，缺少科技工作这个支点，发展中式卷烟将是空中楼阁。要塑造强势品牌，提高中式卷烟产品技术含量，需以"降焦减害"技术为主线，建立中式卷烟技术壁垒。同时，降焦减害是一项复杂的系统工程，它的主要难点是既要控制降焦幅度以适应消费者的口味变化幅度，保证卷烟的吸食口味，又要实现焦油量和有害物质的有效降低。企业在降焦过程中要采取循序渐进的方式，通过试验性地开发低焦油的新产品，了解市场需求特点，再将试验成功的降焦技术移植到当家产品上，然后对综合降焦技术进行优化，逐步实现将焦油降低到 12mg 以下的目标。自国家烟草局开展降焦减害工作以来，烟草行业涌现了一批重要的行业技术开发机构和企业技术中心，它们为烟草行业技术进步和其企业的产品开发做出了重要贡献，在减害方面已做了不少科学研究，取得一定成果。现在广泛运用的有

---

① 雷樟泉、辜菊水：《降焦减害 任重道远》，http：//www.tobacco.gov.cn，2004 年 10 月 10 日。

打叶复烤技术、烟草膨胀技术、烟草薄片制造技术、低侧流技术、沟槽滤嘴棒、物理或化学作用类添加剂技术、中草药添加剂技术、纳米材料技术、新型滤嘴技术、神农萃取液、普乐液等。其中，如"应用纳米催化材料降低卷烟烟气中一氧化碳技术研究"①，通过了国家烟草专卖局组织的专家鉴定。该技术在利用含纳米贵金属的催化材料选择性降低一氧化碳方面取得了突破性成果，为促进烟草行业降焦减害的进程，为烟草行业制定"积极而稳妥的降焦减害发展战略"提供了充分的技术依据。可以看出，烟草行业在降焦减害方面所做的努力是对人民高度负责的，在维护《烟草控制框架公约》的立场是一致的。

其次，开发新型烟草制品市场拓展的潜力。在烟草控制加强、健康意识提高的影响下，近年来新型烟草制品在全球范围内迅猛增长，已成为国际烟草关注的焦点和发展的热点，各大跨国烟草公司都将新型烟草制品作为重点研发和推广方向。中国烟草在法律上、政策上、产品研发上也在紧锣密鼓地积极准备着，我国新型烟草制品研发也取得一定进展。在新型卷烟领域，初步开发了电加热新型卷烟试制品；在电子烟领域，开发了具有中式特色的电子烟烟液配方和试制品；在口含烟领域，初步建立了口含烟生产工艺技术体系，开发了多个系列的口含烟试制品，口含烟中试生产线加快建设。行业申报新型烟草制品专利数量大幅提升，全面覆盖了新型卷烟、电子烟、口含烟3类新型烟草制品，获取了部分具有突破性的专利。与传统烟草制品相比，新型烟草制品大大减少了吸烟对消费者及周围人群的危害，这是由于吸烟者在吸食新型烟草制品时不经过燃烧致使产生的有害物质少。新型烟草制品不产生二手烟，减少了传统烟草制品对环境污染及他人的危害，同时安全性有所提高，传统烟草制品燃烧残留的烟蒂很容易造成火灾，而新型烟草避免了这一隐患的存在。而且，新型烟草制品具有传统烟草制品的某些特性，如新型烟草制品含有烟碱，能够在一定

---

① 张建中：《在国际禁烟狂潮中烟草业如何应对》，http：//www.etmoc.com，2006年5月28日。

程度上满足吸烟者的生理需求。① 随着新型烟草制品技术的不断成熟和商业化应用，未来新型烟草制品市场前景比较乐观。我们要密切跟踪新型烟草制品政策、技术和市场发展动态，超前谋划布局、争取战略主动。深入实施新型烟草制品研制重大专项，研究攻克一批关键性、原理性、战略性、颠覆性技术，推动核心专利创造、升级、整合，突破专利制约，实现关键技术由我主导、核心技术由我掌控。② 超前研发、储备一批战略性产品，开发具有鲜明中式特色、占领技术高端、具有国际竞争力的新型烟草制品，确保在国际竞争中具备战略优势、处于发展有利地位。稳步提升新型烟草制品产业化能力，实现新型烟草制品技术、产品、装备全产业链发展，抢占世界新型烟草制品技术最前沿，掌控新兴战略产业发展主动权。

再者，推动烟草行业文化"升级"，积极应对禁烟挑战。2013年的烟草行业经济运行工作会议上，国家烟草专卖局首次提出努力打造中国烟草经济"升级版"，全面实现"卷烟上水平"目标任务。打造中国烟草经济"升级版"，是在国家经济体制改革不断深化、宏观经济环境发生巨大变化、烟草行业面临着机遇与挑战加剧的大背景下，烟草行业上下以改革的精神和魄力、创新的方法和手段，转变发展方式以谋求实现行业持续健康发展的战略思考，是一项系统的、长期的战略工程。这其中，也必然包含了烟草行业文化的同步升级。如上所述，战略是形，文化是魂，烟草行业文化的同步提升，无疑将为烟草行业的战略升级提供坚实的文化软实力保障，也为烟草行业积极应对禁烟潮流提供智力支撑。要从文化的时代性中寻求烟草行业文化的"升级"。随着企业发展的纵深推进，企业文化亦随之进行适度的调整与革新，这是企业文化与时俱进的时代性要求。企业文化的时代性，即要求企业遵从特定时期的企业发展和文化建设的规律和要求来进行企业文化建设和创新。要坚持在企业发展的

---

① 窦玉青、沈轶：《新型烟草制品发展现状及展望》，载《中国烟草科学》2016年第10期。

② 凌成兴：《深入实施创新驱动发展战略 加快推进创新型行业建设——在全国烟草科技创新大会上的讲话》，载《中国烟草》2016年第24期。

每一阶段，及时关注文化建设与革新，以找到适合企业自身的企业文化。烟草行业文化的"升级"，要关注好行业文化建设的时代性，关注烟草行业在特定的发展时期，时代赋予的文化印迹，这包括社会这一大环境在特定时期所带来的文化影响以及烟草行业在特定发展时期面临的态势下、做出的发展战略选择下，所可能带来的文化影响。就当前烟草行业发展态势而言，日益严苛的控烟形势，国家、社会对烟草等垄断行业的公平性关注的日益加剧以及国家经济体制改革不断深化给烟草行业带来的诸如市场化取向改革加大、卷烟销售"顶棚"压力骤增等，都是烟草行业在当前发展时期进行文化建设的时代性要求。同时，烟草行业基于对整体形势的判断做出整体发展战略调整，亦是烟草行业文化建设的时代性要求。没有恒久不变的战略，只有在特定时间下相对不变的战略，毕竟企业内外环境是不断变化的。如烟草行业在当前发展态势下大力提倡的"走出去"发展战略，势必要求烟草行业的文化进行适度的革新与"升级"，以适应烟草行业的"走出去"战略。如此种种，是时代赋予烟草行业同步"升级"的重要文化资源与客观要求。要从文化的民族性中寻求烟草行业文化的升级，文化作为一个民族的精神记忆、灵魂和血脉，表征民族共有的归属感、认同感和凝聚力。在中国烟草积极推进"走出去"的发展战略中，增强中国烟草的文化民族性，可以有效提升中国烟草文化软实力。从文化的民族性来寻求烟草行业文化升级的资源与动力，可以更快地找到中国烟草文化升级的共同文化因子，更好地找到中国烟草人所熟知的价值模式和行为习惯，进而更加有效地提升中国烟草的文化凝聚力与向心力。要突出中国烟草在多年的发展历程中所积淀的责任、担当、创新、奉献等优秀文化品质。要让社会大众更多地看到中国烟草在自身的生产经营土壤中孕育并生长着的诸多优秀文化基因，尤其是在社会大众对烟草行业的关注日益加剧、深化改革对烟草行业的发展提出更高要求的当下，烟草行业更要以责任担当、尽责有为、奋力创新的共同属性助推烟草行业文化的升级，为烟草行业的发展提供良好的文化环境。

最后，尽快推动非烟草科技的发展与进步，开拓非烟草产业。长期以来，

传统上烟草只能用于制造各类烟草制品，但进入21世纪之后，利用转基因技术和现代生物技术开发烟草新用途已成为世界烟草界的研究热点，并取得了重大突破。烟草的综合利用是烟草行业21世纪的重要研究方向，也是烟草农业与卷烟工业可持续发展的必然要求。国外的研究发现，烟草中提取出的烟碱可以制成药品和农药，提取出的胡萝卜素和柠檬酸可以制成治疗心脏病的药物并作为工业原料等，特别是烟碱在治疗和辅助治疗许多人类疾病方面具有重要作用。另外，烟草可提取食用蛋白质，法国、美国等国的科学家已从大田生长的烟草中提取出了大量的可以制成食品的蛋白质。从烟草中提取高纯度烟草蛋白质、烟草糖，也可能成为解决人类21世纪粮食问题的一种途径。[1] 因此，依托科技的高速发展，合理开发、综合利用，使烟草不仅作为烟草工业的重要原料，而且要成为化工产业、食品工业以及健康医药产业的重要原料来源，从而使烟草的利用能够推陈出新，产生新的经济效益和良好的社会效益，探寻出一条另辟蹊径的道路。而开拓非烟草产业，则是目前烟草企业用多元化经营手段应对禁烟风潮、保持企业成长性的选择。早在20世纪末期，世界烟草巨头菲利普·莫里斯公司就积极致力于发展非烟草产业，如1990年该公司生产的系列夹克衫已行销全球；1992年秋季又在一些国家开办了"万宝路"精品服装商店，形成了烟草和卷烟占总销售额的41%，其他商品占59%的经营格局[2]；1995年，其非烟草收入占到总收入的56%，达到160多亿美元[3]。日本烟草产业株式会社则根据市场的变化，确定了以烟草为主发展多种经营事业和开拓海外事业的战略，除传统的烟草和盐业外，还开展了许多新项目，其发展方向与研究领域已涉及医药、农业、系统工程、生命科学等多方面。这些国外烟草公司的探索对我国烟草企业的非烟草产业开拓起到了一定的借鉴作用，也是在禁烟运动下烟产业发展的必然选择之一。就我国烟草企业来说，要在抓好主业的

---

[1] 曹务栋、黄国友、王唯、唐新苗：《关于发展现代烟草农业科技创新问题的探讨》，载《现代农业科技》2009年第13期。

[2] 杨启兰：《发展主业多种经营——浅谈烟草进出口企业的发展新路》，载《中国烟草》1996年第7期。

[3] 周瑞增、武俊瑶主编：《中国烟草文化要览》，经济日报出版社1997年版，第224页。

同时，实施"全方位、多元化"的经营战略，实行进出口结合、内外贸结合，积极开展多元化经营，通过联营、引进外资等多种形式开发房地产、运输、服务、金融、物流等多领域，不断提高综合经济实力，向综合运营要效益，以确保烟草企业在新形势新挑战下的稳步、健康、协调发展。

# 第七章　烟产业对烟文化的影响

产业的发展意味着更多的科技因素、科技力量、科技成果融入文化领域，不仅有力地推动文化内容的丰富，而且主动或者被动地影响着文化走势、评价标准甚至价值体系。随着烟产业科技创新以及烟产业的关联行业对烟文化的渗透与影响作用不断增强，烟产业的新形象不断呈现，消费者对烟文化的需求更加细分，并呈现出多样化多层次多方面的特点。

## 一、产业发展对烟文化的丰富

在烟文化的塑造、丰富、阐释和推动方面，广告业是烟草产业链条中首当其冲的贡献者。著名的美国烟草大亨詹姆斯·布加南·杜克（James Buchanan Duke），以发明自动卷烟机垄断美洲香烟市场与创立英美烟草公司而闻名，"他领导了行业的联合，为生产和消费引进了新技术，并且致力于这样的理念——烟草的市场既没有文化的边界，也没有地理的边界"①。在推动了生产的技术革新之后，杜克明白，要解决生产过剩的问题，就需要积极开拓新的消费者和新的市场。为了使自己的产品与其他同类型产品产生差异，杜克开始考虑推广的问题——这也是烟草产业最开始的营销起源。他在达勒姆的工厂里设立了一

---

① ［美］阿兰·布兰特：《香烟的世纪——香烟的沉浮史告诉你一个真美国》，苏琦译，东方出版社2011年版，第17页。

间印刷店，引进了新的彩色印刷技术，并让市场团队制作了奖券、优惠券、用于收集的卡片等，然后把这些新鲜的小玩意放到每包香烟的包装里面。这些最早的香烟推广卡片，其主题从体育、探险、内战将军到时尚、美容，从有教育意义的内容诸如国旗和邮票，到猎奇的内容诸如穿着外国民族服饰的女演员等，不一而足，琳琅满目。杜克鼓励顾客集齐全套卡片，从而为开拓市场发现了新的刺激点，尤其对年轻的消费者具有吸引力。直到今天，这种和商品捆绑在一起的卡片收集推销方式仍然在使用。杜克开创了香烟营销的先河，他总是能够推陈出新，想到别人想不到的、令人惊讶的方法，让他同时代的竞争对手感到沮丧。1889年，杜克的美国烟草公司的广告费用就达80万美元，同年的销售额则达到400万～450万美元。顺应消费文化的兴起，杜克别出心裁的推广措施得到了积极的回应。20世纪20年代中期，所有人都认识到广告是提升销售额的关键，烟草业在广告业上投入的资本最多。"美国烟草市场被三个主要品牌——'骆驼''切斯特菲尔德'和'好彩'——占据着，这三个牌子共同占有1925年美国香烟总销售量的82%。"①

之后，由于其国际扩张速度的加快以及美国反垄断的举措，美国烟草公司和英国烟草公司于1902年成立了英美烟草公司，最终成长为目前世界第二大的烟草巨无霸。英美烟草公司在其官方网站上说明：集团的业务是以消费者和品牌为基础。这并不是鼓励人们开始吸烟，或者消费更多的卷烟，而是要满足已经做出知情选择的成年吸烟者的需求，并且将集团的品牌与竞争对手区分开。英美烟草公司认为不存在"一刀切"的解决办法，集团多元化的优秀品牌组合涵盖了200多个品牌，以满足不同细分市场的需求。这些关键细分市场包括：国际市场、高档市场、新鲜口味市场及30岁以下成年吸烟者（ASU30）市场。英美烟草公司拥有包括国际、地区和地方知名品牌在内的宽广品牌组合，英美烟草公司将其顶级品牌称为"全球驱动品牌"。对于这些品牌，公司投入了最多的营销和销售力量。集团的全球四大品牌——"登喜路"（Dun-

---

① ［英］伊恩·盖特莱：《尼古丁女郎——烟草的文化史》，沙淘金、李丹译，世纪出版社2004年版，第203页。

hill)、"建牌"（Kent）、Lucky Strike 和 Pall Mall——全面覆盖了高档细分市场和物超所值价格市场。2010 年，全球四大品牌销量增长了 7%，达到 130 亿支。① 这一切，无不与詹姆斯·布加南·杜克奠定的基础、开创的烟草广告措施、推动的技术革新和国际化扩张紧密相关。

高度发达的广告业为烟草开拓市场、发掘新的消费者起到了推波助澜的作用。其发挥作用的主要方式就是为烟草公司打造和完善品牌形象，不断建立消费者的品牌认知度和忠诚度，利用品牌的影响力吸收数以百万计的新的吸烟者。同时，根据市场变化的趋势、消费者对烟草的态度改造产品，调整品牌形象，对抗负面的报道，实现拓展更广阔的香烟市场的目的。尽管广告公司和烟草企业的合作，其最终目的是促进销售实现利润，但是必须承认，在达成利润这一单纯目的的过程中，品牌的塑造、危机的应对、对烟草文化的解读和挖掘，使烟文化的丰富成为这个过程中重要的副产品之一。

进入 20 世纪 60 年代，广告公司不仅仅只是提供产品策划、品牌营销服务，而是根据市场反应，主动从细微处了解消费者的偏好和动机，积极向制造商提出改进意见，介入产品的技术改造。同时，在产品形象塑造过程中利用技术改造的新动向发掘广告营销的新噱头，如"鼓励关心自己健康的人抽三重滤嘴的香烟，提醒怕口臭喉干的人改抽薄荷烟"②。这些广告公司制订或者是引导的标准，在潜移默化过程中影响了人们对烟草的认知，并且从另外的角度不断塑造着烟文化的新内容。在吸引年轻吸烟群体的过程中，广告公司知道，对年轻人的打动必须将香烟塑造成为可以解决年轻人心理困惑和社会焦虑的工具。于是，烟草广告注重于塑造香烟是代表"独立、性感、不服从权威"的

---

① 数据来源于英美烟草中国公司官方网站，http://www.batchina.com。
② [美] 戴维·考特莱特：《上瘾五百年——烟、酒、咖啡和鸦片的历史》，薛绚译，中信出版社 2014 年版，第 161 页。

形象，如曾有一种日本香烟品牌是以代表叛逆青年的美国影星詹姆斯·迪恩①命名的。

中国是目前世界最大的烟草生产国和卷烟消费市场，烟叶、卷烟产量和消费量均占世界的三分之一；拥有员工 50 万余人，是世界四大烟草公司员工总和的 2 倍多。但是，中国烟草大而弱、多而散的现象仍然没有得到根本解决。没有强有力的拳头产品，没有世界性的品牌认知，在中国烟草产业发展中，尽管对广告营销也有不遗余力的运用和推动，但是对引导、塑造、丰富烟文化来说，仍然有较大的提升空间。从本质上来说，烟草营销要达到的目的，就是针对消费者的需求进行响应、迎合和满足，同时要把"知道你的顾客需要什么"推动到"知道你的顾客应该需求什么，并且教育他们知道并接受这些需求"。这才是烟产业链条上广告业的能动之举，也是其之所以能够对烟文化推动和丰富的地方。

20 世纪 90 年代中期，我国烟草从卖方市场稳步过渡到买方市场，开始注重广告宣传。在云南，包括玉溪、红河等烟厂都着手开展以促销为目的的广告宣传。当时烟草广告处在初级阶段，无论是与世界同行比，还是与国内家电业、饮料业比，都存在较大差距。但是云南很多卷烟厂都开始进行着有力的品牌宣传。宣传方式大多通过赞助冠名、公益捐助后的曝光以及户外媒体的支持，后来云南各烟草企业开始纷纷塑造品牌形象，例如红塔集团"山高人为峰"的理念、红河集团"奔牛"的气势，红云集团"红云"的意境等。"云

---

① 詹姆斯·迪恩（James Dean），1931 年 2 月 8 日出生于美国印第安纳州，美国男演员。1955 年 9 月 30 日詹姆斯·迪恩因超速驾驶，意外与一辆福特车相撞，车毁人亡。1999 年，他被美国电影学院评为"百年来 25 位最伟大的银幕传奇男星"之第 18 位。新浪网对他的评价是：他的表演摧毁了传统的演艺方式，同时改变了人们的思维方式。虽不敢说日后的朋克风潮与他有否关联，但至少可以肯定，他是一个反思哲学的自觉先行者，影响了无数后来者。网易娱乐对他的评价是：对于 20 世纪 40 年代中期后出生的欧美人群而言，在他们的青春坐标上永远无法绕开一位只活了 24 个年头的年轻人，而这个年轻人就是詹姆斯·迪恩。在《无因的反叛》这部作品中，无论詹姆斯·迪恩在电影中怎样去救赎自己的灵魂，他始终都是以孤单的身影去对抗眼前的一切，就算他在剧中眯着眼睛，叼根香烟笑得一脸的褶子，也无损他那张年轻英俊的脸。

烟"品牌反映了"吉祥文化",他们在品牌文化设计之初就注重祥云、如意两个重要因素,后来又提出"红云映天,吉祥如意"的文化表达,近年来提出构建和谐红云,积极倡导"和谐"文化建设,着力构建以和谐为思想内核和价值取向,以倡导、传播、奉行和谐理念为主要内容的品牌文化建设。这些品牌特质,正是依靠广告营销形成和塑造出来的,也是产业发展中主动选择文化形象而逐步沉淀和呈现的文化内涵。

产业发展文化化和文化内核实体化的互动,最典型的莫过于大名鼎鼎的"中华"牌卷烟。"中华"牌卷烟塑造和代表着"国烟"文化,上海烟草重视"中华"品牌文化的建设,逐步提炼出"爱我中华"的核心理念,并反复传播"中华的高度、中华的深度、中华的宽度、中华的力量",以"中华"之名塑"中华"之神,是非常典型的以产业发展塑造文化内涵的例子。上海卷烟厂2007年搭建的"工厂文化框架"里,明确地把追求"顾客满意、员工满意"、建设一流的卷烟制造工厂作为宗旨,把"深、实、细、新、追求卓越"的管理理念作为各项工作改进之道和提升之源,员工们有信心通过不懈努力使"中华"牌国字号的声誉长盛不衰。可以看出,无论是从品牌文化的选择、企业文化的塑造,都鲜明体现出产业发展过程中对烟文化的不断挖掘、解读和有目的地塑造。这是产业和文化双向互动、渗透的过程,也是产业发展文化化、文化内核实业化的融合过程。此外还有"芙蓉王"牌卷烟体现的"王者"文化。芙蓉王在品牌导入阶段,其文化诉求在于"华夏瑰宝,一王情深",突出一个"王",强调"王者风范""王者享受""王者气派",后来又将品牌文化建设转为"创造无限,体验成功",最后又向更高、更远的层次迈进,积极导入成功文化。"芙蓉王"品牌文化进一步升华为"传递价值,成就你我"的诉求,在传播自我的同时更加强调受众的响应和参与。十多年来,"芙蓉王"一直将品牌文化定位于"成功",通过对成功的渴望、体验、理解、追求、表达等不同层面来演绎品牌主张;从财富、权力到创造、成功到价值、成就,符合了人们不同时期对成功的不同期望,使品牌价值得到积累。同时,也是对芙蓉花精神的一种升华,体现了敢为人先和经世致用的湖湘文化。可见,"芙蓉王"品牌文化是一个与时俱进、不断创新的文化,也是引领品牌追随者精神家园的高端文化。在市场经济时代,品牌是企业的象征,是企业核心竞争力的集中体现。由于烟草行业的特殊性以及烟草广告法的限制,烟草品牌的推广方式较为单一,形象广告便成为烟草企业传播品牌理念、塑造品牌认同的重要载体。而在美国,由于禁烟运动的强大压力,美国烟草业的营销模式已经发生了根本性的转变,以在零售终端进行促销、摆放和广告为主的"推动式"营销,已经取代以媒体广告为主的"拉动式"营销。

## 二、潜移默化的生活方式

在反烟和禁烟的浪潮中,由于烟草在20世纪初期已经成为一种同现代性消费文化相协调一致的行为,香烟的消费量呈现巨大增长的趋势。同时,掌握着巨大资源的各国烟草公司,有针对性的同时也是熟练地操控着人们对烟草的认知。在第一次世界大战之前的年份里,烟草营销的兴起和推广手段的日益完善,让烟草产业在市场中变成了一个有关"选择"的提倡者。不同的品牌就是不同的选择,意味着不同的文化潜台词,意味着不一样的生活方式。烟草产业代表自己的产品利益,蓄意去推动着烟文化的改变。

在20世纪初期女性主义运动当中,烟草作为性别平等的一个符号化运用引起了女性的关注。但同时,烟草业也带着明显的利益目的关注着这场有关于女性吸烟的辩论。在20世纪20年代早期,女性吸烟者们对于烟草明确的恳求招致反烟群体的敌意,并试图进行女性吸烟的管制。但是,香烟制造者们认为这是一个良好的契机,他们成为这场运动的支持者,最直接的举动就是烟草业开始了一场创造女性吸烟者的运动。"广告商,尤其是那些不断使用大空间的广告商,他们的力量不仅可以在当时影响人们,而且能够筑起永恒的他所期望的并且被一部分的大众所接受的思想和态度。"① 烟草商在清晰意识到女性消费市场的价值之后,不断塑造女性吸烟成为"美好生活"的一部分,不断在吸烟禁忌和勇敢行为之间开展引导。

反烟群体对于烟草持续不断的攻击、打压和反对,不仅没有立竿见影的效果,反倒是充满了讽刺意味,烟草越来越成为一个强大的现代性的符号,变成某种勇者的行为、对旧规范和约束的打破,甚至在某种程度上还增加了它的"禁忌的吸引力"。禁忌能够保证人类道德、精神和文化生活的精致、脆弱和升华,但同时也激发了某种欲望的发生。正如法国作家、哲学家,后现代主义的主要代表人之一吉尔·德勒兹在《反俄狄浦斯》所说的那样,欲望是一种内在的生产,而欲望的生产需要有现实的对象。吸烟行为的禁忌性恰恰成了强大的吸引力。对于女性吸烟来说,这种禁忌的力量尤其明显。

在烟草营销借力于烟文化的同时,烟草营销仔细揣摩和分析着消费者的动机和行为方式,很快成为那些敏感而复杂的文化惯用语的工具,例如性别与性、自治与力量的工具、生活方式和阶层。烟草业用自己在市场和消费者中的影响力,同时展开了对烟文化的选择性丰富和推动。因此,20 世纪初期,"尽管社会习俗还约束着广告客户不敢把香烟明确定位给女性,但很多烟草广告为了强调香烟的社交性和吸引力已经尝试间接使用女性抽烟者的形象。在香烟广告中,经常有女性专注地注意着充满魅力和力量的男性吸烟者"②。一些先锋女作家在为男女平等充当急先锋的时候,其斗争的武器之一便是手中的烟卷。为什么呢?因为在她们看来,正如喝酒、骑马一样,像男人一样吸烟也是争取两性平等的出发点之一。

随后,直接以女性为营销诉求的广告开始出现,并通过一系列的广告用词、代言人的选用等,暗示某个品牌和女性的某种特质、某种魅力紧密相连,

---

① [美] 艾伦·布兰茨:《20 世纪消费者的信心》,载 [英] 桑德尔·吉尔曼、周迅等《吸烟史——对吸烟的文化解读》,汪方挺、高妙永、唐红、张薇译,九州出版社 2008 年版。

② [美] 阿兰·布兰特:《香烟的世纪——香烟的沉浮史告诉你一个真美国》,苏琦译,东方出版社 2011 年版,第 46~47 页。

把香烟和美丽、时尚以及不断改变中的时代女性发展趋势联系在一起,如美国的"好彩"烟。1928年,"好彩"烟请了女飞行员阿米莉亚·埃尔哈特作为广告的主角,主要的广告画面就是女主角宣称,当她开飞机横跨大西洋的时候,"友谊号"上就带着"好彩"香烟;广告语就是"为了更加苗条的形象——与其吃颗糖不如抽根'好彩'烟"。这个烟草营销广告展现了极有说服力的观点,使它主动塑造的烟草品牌的选用和女性消费群体的划分得到理论强化。也就是说,消费需求能够被一系列通过精巧构思的广告技巧塑造出来,一方面,"好彩"香烟通过恰当的广告代言人的选择,考虑到权威性和影响力,使这些公众形象成为香烟品牌符号化的象征,让消费者们产生一种"一旦自己选择使用这个品牌,就是自己跟这些形象'联系'在一起"的感觉。在消费文化中,认同感是广告成功与否的关键性因素;另一方面,让女性所偏好的某种诉求,例如该则广告中的"苗条",成为品牌使用的可能效果,强化了女性的时代追求和性别特质。从这例广告中,我们可以直观感受到烟草业因自己的选择而强化着烟文化的一些内容和特点。在这个成功招募新吸烟者的广告之中,吸烟对于女性来说,已经变成了优质生活的一个组成部分,变成了现代女性魅力的一种选择。构想和描绘出这种图景的,就是美国的消费文化和烟草业的营销目的。正如1936年刊登在《广告与销售》杂志上的一篇分析文章所指出的那样:

> 你们知道,很大程度上的公众,其实并不真正知道他们到底想要的是什么。近些年来,我们的主要任务,已经变成了,去发现我们所认为的可能会影响到公众的想象的新的喜好或者厌恶,然后将它们销售给公众。我们与饮食、体重、咳嗽、温暖、烟叶的质量、焦虑、烤烟、年轻人的灵感以及大量的其他主题打交道。公众必须被给予他们应该喜欢什么的理念,而且,有的时候相当令人感到奇怪的是,在展销会上,公众是如此的热衷于那些可能是一个神经错乱的人的发明。传统的销售业的谚语"知道你的顾客的需求"已经被改造成了"知

道你的顾客应该需求什么,并且教育他们知道这些需求"①。

正是广告的力量,在消费者眼中,某一品牌成为某种特殊的建构,如雪茄之于上流阶层的直接关联。通过烟草业不遗余力的营销和广告,人们在购买某一品牌香烟的时候,并不是因为它的产地、口味和生产工艺、流程,而是因为市场营销带来的品牌之间的区分。这种区分,正是烟文化的发展新趋势之一,让烟草品牌具有了更多现代性的社会阶层指向。品牌之间的差异性,更为关键的是构建了消费者之间的差异性。对于产品的选择,变成了一个消费者社会地位和判断力的指示器,变成了消费者个性的显性特征。这种所谓的"市场选择"的结果,正是烟草业对烟文化强力选择与"干涉"的结果。

影视作品中的烟草形象对烟文化也起到具象化宣传和社会形象塑造的直接功能。很长一段时期以来,影视作品中,烟草变成了某种程度上不可缺少的演职人员的一种。出现一支烟,抵得上千言万语。烟草的使用,成为影视作品中诠释人物性格和推动场景发展、表达各种潜在意思的重要道具。

香烟的跨阶层营销,特别是全国性品牌的出现,促使香烟成为消费文化一个关键性概念的标志:商品的民主化。在大规模市场营销介入香烟的传播之后,全国性品牌成为当之无愧的通用产品:一种跨越了阶级、性别、人种以及民族界限的产品。相较其他商品,往往有很强烈地向某一个特殊社会阶层进行定位和销售的倾向,但香烟被广告商描述成一种所有人可以选择的商品。香烟的日益普遍化,"标志着商业界的民主化,标志着豪华和悠闲可以跨越种族和阶级的这种理念"②。通过小小的一支香烟的使用,不同身份阶层之间的界限可以轻而易举地被跨越。部分烟草品牌甚至还推出了穿衣搭配路线,例如"万宝路"就为男性消费者设计了"万宝路经典":牛仔裤搭配牛仔衬衣,成为男性魅力和粗犷豪情的标配。

---

① 转引自[美]阿兰·布兰特:《香烟的世纪——香烟的沉浮史告诉你一个真美国》,苏琦译,东方出版社2011年版,第52~53页。

② 同上书,第63页。

烟产业成为烟文化进一步深入和丰富的推手的过程，除了和时间伴随的积累作用之外，一系列带着明确目的的经济及社会推动活动（市场营销或者广告），让烟草的产品和文化形成了一对双胞胎。这个过程，融合了对传统文化限制和社会预期的不断调整，以期达到最佳的契合方式。与此同时，新技术的出现和运用，不断对烟草产品和市场进行新的建构。烟产业和烟文化，就在这不断创新的过程中相辅相成、唇齿相依。

当然，随着全世界禁烟控烟风潮的发展，吸烟逐渐被打上"令人讨厌的生活方式"的标签。从曾经的文雅、神秘、魅力的象征，到现在却代表了愚蠢和粗野，这也是烟产业发展过程中人们对于烟草认识的新情况。为此，哥伦比亚大学的流行病学家布鲁斯·林克认为这是一种对吸烟者的"恶名"。他认为有四个关键点：

1. 人们将人类加以区分。
2. 优势文化将性格特征加以标签，从而产生了否定的老套思想。
3. 冠以标签的群体遭到大众的歧视待遇，我们反对他们。
4. 被冠以标签的人们经历社会地位的沦陷和歧视。①

吸烟者和非吸烟者，因为选择了不同的生活方式受到不同的社会对待，而因为吸烟行为的显而易见，吸烟者在精神上受到了一定的打压。现在，在饭店、剧院、机场、图书馆和其他公共场所，吸烟区都有明显的标志，但这不是光彩的标志。对于吸烟者的"恶名"，也是迫使他们选择更加符合主流价值生活方式的手段之一。

---

① ［美］帕特里克·科里根：《万宝路牛仔和吸烟恶名》，载［英］桑德尔·吉尔曼、周迅等《吸烟史——对吸烟的文化解读》，汪方挺、高妙永、唐红、张薇译，九州出版社2008年版。

## 三、烟草中的"中国范"

改革开放实行专卖体制以来,烟草产业作为国民经济的组成部分,一方面按照市场经济规律和烟草产业发展规律,获得了长足发展,为经济社会发展做出了积极贡献;另一方面,烟草产业又始终立足国情,坚持走有中国特色的产业发展之路,整体竞争实力不断增强。中国特色烟草产业,就是在烟草专卖体制下,实行国有统一经营,具有完整产业体系,以"中式卷烟"为发展方向,以维护国家利益、消费者利益为价值取向,为中国特色社会主义建设服务的产业。

在管理体制上,我国烟产业是专卖体制下的高度集中管理方式。1983年9月,国务院颁布《中华人民共和国烟草专卖条例》,建立烟草专卖制度。1991年6月,全国人大常委会通过了《中华人民共和国烟草专卖法》。1997年7月,国务院发布《中华人民共和国烟草专卖法实施条例》,烟草专卖制度得以进一步完善和巩固。迄今为止,随着新形势新情况新发展,《中华人民共和国烟草专卖法》进行了三次修订。第一次是根据2009年8月27日第十一届全国人民代表大会常务委员会第十次会议《关于修改部分法律的决定》而开展,第二次修正根据2013年12月28日第十二届全国人民代表大会常务委员会第六次会议《关于修改〈中华人民共和国海洋环境保护法〉等七部法律的决定》开展,第三次修正则根据2015年4月24日第十二届全国人民代表大会常务委员会第十四次会议《关于修改〈中华人民共和国计量法〉等五部法律的决定》开展。根据最新的《烟草专卖法》,其开宗明义指出:"为实行烟草专卖管理,有计划地组织烟草专卖品的生产和经营,提高烟草制品质量,维护消费者利益,保证国家财政收入,制定本法。"烟草专卖制度体现了国家意志,即国家专卖。烟草专卖又是"完全专卖",国家对烟草产业产供销、人财物、内外贸实行全方位统管。因此,从管理体制上看,专卖体制下的高度集中是中国特色

烟草产业的基本特征。

但是，实行全国烟酒公卖，却是由窃取民国大总统之位的袁世凯所开创的。1915 年，为弥补财政匮乏，袁世凯召开公府会议，责成财政部长周学熙研究对策。周与幕僚多次研究，仿照盐务推出了烟酒公卖的政策。1915 年 5 月，袁世凯批准并公布了《全国烟酒公卖暂行简章》，特设全国烟酒公卖总局，这是中国第一次烟草专卖。袁世凯任命前陕南省财政厅厅长钮传善为总办，实行烟酒公卖，其宗旨为"整顿全国烟酒，规定公卖办法以实行官督商销"。但是其实所谓公卖，当时只是增加和整顿烟税，并没有把市场管理起来。据李思藻《烟酒税收提纲》云："公卖与专卖虽易相混，而其意义则迥不相同。专卖者，无论一部分或全部……政府握专卖之权；若分卖者，凡烟类或酒类之产、制、运、销等营业，悉听人民之自由，官厅不过于其烟类或酒类之量数按照价格抽以若干之公卖费。"这次烟草公卖在当时有着一定的积极意义：一是公卖费的征收，使烟草税率提高；二是实行公卖，整顿了以前烟草税的混乱状况；三是通过公卖，政府对烟草商品的价格及经商机构有一定的控制。在公布公卖简章的同时，北洋政府又相继公布了《各省烟酒公卖局暂行章程》《烟酒公卖栈暂行章程》《征收烟酒公卖费规则》等文件，对烟酒公卖制度做了较详尽的规定，其要点，一是全国按区域设立公卖局和分局，招商组织公卖分栈和支栈，收取押款，颁发经营执照；二是公卖局每月核定价格，通知各分栈执行；三是原有之各项税、厘、捐等由公卖局代收分拨；四是在核定成本、利润的基础上加收 10%~50% 的公卖费定为公卖价格，公卖费直接缴存省支金库；五是凡国产烟草和烟制品均由公卖分栈经营，由公卖费中提取 5% 作为应得之利润。但是，全国烟酒公卖局及公卖制度还存着许多弊端。首先，公卖局本身就是一个臃肿腐败的官僚机构。公卖初行，担心群情反对，中央需要仰仗地方官维持，因此各省公卖局局长皆由将军巡按所推荐。最初，浙江公卖局局长由杨善德推荐其秘书云韶。云韶本是奉贤知事，但是毫无财政学识，财政部准备驳复，但钮传善知道杨为段祺瑞的心腹，便勉强从命，各省见此状，纷纷效仿，甚至省内各区分局长也为省吏所有，而全国烟酒公卖局成为摆设而已。其次,公卖本身徒具虚名,名为官督商销,然局由官办,栈由商办,而各局有征无卖。所定公卖费率,各省不一,最重者京兆地方有至50%;最轻者热河,仅抽10%。而公卖范围仅限于"土烟土酒","洋烟洋酒"却未触及,主要是因为1858年,清政府在第二次鸦片战争中就被迫同英、美等国签订协定,规定免征外国烟草的关税。因此,不一致的执行标准,从某种程度上极大地影响到我国民族烟草业的发展。可见第一次烟草专卖并不彻底,这是与当时历史条件的限制密切相关的。

国民政府于1942年至1945年实行战时烟类专卖制度,与此同时,由中国共产党领导的陕甘宁边区和晋冀鲁豫边区也实行了烟草专卖。解放战争时期,东北解放区实行了烟草专卖。陕甘宁边区于1943年夏制定了《陕甘宁边区烟酒公卖暂行章程》,对包括纸烟、雪茄、卷烟叶、水烟在内的产制、购销、运输及证照、价格实行稽查管理。到1944年3月,全区普遍建立了烟酒专卖公司,制订了《烟酒专卖实施方案》,简化公卖办法,进一步控制卷烟制造。1949年初,边区政府再次制订了《烟酒专卖实施方案》和《烟酒公卖开办计划及暂行办法》。晋冀鲁豫边区于1942年1月发布《关于实行纸烟专卖的命令》,对区内的纸烟生产和销售实行专卖管理。随后又颁布《关于纸烟专卖实施办法的通令》和《关于停止公私烟厂的布告》,加强对纸烟生产、销售的控制。1945年6月,在国统区取消专卖后,边区政府又发布《关于执行新的纸烟专卖办法的通令》,进一步重申纸烟专卖制度。

东北地区解放后,东北行政委员会于1949年2月颁布《东北解放区烟酒专卖暂行条例》,成立东北专卖总局及所属各市县专卖局,决定在东北实行烟酒专卖,对卷烟生产实行行政许可制度。中华人民共和国成立后,曾酝酿在全国实行卷烟专卖,因此东北地区继续实行其烟酒专卖制。1952年,中央人民政府决定不再实行卷烟专卖制,商业部明电各地停止卷烟专卖,东北地区的卷烟专卖遂取消。真正实现对烟草实行专卖制度的时间节点,就是前文所述的在党的十一届三中全会以后的1983年。

针对烟草这一特殊的行业,我国在进行社会主义市场经济探索的前提下,注重宏观调控，引导刚刚起步的市场经济的健康发展，以有效弥补市场机制不足以及可能的市场失灵状况。卷烟虽然是专卖品，但它同时具有一般商品的属性，必然受到市场规律的支配和调节。同时它又具有特殊商品的属性，要在尊重市场规律的基础上加强宏观调控和计划调节，而且计划调节的力度要大于其他一般商品，这是烟草生产经营的内在要求。对于这种高积累的、用途单一而又容易盲目发展的特殊消费品，为了避免重复建设和盲目发展，为了防止财源流失和资源浪费，为了保持供求平衡和协调发展，宏观调控体系应当更加完备，更加有力。坚持国家烟草专卖制度，就是最大的宏观调控。在《烟草专卖法》的规定下，进行政策指导、法律及制度规范，一方面发挥烟草市场机制的作用，另一方面保障资源的优化配置充分实现。烟草行业实行专卖管理，是国家加强对烟草这个特殊行业的有效管理和政策约束的手段，是社会主义市场经济体制下国家实行的计划调控，主要体现为运用市场机制引导企业行为，使微观活动与宏观目标相衔接。例如，对卷烟生产总量实行严格的指令性计划管理，但对在总量计划之内具体生产哪些等级、品种、牌号以及具体生产进度和数量，则由企业根据市场需要自主安排。这种宏观调控建立在市场信息反馈的基础上，从而保证烟草生产的总量平衡，促进结构合理。特别是在规范化的烟草市场体系尚不健全的情况下，运用宏观调控机制可促进烟草市场发育，尽量弥补市场机制的缺陷。这种宏观调控不是以往的行政指令，而是综合运用行政的、法律的和经济的调控手段，做到三管齐下，有机结合，形成合力，引导企业做出合理的决策选择，以达到有效的调控。同时，烟草行业的专卖制度并不排斥行业内的竞争，也不影响企业的经营自主权。竞争是市场经济最基本的运行机制，是市场经济活力和效率的灵魂，对生产经营者的利益产生直接的影响，竞争形成的外在压力转化为各经济主体的内在推动力。行业内各企业之间展开的竞争，迫使各企业采用先进的生产技术设备和新的生产工艺，调整卷烟产品结构以适应市场需求的变化，加强经营管理。努力减少生产费用、降低成本、改进服务质量，从而促进行业整体经济效率的提高。因此，专卖管理并不只是眼睛盯着行业外，对行业内则要保护合法经营，保护竞争，保护竞争的公平和自由,对竞争原则可通过法律和行政手段给予落实,给企业创造一个良好的竞争环境。

在经营模式方面,我国实行的是政企合一的国有独营。《烟草专卖条例》规定:"设立国家烟草专卖局,对烟草专卖进行全面的行政管理;设立中国烟草总公司,统一领导、全面经营管理烟草行业的产供销、人财物、内外贸业务。"国家烟草专卖局和中国烟草总公司"一套机构、两块牌子",奠定了中国烟草产业政企合一的管理框架。国家将烟草的专卖经营权委托给中国烟草总公司统一经营,企业性质是完全的国有企业,资本结构是国有独资。因此,从经营模式上看,政企合一的国有独营是中国特色烟草产业的明显特征。从历史的客观现实来看,烟草体制的形成是在"文化大革命"刚刚结束、国家经济建设急需资金的特定历史条件下形成的,烟草行业实行"政企合一""专卖专营"的体制也是历史发展的必然需求。如果没有现行体制,烟草别说发展,就连组建上划都很难。因此,这一体制对在当时计划经济体制条件下烟草行业快速、持续、稳定发展起到了保驾护航的重要作用,功不可没。烟草行业依靠这一特殊的体制,顺利完成了组建上划任务;依靠行政手段,关停了数百家计划外烟厂;依靠国家指令性烟叶种植计划,保证了卷烟工业的原料供应;依靠国家指令性卷烟生产计划,既满足了市场需求,又限制了卷烟生产的盲目发展;依靠"专卖专营"体制,坚持内管外打,严厉打击假私非超,净化了卷烟市场。通过这一套政企合一的国有独营体制,国家不仅达到了资金积累的目的,而且安排了贯通"三产"的庞大就业人员,为社会主义现代化建设做出了不可忽视的贡献。

1993年11月14日,中共中央第三次全体会议通过了《关于建立社会主义市场经济体制若干问题的决定》。这一重大决策,改变了我国长期实行的计划经济体制模式,对我们的思想、政治生活、经济生活都带来极大的影响。同时,烟草行业的"政企合一""专卖专营"体制也出现了一些新的问题,并且在某些方面已严重阻碍了烟草行业的发展。最突出的地方在于,市场经济是公平竞争的经济,通过市场公平竞争,对企业实现优胜劣汰。而在烟草行业,虽然也在试行着在行业内部进行竞争，但这种竞争比起真正意义上的市场竞争相去甚远。一是从职工观念上，普遍存在依赖"专卖专营"体制保护的思想，缺乏危机感；二是从企业看，缺乏有效的市场竞争机制；三是受地方保护主义的影响，一些烟厂在地方政府返税措施的支持下，采取让利销售等不正当竞争手段，使烟草企业的竞争不可能站在同一条公平的起跑线上，也就无法发挥经过市场公平竞争淘汰劣势企业的作用；四是由于利益的驱动，国家专卖变成了地方专卖，地方保护、地区封锁问题，数年来没有得到有效解决，严重影响烟草大市场、大流通、大品牌的形成和发展。在逐渐成熟的社会主义市场经济体制下，必须使市场在国家宏观调控下对资源配置起基础性作用。也就是说，要充分发挥政府这只有形的手和市场规律这只无形的手，使资源得到合理流动，实现资源的优化配置。同时，按照中共中央《关于建立社会主义市场经济体制若干问题的决定》精神，国有企业要转换经营机制，建立现代企业制度，但烟草目前的体制无法建立现代企业制度。由于权力高度集中，缺乏有效的监督制约机制，在管理者道德失衡的情况下，容易产生权力寻租现象。另外在人力资源管理上，仍然沿用机关人事管理方式来管理企业人事，因此，不仅约束不到位而且激励也不到位，仍然存在只能上不能下、只能进不能出、同工不同酬等问题。因此，看待烟草行业"政企合一""专卖专营"体制，既要看到它在历史上所起的重大作用，又要看到新形势下出现的弊端，应该在新形势、新情况、新发展下，探寻更加符合历史发展趋势的烟产业管理和生产机制体制。

产品风格上，展现出独具特色的中式卷烟风格。2003年4月14日，全国烟草行业降焦减害工作会议在云南昆明召开，这次大会提出了近期我国烟草科技工作的六大主要目标，最引人注目的是第一次由行业权威部门、国家烟草专卖局正式提出的"发展'中式卷烟'为主攻方向的中国烟草科技发展战略方向"："大力提高'中式卷烟'质量水平，进一步研究完善中式卷烟品质、理化指标和产品风格、特点，积极培育一批中式卷烟主导品牌，确立其在国内市场的主导地位，并逐步开拓扩大国际市场。"自此酝酿已久的中国烟草未来科技发展方向，终于在一个极富挑战性的战略提法"中式卷烟"上定格。"中式卷烟"的概念指的是"能够满足中国广大卷烟消费者需求、具有独特香气风格和口味特征、拥有自主核心技术的卷烟"。十多年来，中式卷烟得到了广大消费者认可，已经成为我国卷烟消费市场的主导产品类型。目前国产卷烟中，绝大部分为中式卷烟风格。因此，从产品风格上看，中式卷烟独特路线是中国特色烟草产业的重要特征。

中式卷烟的提法与英式烤烟型卷烟、美式混合型卷烟、法式深色晾烟型卷烟和中东香料型卷烟相区别。20世纪中期逐渐形成了四种比重较大的卷烟类型，即英式烤烟型卷烟、美式混合型卷烟、法式深色晾烟型卷烟和中东香料型卷烟。① 英式卷烟起源于英国，配方特点是全部或绝大部分原料使用烤烟，烟丝为橙黄色，烟气具有典型的烤烟香气。在降低焦油潮流的影响下，英式烟烟丝的颜色略有加深，卷烟香气由清雅变成浓郁。法式深色晾烟型卷烟是以法国为主发展起来的，法国过去殖民地很多，在法国势力范围内消费者都吸食此类卷烟。1913年美国一种新型混合型卷烟问世，它由烤烟、香料烟及白肋烟等混合而成，这种卷烟为世界烟草工业带来了一场革命。香料型卷烟的流行与荷兰、西班牙等国的殖民影响有关，范围也较宽，在中东地区、东欧、南美洲都被吸烟者普遍吸食。近一个世纪以来，"英式卷烟"与"美式卷烟"垄断和占据了绝大部分世界烟草市场，并以此形成了美式、英式两大卷烟风行全球的时代。中式卷烟以中国烤烟烟叶为主体原料，其香气风格和吸味特征明显不同于以上四者，具有显著的中国特色。

"中式卷烟"的主流品牌具有明显的烟草本体烟香，与国际烟草追求低焦油、低尼古丁产品不同的是，"中式卷烟"在保持一定水准的尼古丁含量基础上进行降焦减害处理，满足了中国广大烟民的吸食心理、生理要求和抽烟习惯。"中式卷烟"主要是以下几种形态：地产烤烟型（以各地地方烟叶为主料烟叶自然或人工发酵配方）；清香型（以河南、云南、贵州清香型烟叶为配料，以本地叶组配方为主料）；醇香型（首选云南或河南优质高香气质、高香

---

① 朱尊权：《从卷烟发展史看"中式卷烟"》，载《中国烟草学报》2004年第2期。

气量烟叶为主料,配以各地较优秀叶组配方,两年以上自然醇化);中式混合型(选用白肋烟,香料烟为主料配以其他香气量较高的叶组配方,也有不少烟厂甚至还添加了津巴布韦、美国或巴西等地烟叶);具有中国特色的中草药保健疗效型香烟(以烤烟型叶组配方,添加多味或一至二味中草药提取物精华或以中式混合型叶组配方添加单味或多味中草药提取物有效成分)。总之,"中式卷烟"是上百年来我国历史传统、风物习俗、人文环境、对品牌的风格特征的依赖等综合因素积淀的结果,并且相较于国外品牌抽起来更加符合中国人对烟草味道的认知和功效的期待,因此"中式卷烟"在中国卷烟市场上占据了90%以上的份额。"中式卷烟"自身特色还表现在外包装方面,包括香烟的名称、商标的图案、商标的设计风格及原辅材料等诸多中国元素、传统元素的运用。大部分"中式卷烟"都能较充分地体现中国传统文化,体现中国气派,鲜明地区别于西方传统文化、西方价值体系,深植于中华文化的血脉中。

最后,在烟产业的产业功能方面,鲜明体现了维护国家利益的价值取向。我国处于并将长期处于社会主义初级阶段的基本国情,决定了国家积累的必要性和重要性。作为授权经营烟草产业的中国烟草总公司,从成立之初,就承载着增加国家财政积累的使命。自20世纪80年代初建立中国烟草总公司以来的30多年间,烟草产业为国家财政贡献巨大。"十二五"期间,烟草行业累计实现税利47680亿元,年均增加1078.4亿元,年均增长13.6%;累计上缴财政41323亿元,年均增加1212.2亿元,年均增长17.5%。① 中国烟草产业的特殊性,决定了其对国家积累和经济建设的贡献作用更加显著,这既符合对烟草"寓禁于征"的惯例,也符合发挥国有企业在国民经济中骨干支撑作用的基本定性。因此,从产业功能上看,维护国家利益价值取向,也是中国特色烟草产业的显著特征之一。

---

① 《去年卷烟销售同比下降2.36% 烟草业上缴财政超万亿元》,新华网,2016年1月18日。

# 第八章 案例实录：
# 云南烟草产业与烟草文化

云南烟草素有"烟以滇为天"的美誉，可以一窥云南和烟草之间的不解之缘。

从地理环境上看，烟草是对种植条件要求最单一的植物，也就是说，它只有在特殊的环境下，才能长成应有的形状，具有应有的成分和味道。那些最适合烟草生长的地区，都具备相同的特征：阳光充足、雨量充沛、合适的湿度以及弱酸性土壤。世界顶级的烟叶出产地，集中在北回归线和南回归线附近的有限几个区域，这些区域的海拔、纬度、气候环境都十分相似；而云南恰恰就是北回归线横亘而过的地方。

从历史记载来看，据说云南种植烟草、滇人吸食烟草的历史源远流长，有三国时代诸葛亮"九叶云香草"的传说，有兰茂《滇南本草》中关于云南人用烟草治病的文字，也有滇南蒙自一带许多人晾晒吸用"兰花烟"，此后滇西腾冲、梁河一带开始种植从印度、缅甸传来的"濮子烟"记载……凡此种种，无不说明云南烟草历史的厚重和丰富。

在这片得天独厚的土地上，烟草产业伴随着历史风云不断激荡、发展，不断推陈出新、锐意进取，先后涌现了"大重九""红塔山""云烟""红河""阿诗玛""恭贺新禧""玉溪""石林"等各领风骚的品牌，云南烟草工业在改革开放之后，充分利用云南省得天独厚的自然资源优势，以科技进步为龙头，狠抓产品质量，创造出了一系列的优质名牌产品，使整个烟草产业获得了

巨大的发展,并成为云南省最重要的产业支柱和财政收入来源。现在,云南烟草则聚焦于"云烟""红塔山""玉溪""红河"四大重点骨干品牌的打造。

无论过去与现在,云南草业在我国烟草产业中都占据着举足轻重的地位。就算是进入 21 世纪的最近十多年,云南卷烟工业按照国家的要求"九变二"①,整合成了现在由云南中烟领导下的两大集团,"其体量在全国依然属于最大;云南烟草在中国烟草和本土经济结构中的比例份额,实在超大"②。因此,选取云南作为中国烟产业与烟文化的书写样本,有着历史与现实合一的独特价值。

## 一、烟草企业的历史沿革与企业精神

作为云南的第一支柱产业,云南的烟草至今已走过漫长的发展历程,现阶段的产业主体是云南中烟工业有限责任公司。云南中烟于 2011 年 1 月 27 日由原云南中烟工业公司改制而成。公司是集卷烟生产销售、烟草物资配套供应、科研以及多元化经营等为一体的、目前全国卷烟产销规模最大的省级中烟工业公司。

公司作为战略中心、管控中心和评价中心,重在对云南中烟的整体发展发

---

① "九变二":时任国家烟草专卖局局长姜成康在 2005 年的全国烟草工作会议的工作报告中指出,国家烟草专卖局对卷烟工业企业调整的思路是从"推动联合、走向重组"到实施"更高水平、更高层次"的联合重组,从"企业组织结构调整"到"优化卷烟工业组织结构,形成卷烟生产合理布局"的阶段目标的提出,进而达到"提高中国烟草整体竞争力"的最终目标。在此思路下,云南烟草积极联合重组,持续变局,优势资源不断集中。2004 年,云南烟草工业公司对省内九家烟草企业进行第一次重组,云南烟草企业由 9 家变成 4 家。2007 年 5 月,由红河卷烟厂、昭通卷烟厂、新疆卷烟厂合并重组而成的红河烟草(集团)有限责任公司成立,由此形成红塔、红云、红河的"云烟系"三足鼎立的局面。2008 年 11 月 8 日上午,国家烟草专卖局正式为"红云红河集团"授牌,"云烟系"成功实现"三变二"重组。至此,完成了云南卷烟工业的"九变二"历程。

② 冉隆中、段平:《重九,重九》,云南人民出版社 2012 年版,第 377 页。

挥引领、支持、评价和监控作用。公司现拥有卷烟产销规模位居行业前两位的红塔烟草（集团）有限责任公司和红云红河烟草（集团）有限责任公司，以及云南中烟营销中心、云南中烟技术中心、云南烟草科学研究院、云南中烟物资（集团）有限责任公司、云南烟草教育培训中心、云南烟草国际有限公司、云南中烟特有职业（工种）职业技能鉴定站7家直属单位，并参控股云南烟草兴云投资股份有限公司、云南中维酒店管理有限责任公司等多家企业。

卷烟产销规模位居行业前两位的红塔烟草（集团）有限责任公司（以下简称"红塔集团"）和红云红河烟草（集团）有限责任公司（以下简称"红云红河集团"），可以说是中国烟草产业当仁不让的翘楚。红塔集团在2016中国企业500强中排名第139位。经过多年的改革发展，红塔集团目前已经成为母分公司、母子公司及股份制公司等多种形式架构的大型国际化集团公司。其中，集团以母分公司形式拥有省内玉溪、楚雄、大理、昭通4个卷烟厂，以股份制形式控股海南红塔卷烟有限责任公司、红塔辽宁烟草有限公司、香港红塔国际烟草有限公司、老挝寮中红塔好运烟草有限公司，参股吉林烟草工业有限责任公司、中烟国际欧洲公司。2016年集团拥有境内合作生产点14个，境外加工点4个。企业累计为国家贡献税利7121.66亿元，红塔集团被授予"五一劳动奖状""全国优秀企业金马奖""全国文明单位""中国工业行业排头兵企业"等众多荣誉称号，被誉为"中国民族工业的一面旗帜"。而红云红河集团成立于2008年11月8日，集团下辖昆明卷烟厂、红河卷烟厂、曲靖卷烟厂、会泽卷烟厂、新疆卷烟厂、乌兰浩特卷烟厂六个生产厂，控股山西昆明烟草有限责任公司和内蒙古昆明卷烟有限公司，员工10000余名。2016年，集团资产总额874亿元，生产卷烟511万箱，实现税利621亿元，位列中国企业500强第158位、中国制造业企业500强第67位。"云烟"品牌销量363万箱，商业批发销售额1103亿元，商业销量和商业销售额分列全国重点品牌第2位和第3位。红河品牌累计销售102.26万箱，商业销售额184.49亿元，商业销量列全国重点品牌第15位，行业鼓励培育品牌第1位。今天的行业巨人，在云南这块土地上走过漫漫的民族工业发展之路，谱写着烟草产业一

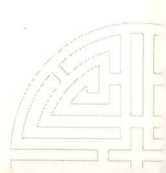

步一个脚印的历史进程。

谈到烟草的产业发展，烟叶是基础条件。1902年，当英美烟草公司在上海开办浦东烟厂的时候，首先遇上的就是卷烟原料来源的问题。中国土产的晾晒烟烟叶品质差、香味弱，不宜于生产卷烟，而从美国进口烟叶路途遥远，成本太高，不利于市场竞争。英美烟草公司唯一的出路就是将优良的美国烟种引到中国来种植。云南虽然自然环境优异，宜于各种作物生长，而且境内原来生产传统土种晾晒烟叶中有的品质比较优良但是因为地处偏僻，加之可耕种面积不多，国外良种烟叶的引种经历了较长时间的探索，云南的烟叶一直停留于土产烟叶的种植上。到20世纪40年代初期，云南地方土烟叶种植面积大约在23万亩，产量约40万担。如蒙自、通海、江川、嵩明、赛川、开远、玉溪等地所产烟叶，多供应本省吸烟者之需要。① 良种烟叶在云南的落地生根，有着曲折的一段历史。

1909年，英美烟草公司首先在台湾做引种试验，此后又扩展到山东威海、潍坊，河南襄城、邓县（今邓州市）以及安徽凤阳等地，这些引种都获得一定程度的成功。为了扩大卷烟原料来源，1914年2月，英美烟草公司把美国烟种和栽培技术资料送给云南。当时的云贵都督唐继尧责成云南实业公司在滇中的通海、新兴（今玉溪）等地试种了72亩，获得初步成功。经测定，云南引种的烟叶产量、香气均优于土烟叶，很宜于制作卷烟。然而，就在美国良种烟草在玉溪（通海）引种成功，准备全面推广时，云南爆发了著名的护国运动，接着第二年又爆发了讨伐四川军阀的战争。唐继尧军政府倾云南人力物力投入了连绵不断的军阀混战，再也无力顾及烟草种植，引种美烟的工作未能坚持下来。此外，由于英美烟草公司一手扶持的山东、河南、安徽烟草基地已有较大的成效，基本能满足其在华生产卷烟的原料需求，英美烟草公司便放弃了在偏远的云南省种植美烟的努力。美国良种烟草在云南的引种和普及工作于是暂时停顿下来。

---

① 杨国安：《云南烤烟发展史述略》，载《中国烟草》1992年第4期。

1939年12月，由爱国旅日华侨简琴斋、简铭石兄弟在香港创立的南洋兄弟烟草公司发生原料困难，便通过其主要股东，当时国民政府财政部长宋子文出面与云南省政府交涉，意欲在云南试种美烟。经批准后，南洋兄弟烟草公司1940年春，派技师携带美国烟种在昆明东郊定光寺蚕桑苗开蒙垦殖局草坝试验场试种。这次试种获得了圆满成功。云南收获的烟叶经香港南洋兄弟烟草公司本部品评鉴定，质量完全符合制卷烟的要求。1941年年初，云南省建设厅企业局受省政府之命，筹备"云南省烟草改进所"，并于3月1日正式成立，该所负责美种烟叶的试验、栽培、育种和推广等事宜。是年，选定昆明之长坡为育种场和试验场，富民县为推广试验区，选定品种为美国烟种金元（Gold Dollar）。这一年成功地试种180亩，不仅摸索出一些经验，还收获烟叶1900公斤。1942年冬天，云南省主席龙云发布1140号训令，饬令省烟草改进所在玉溪、晋宁、富民、昆明、开远等地推广种植美烟。自此，云南烟草引种和推广工作大规模开展起来。从1942年起，省改进所在禄劝、武定、晋宁、昆明、玉溪、开远相继建立了三个良种烟推广区，由省财务厅拨专款用于引种和推广，并在昆明北郊沙坝营创建烟草技术人员训练班，招收初级农校和初中毕业生进行15个月专业技术培训（到1948年为止，这个培训班一共办了三期，培训学员280人）。

此外，省烟草改进所还在各烟草种植区训练烟农，教以种植、管理方法，并从河南、山东等地招雇擅长烤烟的熟练技工，分派各推广区向烟农传授烤制烟叶的技术。由于种烟烤烟劳力、资金投入较多，改进所还向烟农发放无息贷款，烟农所获烟叶由改进所统一收购，价格方面给予适当优惠。这些措施推进了云南烟草种植业的发展。值得一提的是，在此期间美国弗吉尼亚优质烟种"大金元"大面积引种推广成功，使长期困扰云南烟草业发展的优良烟种问题得到了彻底解决。

"大金元"烟种很适应云南独特的自然环境，烟叶所含各种成分和内在质量均达到了当时中国烟草最高水平。用"大金元"烟叶加工的卷烟焦油含量低、色泽好、香味醇和，适合多数消费者品味，这为后来云南成为全国烟草大省和烟叶基地"云烟之乡"奠定了基础。

烟草产业原料解决的过程中,云南的民族烟草工业也在曲折中探索和发展。

19世纪中叶,具有商品价值的烟草制品在云南出现。清同治八年(1869)滇南蒙自新安所响水村周氏兄弟发明了刀切烟工艺,首次在云南成功制成了烟丝,刀切烟成为云南烟丝的主要品种并在全省范围普及。另外,滇中通海经"黄花晒烟"制作的"黄烟",滇西腾冲一带的"毛烟",也都在市场上享有声望。

20世纪初叶,云南发生了一件惊天动地的大事——对云南早就垂涎三尺的法国殖民者动工兴建北起昆明、南至越南海防港,云南境内465公里,全长854公里的滇越铁路。这条铁路的兴建彻底改变了云南的政治经济格局。云南由一个封闭的内陆省一跃而为帝国主义列强直接侵略下的"沿海省"。

1910年滇越铁路投入营运,烟草制品如入无人之境,高居云南进口货物的第三位。据蒙自海关统计,光绪三十一年(1905)英美两国输入云南的卷烟价值2万两白银;至滇越铁路开通后的1911年,输入量又翻了一番,价值达到4.3万多两白银。

"洋烟"的大举入侵刺激了民族卷烟业的生产发展。为了堵塞漏卮,振兴民族经济,云南一些仁人志士萌生了创办民族卷烟厂的愿望。1909年,名叫蔡荣九的人在昆明创建了云南第一家手工卷烟厂"荣兴烟草公司",开近代卷烟业之先河。11年后的1920年,大理人王世西在大理下关办起了"苍耳仁智烟草公司",手工制作50听装的"太阳""月亮""星宿"香烟。此外,当时比较重要的还有戴鑫成创立的"又盛隆烟厂"(1916)和欧子金创立的"福万盛源烟厂"(1922)。云南地方手工卷烟业有了一定的规模。王世西在创办了苍耳仁智烟草公司时曾公开宣告:"外国烟之制造在英美各埠,我在云南大理;外国烟用机器,我用人工,我百倍难于外人,而此烟百倍美于外国烟。"这当然是广告宣传,而实际情况是,云南最早的这批烟厂以本地晾晒烟为原料,用手工卷制,产品极为粗陋,吸味很差,根本无法在市场上与高品质的洋烟抗衡。正是由于这个原因，云南第一批卷烟厂大多在开办三五年内就折戟沉沙了。

1922年秋天，原本在上海造烟的云南督军总参谋长庾恩旸的弟弟庾恩锡回到昆明，在军阀唐继尧的支持下，创办第一家机制卷烟厂——亚细亚烟草公司，标志着现代卷烟工业在云南达到了一个新的高度。公司设营业、生产两部，并从上海购进美国、日本先进的卷烟设备，有150余名工人。为了缅怀蔡锷将军的追随者、在1918年遇刺身亡的哥哥庾恩旸和对"重九起义"的纪念，庾恩锡用"重九"来创立云南名烟牌号，先后开发生产了"合群""射日""大观楼""金堂""重九""如意"等10多种牌号的香烟。而"重九"牌香烟就是这个公司的招牌。在云南实业发展的历程中，亚细亚烟草公司绝对具有举足轻重的地位。而如今云南作为"烟草大省"的地位，也是从辛亥时期开始就逐渐积累起来的。亚细亚烟草公司不仅开创了云南现代卷烟产业的先河，而且为云南卷烟业培养了一批技术人员，引进、留下了一批现代生产设备，把云南卷烟业由粗放的手工卷制推进到现代机器卷制，为后来云南烟草产业的起飞打下了一定基础。

在滇越铁路开通之后，洋烟便大量涌入云南，迅速占据市场，烟草制品高居云南进口货物的第三位。到了20世纪20年代后期，英美烟草公司不惜一切代价，采取各种手段，将它们生产的"老刀"牌等牌号卷烟大量倾销到昆明市场。面对激烈的竞争，亚细亚烟草公司积极提高卷烟质量，不断从河南许昌、山东青州购进上等烟叶，还通过美国花旗银行买入美国生产的优质烟叶，同时根据云南消费水平的差异生产了高、中、低不同档次和5支装、10支装的各牌号卷烟。

建立自己的卷烟工业与洋烟抗衡，本身就是振兴民族工业的凛然之举。当时的云南总督唐继尧为了支持和发展本省的民族工业，曾对亚细亚烟草公司采取了减免税的政策。这样的优惠条件，使庾恩锡在抗衡英美烟草公司的过程中，处于有利地位。那时的庾恩锡就懂得，在复杂的市场竞争中要立于不败之地，原料来源、劳动力资源、产品销售等不能远离广阔的农村基地，而且要能为产品打开销路。这样,庾恩锡利用自己在昆明各界人士中的声望和地位,在大观楼庾家花园通过举办舞会、灯会、说评书、演戏等活动将亚细亚烟草公司(以下简称"亚细亚")生产的产品无偿送给来宾品尝,"重九"牌香烟由此成名。亚细亚烟草公司也成为云南最具有知名度的卷烟厂。当时,亚细亚不管是原料,还是品牌上都面临着全世界最大的烟草公司——英美烟草公司的竞争,但是亚细亚所创立的"重九"牌因带着国产的身份,还是拥有了众多忠实的消费者。"重九"在20世纪二三十年代红极一时。可是随后,"亚细亚"烟草公司的命运出现了转折。在龙云打败唐继尧之后,由唐继尧承诺的烟草公司减免税优惠条件也就此失去。据《昆明市志长编》记载,1928年,龙云夺取云南地方统治政权之初,云南财政厅积欠教育经费过多,导致中小学教员领不到薪水,生活都难以维持。于是云南教育厅厅长龚自知征得龙云同意,把属于财政厅统税范围内的卷烟税完全划出作为教育专款,名为"卷烟特捐"。宣布取消亚细亚烟草公司全部产品的免税待遇,与外来卷烟以及本地手工卷制烟支(包括雪茄烟)都一齐照章纳税,以此保障云南教育经费征税定额的正常征收。1930年,亚细亚以不能维持生产为由申请停业,庾恩锡为此结束了他创办地方机制卷烟工业的历史。历时8年,轰轰烈烈的亚细亚烟草公司终于寿终正寝。但是,庾恩锡在云南烟草发展史上的巨大功绩并不因此而磨灭。他把云南卷烟业由粗放的手工卷制推进到现代的机器卷制,为后来云南烟业的起飞播下了宝贵的种子。

1942年4月,云南省政府投资国币74.9万元兴建"云南纸烟厂"(1957年昆明纸烟厂并入,1964年更名为昆明卷烟厂),合并了包括"重九"在内的多个民族品牌,"重九"成为当时西南大后方第一流卷烟,并随中国远征军出征缅甸,随之扩散至东南亚。但当时的中国,烟草业的格局仍然是"上青天"(上海、青岛、天津)主导。随着云南纸烟厂的建设和生产,昆明等地先后办起77家私营卷烟厂,云南境内的大小卷烟厂最多时达500余家,都在大量生产卷烟。

1944年,昆明庆云街卷烟市场成为全省卷烟交易中心,这里除销售卷烟外，还销售各种卷烟辅料。当时各厂家的产品有 70%～80% 通过卷烟市场联系销售，每日开盘成交达四五百大箱。昆明市卷烟批发和零售商号最多时达 200 多家，故有"烟店多于粮店"的说法。在云南当时所产的卷烟中，云南纸烟厂恢复生产的"重九"作为"爱国烟"冲出国门，一举成为最负盛名的中国卷烟之一。

然而，1949 年后，云南纸烟厂开始走下坡路，年产量降至 5000 箱左右。后北京大学副教授苗仲华临危受命，邀请昆明著名美术家廖新学、严竣等人，重新对已登上中国民族经济舞台 24 年的"重九"牌卷烟商标进行修改设计，并在"重九"前加一"大"字以显威名，从此，"重九"牌更名为"大重九"牌。而"大重九"商标是当时中国卷烟商标中最负盛名的商标之一。烟标以云南陆军讲武学堂标志性金黄色为主色调，象征"重九起义"金色秋天，盾牌图形托起的"9·9"，表示"重九起义"捍卫民权、争取自由的意义。直到现在，"大重九"牌香烟仍然是云南乃至中国卷烟史上浓墨重彩的一笔。

新中国成立后，云南烟草行业又迎来了新的发展，1955 年，鸿福、东陆、华南、侨光、芦阳等在金马寺鸿福烟厂合并成立了"公私合营昆明市纸烟厂"。1957 年全部并入云南纸烟厂，完成了云南烟草行业的第一次大整合。随后，云南纸烟厂易名为"昆明卷烟厂"，厂房几经扩建从小到大，卷烟机械，香烟产品投放国内市场，颇受欢迎。

在 20 世纪 50～70 年代末期，中国烟草处于"上（海）、青（岛）、天（津）"时代和"一豫二鲁三贵"的基本格局。到 80 年代中叶中国烟草格局逐步演化为"一云二贵三中华"时代，其间云南烟草经历了一次脱胎换骨的技术革新，为日后绝对优势地位的确打下了良好的基础。

1981 年，国务院决定对烟草制品实行国家专营，1982 年，相继成立了中国烟草总公司云南省公司和云南省烟草专卖局，对全省烟草实行统一管理和经营，使云南烟草行业走上了持续、快速、健康发展的道路。

"六五"（1981—1985）时期，云南省抓住国家开发优势资源的机遇，在国家烟草专卖局的支持下，把烟草作为振兴云南经济的突破口，作为云南经济发展的"第一战略重点",把烟草产品作为"第一拳头产品"来抓,把烟草行业的设备引进和技术改造列为全省重点,优先予以保证,强调质量是烤烟、卷烟的命根子,必须以质取胜。

1982年,昆明卷烟厂率先从英国莫林斯公司进口14台翻新MKK8/RATRO型卷接机;1983年,玉溪卷烟厂从日本进口8台翻新MK8/MA3卷接机;紧接着,昭通、大理两家烟厂也从国际旧货市场购买了部分设备,引进后产生了一定效益。

1984年,引进设备的形势发生了可喜的变化——全国外汇储备增加,国家放宽了设备进口的限制。云南省立即抓住这个有利时机,组织各烟厂签订了总价值近5000万美元的烟机订货合同,以引进英制MK9－5U卷接机组,意大利GD公司产X4型和萨西伯公司产6000型包装机为主。这批设备于1986年到货投产。1987年,中国烟草总公司对引进国外设备严加管理,但昆明、玉溪、曲靖、楚雄、昭通5家烟厂在上级有关部门大力支持下,又陆续引进了具有国际80年代先进水平的卷烟设备。1989年昆明卷烟厂"七五"技改工程——引进豪尼制丝生产线,历经八个月后终于具备生产条件,于10月中旬试验合格全部投产。这条生产线属国际20世纪70年代末期技术,昆明卷烟厂引进的这条生产线生产能力为5000公斤/小时,全年可生产40万箱卷烟,全线包括烟丝生产线、膨胀梗丝线、掺合烟丝线、打叶线等,其中引进部分包括各大主机及7条电子皮带秤、4条红外线、水分仪关键连接设备共63项和全部电器控制枢纽等。国内配套部分包括22条运输带、26条振动槽、16个枢纽、6个定量喂料及2条立式打叶机械线。

20世纪80年代末,中国高档香烟迎来第一轮升级的一个重大事件是:"红塔山"在全国范围内开创了10元高档价位,标志着云南烟草品牌的升级。其间,云南烟草占据全国13种名优烟的9席,开创了"云产卷烟一统天下"的历史时期。

通过这轮技术设备引进,把人们的思想观念大大推进了一步,为云南后来更大规模地引进设备,并在卷烟设备和技术方面保持全国优势地位奠定了基础。进入20世纪80年代中后期,云南卷烟在产量、质量、品牌、市场销售等方面均取得长足进步,跃居全国首位。"七五""八五"期间是云南烟草的辉煌时期,云南烟草的发展达到了鼎盛时代,在全国烟草行业的地位进一步加强,卷烟产量占全国的比重提高到19.55%,税利则占到全国的49%。①

在烟草工业发展过程中,生产力与生产关系的不协调在经济结构中表现得非常突出,烟叶的收购与供应、卷烟的销售由烟草分公司负责,监督与管理又由烟草专卖局负责,夹在其中的生产企业分别受到原料与流通的制约,虽然从原料到卷烟销售同属一个服务系列,但却分别属于3个不同的机构,互相牵制,互相推诿,这种生产力与生产关系在经济结构中的矛盾,极不利于卷烟工业持续稳定发展。经过种种努力加上云南省委、省政府的大力支持,1986年10月28日,玉溪卷烟厂、玉溪地区烟草公司、玉溪地区烟草专卖局三个部门宣布合并,"三合一"体制的建立,从体制上改变了过去管经营的不管加工、管加工的不管经营与种植、加工、销售等脱节现象,从组织上把产、供、销有机地连接起来,规划统一制定,工作统一安排,生活待遇同等对待,3个部门的职工心往一处想,劲往一处使,极大地解放了生产力。

实行"三合一"以后,基本解决了烟草系统内部由于人为的分割而造成的矛盾,共同把工夫下到"第一车间"上来。一起"推倒工厂的围墙,把企业的第一车间建到田野里去","第一车间"提供的优质烟叶让云南拥有了数量最多的全国优质卷烟。

云南名牌卷烟从1985年起,不断得到权威机构的认可和肯定。1988年,根据国家烟草专卖局、中国烟草总公司公布的材料,云南烟草的主要经济技术指标有五项跃居全国第一(两烟产量、质量、销售全国第一,甲级烟产量、名牌烟数量、产量、质量、销量全国第一,卷烟工业技术装备全国第一,两烟出口创汇全国第一,两烟实现税利全国第一)。

抓住1988年7月国务院公布放开13种名烟价格,其中云南占9种的机

---

① 王吉涛:《云南烟草的崛起之路》,载《云南信息报》2008年10月5日。

遇,根据消费者和市场的认可,又确定了"红梅""春城""吉庆""蝴蝶泉""桂花""画苑""三塔""小熊猫""红河"9 种二类烟,实行浮动价格销售,迅速扩大了云南烟的知名度。1988 年 11 月,省政府从澜沧、沧源、耿马发生强烈地震后生产自救的实际出发,向中央提出实现"名优烟翻番计划"的报告,经国家局审核同意并报国务院批准后对昆明、玉溪两家卷烟厂重点实施了技术改造。同时带动了其他烟厂新的一轮技改,卷烟配套工业也有了相应发展。紧接着,1989、1990、1991 年连续三年云南烟草税利平均以每年 10 多亿元的速度递增。"七五"(1986—1990)期间云南烟草的投入产出比高达1:16。1991 年,玉溪卷烟厂成了全国烟草系统唯一的国家一级企业,昆明、曲靖、楚雄卷烟厂成为国家二级企业。1985 年建厂的红河卷烟厂,1990 年前在全国近两百家烟草加工企业中属于最末位的小厂,在短短几年的时间里异军突起,超越了众多强劲对手,一举进入全国烟草行业经济效益及综合实力前十强。

进入 20 世纪 90 年代,经过三次大规模的技术改造,云南烟草工业装备已达到国际国内先进水平,加之自身拥有优质烤烟原料,通过调整产品结构,改进产品包装装潢,卷烟产品无论是质量还是外观形象都有了很大的进步和提高,一批名牌产品脱颖而出,席卷全国市场,在中国烟草百花园中熠熠生辉。

"八五"(1991—1995)期间,据烟草行业统计,云南省共投入技改资金 100 多亿元,使固定资产净值从 1990 年的 11.63 亿元增加到 1995 年的 68.73 亿元,先后引进制丝线 17 条,5000 支/分钟以上的卷接设备、300 包/分钟以上的包装设备 300 台套,全省卷烟工业设备具有 20 世纪 80 年代末 90 年代初国际先进水平,为云南卷烟"九五"时期的发展奠定了基础。云南烟草自 20 世纪 80 年代中期崛起,到 90 年代初期,占到全国烟草行业税利近一半。云南烟草不断发展,两烟腾飞速度惊人,深刻地改变了云南经济的格局。

得天独厚的原料优势、气候条件、自然环境,加上科技积累,造就了良好的烤烟品种。在良好的政策环境和政府的高度重视下,在改革开放之初抓住了重要的战略机遇期,一跃而起,成为名副其实的"烟草王国"。在发展低潮期又在实践中学会了抓市场,2002 年以后,云南烟草是每年上一个台阶,到

2007年,更是实现全线飘红。所以,总体来说,云南烟草是抓住了发展机遇的。后来国家推进市场经济取向改革,中国烟草行业进行制度创新、体制创新,实施大企业、大品牌、大市场战略,推行烟草工商分离,烟草业重新洗牌,为云南烟草的发展提供了有利的政策支撑。尤其是工商分离的改革措施将打破全国卷烟市场长时间存在的地方封锁,推动卷烟大市场的形成,为卷烟大品牌的迅速发展提供了前所未有的市场空间。这给一直想发展壮大且做大做强的云南烟草提供了千载难逢的发展空间和历史机遇。

而今,云南烟的几大品牌在全国依旧闻名。经过近几年的整合和技术革新,已经形成了以红塔集团、红云红河集团为龙头的卷烟工业。目前,云南已经成为全国最重要的烟叶原料基地,也是国内各大名牌卷烟的主要原料基地。

近些年,云南烟草注重反哺农业,加强烟田基础设施建设,实现规模化种植、集约化经营、专业化分工、信息化管理,积极推进传统烟叶生产向现代烟草农业的转变,使烟农快速高效走向致富之路。而烟水、烟路、烤房一类基础设施建设,不仅促进了烟叶综合生产能力和抵御自然灾害能力的提高,还兼顾解决了烟农其他农作物生产用水和生活用水,改善了其生活条件,给烟农带来了看得见、摸得着的实惠,其意义已经超出烟叶生产发展本身。

作为中国烟草产业中的重要团队,云南卷烟工业肩负着领跑者的重任。在中国烟草实施"走出去"的发展战略中,云南烟草走在了前面。2008年,红塔集团收购老挝寮中好运烟草有限公司61%的股权,将其更名为老挝寮中红塔好运烟草有限公司,开始在老挝落地生产。同时,红塔集团还在罗马尼亚设立了红塔瑞士公司,作为红塔集团进军欧洲市场的桥头堡。而红云红河集团则把海外战略的首颗棋子布局在了缅甸。

面对日益激烈的竞争环境和日趋丰富的市场需求,在由大图强的道路上,云南中烟把培育云产卷烟大品牌、奉献行业发展作为共同目标、共同利益、共同责任,致力于促进技术创新上水平、市场营销上水平、企业管理上水平、队伍建设上水平、文化建设上水平,提升凝聚力、创新力、发展力,不断做大做强企业。

回顾历史，不忘初心。云南卷烟品牌的发展承载着厚重的历史，寄托着云南烟草工业人的追求，承担了民族品牌的责任和使命，见证了中国民族工业的曲折和辉煌，也必将在探索前行的路上继续谱写华章。

## 二、烟草品牌的打造与文化内涵

云山玉水，七彩云南。云南烟草工业依托云南得天独厚的自然条件，坚持优质原料、特色工艺，持续推进技术创新，加强产品减害降焦，突出清甜香醇的风格特色，为客户提供独特的消费体验。高原情怀、大山精神，培育了云南烟草品牌执着和朴实的性格特征。云一样的高远，山一样的坚韧，玉一样的温润，水一样的包容，都融入了云产卷烟的品牌文化。在近百年的品牌打造历程中，云南烟草品牌不断丰富中式卷烟内涵，以深厚的品牌文化底蕴和独有的风格特色提升品牌附加值，提高消费忠诚度，努力促进品牌由国内市场向国际市场跨越，创造高技术、高品质、高品位的中式卷烟。囿于篇幅限制，从诸多云产烟品牌中攫取三四，以小窥大，感受历史沉淀的厚重和力量，展现云产烟品牌文化的意蕴和风采。

### （一）大重九

"大重九"原名"重九"，创牌于1922年的云南亚细亚烟草公司，现出品于红云红河集团。"重九"香烟是为纪念云南响应"辛亥革命"推翻清帝制、实行共和的"重九起义"而创牌。重九节同时是中国传统民俗节日，含"九九重阳，登高望远"之意。该品牌具有悠久的历史，丰富的文化内涵，是红云红河集团的形象产品之一。

1911年10月10日，孙中山先生领导的辛亥革命翻开了中国历史新的一页，武昌起义爆发。20天后，1911年10月30日（农历九月初九），反扑的清军直逼武昌，革命形势十分危急。当时，正是"九九"重阳佳节，在蔡锷等革命人士的领导下，当晚起义军冒着一腔热血奋勇拼搏，攻上五华山，占领总督署，活捉云贵总督李经羲，彻底推翻了清王朝在云南的封建统治。在激烈的战斗中，革命志士牺牲150余人，负伤300余人，清军死200余人，伤100余人。"重九起义"是武昌起义之外，反清斗争中战斗最激烈、代价最大的一次。当时庚恩锡的哥哥庚恩旸是蔡锷将军的追随者，1918年不幸在贵州"毕节行动"中遇刺身亡。

1922年，曾留学日本、抱着工业救国志向回归故里的庚恩锡先生在昆明成立了亚细亚烟草公司。在创牌的时候，庚恩锡经多方思量、比较，决定将生产的卷烟命名为"重九"。第一，农历九月初九是中国传统节日重阳节，民间自古就有登高、蒸糕的习俗，祝愿步步高升。农历九月，又是五谷丰登，仓满屯圆的金秋收获时节，"九"是阳数之极，中国老百姓也认为"九"是一个吉祥的数字，所谓"九近十，而不满十，有余可进"；第二，"重九起义"对云南人民意义重大，结束了封建统治；第三，深切缅怀自己的胞兄，正如唐代诗人王维《九月九日忆山东兄弟》诗云：

> 独在异乡为异客，每逢佳节倍思亲。
> 遥知兄弟登高处，遍插茱萸少一人。

这首千古绝唱，唱出了多少对亲情的眷念。由此，寓意着云南人民对"重九起义"的一片深情，包含着吉祥如意、步步高升美好祝愿的"重九（9·9）"牌香烟就这样问世了。

庚恩锡先生用"重九"的品牌名，一语双关，开创了云产烟的名牌之旅，堪称华夏民族烟草工业史上第一位具有名牌意识的"企业家"。重九商标堪称香烟商标制作的经典之作，时至今日仍余威尚存。

"重九"卷烟一经问世，当即风靡全国。尤其是在抗战期间，不少卷烟消费者纷纷放弃外烟，改吸"重九"，把吸"重九"烟视为一种爱国举动，强制缴抗日税。

然而，抗战时期的"重九"香烟已不再是亚细亚烟草公司所生产。1930年5月，云南省教育厅在接管了亚细亚烟草公司全套设备的基础上，建立南华烟草公司。后由于原、辅料短缺，1944年转租给新华烟草公司，1948年年底，又转给鸿福卷烟厂。1942年，当时的云南省政府在着手烟叶种植推广的同时，筹建云南纸烟厂，厂址就选在昆明市北郊上庄村，也就是现在昆明卷烟厂所在地。1946年后期，由于国民党反动政府的腐败与搜刮，云南纸烟厂已日渐衰落。

1949年6月，苗仲华接任云南纸烟厂经理，特为"重九"冠以"大"字以显威名。在苗仲华主持下，授权技师李其汉，邀昆明市艺术界有关人士廖新学、严峻等人，沿袭原"重九"牌号，按其历史意义，参考多种资料，重新设计并更名为"大重九"商标。"大重九"商标图案构思严谨，充满强烈浓郁的民族艺术气息。它的黄色底色，与（农历）九月黄金时节的情景吻合；其图案中的花边，采用菊花叶片作变形图案，表示（农历）九月乃是菊花盛开的季节，暗含古代诗人"待到重阳节，还来就菊花"的美意；而麦穗组成的圆形及其中央"9·9"字样构成的图样，则表现出（农历）九月是五谷丰登、仓满屯圆的美好良辰；由盾牌及其中央"9·9"字样共同构成的图案，反映了创业者本身的良好祝福，是创业者用灼热的心在"重九"香烟的生命力上着力烫下的一道深深的印迹。

至此，"大重九"香烟最终成型。1963年，云南纸烟厂改名为昆明卷烟厂，当时生产的"大重九"在西南卷烟产品质量评比中获得了第一名的好成绩。

然而，1966年，有人提出"大重九"卷烟商标"是具有反动性或严重封建迷信的商标"。在当时的政治环境下，"大重九"商标立即被停印，"大重九"卷烟也被停产。

1977年7月，昆明卷烟厂开始恢复生产"大重九"。1977年7月，昆明卷烟厂恢复生产"大重九"香烟。1978年年末，复出的"大重九"被评为轻工部优质产品，1981年再获此殊荣，还被评为省优质产品。1987年，"大重九"

香烟被中国烟草总公司评为优质产品。1990年，获得国际包装技术展览会金奖，并且在中国烟草标准化质量检测中心举办的甲级烟质量评定中，"大重九"新配方跃居第一名。同年，"大重九"牌卷烟被指定为外交部"外事用烟"。1990年12月6日，《云南日报》刊登标题为《"大重九"又回来了》的文章，指出"大重九"又回到了消费者的心中。

1999年，作为对'99昆明世界园艺博览会、澳门回归、建国50周年及新世纪的一份贺礼隆重推出世博会专供"大重九"，9月9日推出13mg蓝盾"大重九"和15mg红盾"大重九"，在世纪之交再次引发市场热销。据统计，1950—2005年，"大重九"牌卷烟共产销289万箱；1964—2005年，"大重九"牌卷烟共获国家级、省部级重要奖项41项。

2008年11月8日，红云红河烟草（集团）有限责任公司成立，在此之前，为向红云红河集团献礼，"大重九"香烟首次进军高端卷烟市场，一款高端软包硬化"大重九"牌卷烟在澳门特区面市，吹响了"大重九"挺进高端卷烟市场的进军号。

2011年辛亥革命"重九起义"100周年之际，红云红河集团倾情力作云南高端顶级卷烟——"云烟·大重九"香烟，承载着红土高原厚重的"重九情绪"、满载华夏儿女"九九重阳"的浓情美意，倾情巨献中国高端卷烟市场，两次吹响了云南烟草"圆梦重九"挺进中国卷烟高端市场的进军号，回馈了云南人民百年凝聚的"讲武情绪""抗战情绪""爱国情绪"。

纵观"大重九"香烟1922以来的发展历程，在中国烟草重大历史变换时期的发展中，每一步都与中国烟草的发展历程息息相关，都离不开中国烟草的内、外环境。也正是在一次次地融入中国烟草当时所处的内、外大环境，并与之相适应、相和谐，甚至有所超前的思维和行动，"大重九"才一次次有所作为，不断在适应消费、引导消费、超越自我的否定—创新—再否定—再创新的过程中，高举品牌创新的旗帜得到一次次的新生。一部"大重九"品牌史，承载了云南、昆明烟草多少能人志士，从早期"工业救国"、中期"实业报国""科技兴烟""品牌兴业"到近期追求"人与自然和谐完美"与时俱进的新时代精神。高品味、高技术、高防伪的"三高"品牌设计理念与风格,就是红云红河集团品牌创新的原动力,更是红云红河第四次思想解放、着力打造新时期精品香烟,精工造企业,强势推品牌的发展壮大之路。"大重九"历经沧桑95年依然保持其旺盛的生命力,被云南人、昆烟人自豪地称之为"永远的大重九"——这在中国史上绝无仅有,在中国名牌史上也极为罕见。

## (二)红塔山

红塔山的主图案是"龙马抱塔"。在中国文化中,龙是中华民族的象征,马是中国传统的吉祥物;龙象征着腾飞,马象征着超越。龙马合在一起,则体现出一种勇于进取、自强不息的精神。以浓烈的"中国红"为主色,展示出华夏文化的深厚底蕴;温馨柔和的金黄色彩,则象征着大地的丰收,还使人联想到集团雄厚的烟草基业及红塔集团走过的辉煌历程。遒劲的红塔在四方背景上纵贯天地,寓意根基稳固,层层提升。红色塔身以刚劲明快的西洋式折笔线条与中国传统书法笔势巧妙融为一体,勾勒出锐气向上的"天地之塔";一气呵成的造型,宛如企业与消费大众之间蕴含深邃、牢不可破的心灵纽带。塔身上部凝练的五笔转折,代表企业面向21世纪的五大核心战略,宣告今日红塔集团已跨入一个多元化经营的新时代,表现了红塔人积极迈入世界500强企业的决心与自信。一龙一马环抱红塔,加上表明红塔集团建厂时间的文字"Since1956"以增强历史感,让人联想到红塔集团的不懈追求和巨大成就;聚拢在塔身周围的坚实框架,给人以信赖感和安全感。

灵透而又跃动的新标识设计以其强烈的视觉冲击与丰富联想,寓意今日红塔高举中国民族工业旗帜,营造大众高品位现代生活的企业理念,勇于开拓、追求卓越,体现着世界一流企业秩序严谨、奋发向上的高昂气势。标识整体设计既具有现代感,又具有丰富的红塔文化底蕴,象征着红塔凭借着深厚的烟草文化积累,扎根在闻名全国的云烟之乡玉溪,勇于进取,自强不息,以市场为第一车间,为中外消费者和经销商提供优质的产品和服务。

在彩云之南玉溪东面，今天的红塔集团玉溪卷烟厂背靠一座山，山上有一座古塔曾经通体洁白，矗立在青山白云间，过去的人们叫它白塔，这座山也因此得名白塔山。20世纪50年代，它的静寂被完全改变了，当年的人们涌上白塔山顶，将白塔全部涂成红色，白塔在一夜之间红得耀眼。从此，白塔更名红塔，山也易名红塔山，塔和山的历史重新开始。

1953年，国家烟草主管部门在河南郑州召开了新中国第一次全国烟草工作会议，会议对全国各主要烟区的烟叶进行了评比。河南的烟叶由于各方面都出色，被中外烟草专业人员评了100分的满分。当时由于云南路途遥远，3天的会到了第3天云南代表才赶到，此时评吸鉴定已经结束，云南代表跨越千山万水带去的烟叶只能放在会议室门口。正当与会者都陆续步出会场的时候，奇迹发生了，代表云南的玉溪烟叶"鸡油黄"的色泽和缎子般的油润柔韧，立即引得全国代表啧啧称奇，代表们为云南烟叶重新进行评吸鉴定，认为烟叶色泽金黄、油润丰满、清香醇和，从各个角度来说都超出了标准要求，于是最后给出了108分的高分。从此，"云烟"的声誉闻名全国，玉溪地区被誉为"云烟之乡"。

1956年5月中旬，经云南省委决定，国家农产品采购部批准，玉溪烟叶复烤厂在玉溪城东郊红塔山西麓破土动工。建设者们披荆斩棘、开山造地，靠肩挑手抬、牛背马驮建起了25000平方米的生产厂房。先后投资294.7万元，玉溪烟叶复烤厂于1957年11月1日竣工投产，结束了"云烟之乡"不能加工烟叶的历史。

1959年，更名后的玉溪卷烟厂生产出了作为国庆10周年献礼的第一包烟，玉烟人满怀希望地把这包烟定名为"红塔山"。当时的一位副厂长回忆说："红色象征革命。见红就喜嘛……红塔是竖在山上的，厂房也在红塔山上，没有山，塔就没有基础，有基础才有塔的根基，塔才能在山上历经几百年不倒。所以我们打算设计'红塔山'商标，生产一种较为高级的卷烟。"当年，玉烟人精挑细作出一箱特别的"红塔山"，上面写着"送给毛主席"五个大字，将它千里迢迢送到了中南海。

1958年10月,云南省政府拨款180万元作为建厂初期的第一笔投资,1959年5月4日新厂房里卷烟机械正式试车生产。玉溪烟叶复烤厂正式命名为云南玉溪卷烟厂,"云烟之乡"从此开创了生产优质香烟的历史新篇章。1958年,在尚未建成的玉溪卷烟厂里试生产了"人民公社好""丰收"等牌号卷烟407箱,为玉溪历史上第一批现代机制香烟。

1981年6月,玉溪卷烟厂首次引进英国莫林斯公司MK9-5型卷烟机组,10月安装好投产,年产卷烟较同行业、同机组处于领先地位。从1981年到1989年,玉溪卷烟厂从英国、联邦德国、意大利、日本、荷兰先后引进了具有80年代国际先进水平的制丝、卷烟、包装、滤嘴成型等先进设备89台(套),到1990年形成了年产113万箱卷烟的生产能力。

1982年10月,玉溪卷烟厂实行"单箱工资奖金含量包干"分配制度,即工资、奖金与产量挂钩的分配法,这打破了车间之间、个人之间在分配方面的平均主义,大大调动了职工的生产积极性。

1986年,玉溪卷烟厂、玉溪烟草分公司、玉溪地区烟草专卖局3个部门宣布合并,三个牌子,一套机构,共负盈亏。"三合一"体制的建立,使玉溪卷烟厂突破了产业结构与经济结构的制约,并促进玉烟把"第一车间"建在田间的构想成为事实。到1990年,玉烟由过去的规模速度效益型转变为质量品种效益型企业。10月,玉烟领导人提出"以工补农、以烟养烟、扶持烟农种烤烟"的方案,把原料生产作为企业的"第一车间"办到了广大农村,几年间形成了玉烟自己稳定的优质原料供应基地,逐步解决了优质原料不足对生产发展的制约,当时上等烟叶比例高达36%,突破全国最高记录,烟叶内在品质接近世界先进水平。

1988年,连续8年保持部优产品的"红塔山"牌香烟,经国家质量审定委员会批准,荣获国家优质产品银质奖。12月16日,玉溪卷烟厂13个牌号卷烟在首届中国食品博览会上获奖,其中"红塔山""阿诗玛""恭贺新禧""新兴"和"红梅"牌号一举夺得五枚金奖。同年,玉溪卷烟厂13个牌号卷烟生产首次突破百万箱,实产107.8万箱,突破税利10亿元,达11.9亿元。

1991年6月，玉溪卷烟厂经过国家有关主管部门的考核，10项经济指标全部达到或超过国家一级企业的标准，进入国家一级企业的先进行列，成为全国烟草行业唯一的"国家一级企业"。

1993年，由国家统计局城市社会经济调查总队进行的中国卷烟消费市场调查结果表明，在品牌众多的国产卷烟中，消费者评出最好的10种品牌前三名分别是"红塔山""阿诗玛""红梅"。1993年首届"昆交会"上，争购"红塔山"的客户如潮涌，投入交易会的3000箱"红塔山"供不应求。

1994年12月，在云南卷烟交易大厅，"红塔山"引起买方认购风潮，不得不暂停出售；在郑州召开的全国卷烟订货会议上，数万人争购"红塔山"，以致柜台被挤倒……

这一商业奇迹被有的报刊和研究机构概括为"红塔山现象"。

1995年9月，一种前所未有的喜庆氛围使玉溪卷烟厂呈现出特殊的欢腾，云南红塔集团、玉溪红塔（烟草）有限责任公司隆重成立暨揭牌仪式，迈开了联合重组的步伐。

在1995年度全国市场产品竞争力调查评价活动中，红塔集团生产的名牌卷烟"红塔山"名列香烟类产品竞争力榜首。在被调查的消费者中，至少41.248%和28.237%的消费者分别认为"红塔山"是心目中的理想名牌，是实际购买最多的品牌，同时是1996年购物的首选品牌。1996年2月红塔集团向丽江、中甸等地震灾区捐赠3000万元。在全国烟草行业"96质量宣传月"活动中，红塔集团受到国家烟草专卖局的表彰，荣膺质量效益型先进企业称号。

1997年10月，云南红塔足球俱乐部在昆明国贸中心宣告成立。3月中国技术进步信息发布中心近日向红塔集团颁发了荣誉称号认证证书。"红塔山"香烟荣获1996年度同类产品全国销量第一名。4月云南省政府在昆明国贸中心召开的"红塔山"驰名商标新闻发布会上宣布："红塔山"于4月9日被国家工商局认定为中国驰名商标，从而成为我省贯彻落实中央经济工作会议精神实施名牌战略后绽开的第一朵奇葩。据国家统计局4月最新统计资料显示，

1996年全国十大工业企业利润大户已经排出,这十大工业企业的盈利额占全国1.8万家大中型工业企业利润总额的"半壁江山"。据悉,在排出的十大工业企业利润大户中,红塔集团位居第二。

1998年3月20日至22日,在国家统计局、中国技术进步信息发布中心主办的《科技创新与名牌产品》大型论坛会上,红塔集团生产的"红塔山"卷烟荣获"97年中国卷烟市场畅销品牌"称号,同时继续保持了香烟类的全国销量第一名。

2002年,"红塔山"牌卷烟烟标从全国300多种卷烟烟标中脱颖而出,被评为2001年"十佳名牌烟标金奖"。

2003年,红塔集团实施了卷烟厂、烟草公司、烟草专卖局分别办公的工商分离模式,这是中国烟草日渐走向市场化的结果。

2004年,红塔集团玉溪卷烟厂、楚雄卷烟厂、大理卷烟厂及营销中心正式授牌,于2005年开始全新运作。这标志着红塔集团在品牌、技术、管理、文化一体化整合进程中正在稳步向前推进。

2005年12月,"2005云南最具影响力企业名单"发布,红塔集团名列"2005云南最具影响力企业名单"之首,也是云南进入此名单的唯一一家烟草企业。

2008年11月,由中国品牌杂志社、云南日报报业集团、红塔烟草(集团)有限责任公司联合举办的首届中国品牌(昆明)论坛在昆明举行。红塔集团"红塔山""玉溪""红梅"分别入选论坛公布的"云南十大最具影响力品牌"和"云南十大最具社会价值品牌"。

云南卷烟工业重组整合大会在昆明国贸中心隆重举行,红塔集团与红河集团昭通卷烟厂重组整合,这标志着中国卷烟工业在更高层次、更高水平上的联合重组又取得了新的进展。

2011年1月27日,云南中烟工业公司更名改制为云南中烟工业有限责任公司授牌仪式在昆明隆重举行。这标志着云南中烟工业公司体制改革取得重大突破,也标志着云南烟草工业进入了一个全新的发展阶段。7月,国家工商行政管理总局商标局发布公告，认定红塔集团商标"玉溪"（文字）为"中国驰名商标"。至此，红塔集团成为中国烟草行业同时拥有"红塔山""玉溪""红梅"三个中国驰名商标的企业。7月28日，在云南省政府主办的云南省荣获中国驰名商标新闻发布会上，红塔集团接受了"中国驰名商标"这一颇富含金量的牌匾。

2015年1月22日，云南合和（集团）股份有限公司在玉溪隆重成立，这是继国内国际市场营销统一、研发统一之后，云南中烟在多元化整合上迈出的实质性步伐，标志着云南中烟"两统一、两整合"改革工作的初步完成。

2016年4月8日，云南省国家税务局和云南省地方税务局联合发布了2015年度云南纳税100强企业名单。红塔烟草（集团）有限责任公司以缴税超过400亿的业绩名列榜单第一名。

弹指一挥间，六十多年过去了，红塔山成长为中国卷烟最知名的品牌之一，当年的小厂，今天发展为中国最大最有名的烟草企业，用世界水平的工艺技术，生产高品味低危害的卷烟产品。

## （三）云　烟

云烟，意即"云南之烟"，1958年7月在云南纸烟厂正式投入生产。云烟烟丝橙黄，香气高雅，吸味醇和。半个世纪以来，"云烟"的家族可谓昌盛兴旺，市场上旺销的"云烟"产品系列主要有"红云""紫云""如意云""吉祥云""软珍品云""醇香云""硬珍品云""硬印象云"及"软礼印象云"等。它们各自性格独异，独立于世，然而都共同拥有着"云烟"一族的大家风范。即使是一枚烟标的设计，都集汇了文化与传承的珍贵点滴。它们价格各不相同，面对的目标群体也不一样。"红云"为1997年年初上市的"云烟"系列新产品。以国际流行红为基调，商标图案简洁，结合传统文化和现代文明，构成动静和谐；采用先进激光防伪印刷技术，在全国范围内享有极高的信誉。制作工艺全部采用PLC微机控制，内在品质纯正厚实，香气飘逸优雅而不失浓郁,烟气饱满,余味绵延、干净。因物美价廉,它在广大零售客户和消费者心中已扎下深根,成为他们的老朋友。

"紫云"以不多见的象征尊贵、典雅和神秘的紫色作为主基调,独树一帜,从文化品位到科技含量都达到了当今烟草业的高水准,其醇和的吸味备受广大消费者的赞誉,淋漓尽致地展现着中式烤烟独有的技术和特点,因此上市后一炮走红,一直在广大消费者和经销商中有着很强的影响力。

"如意云"的外包装采用怀旧复古的设计风格,以象征古朴、庄重的红铜色为底,色彩从深到浅过渡,寓意"云烟"文化源远流长;商标上的"云"字以出自毛泽东、王羲之等大家的多种书法字体为主图案,14个不相同的"云"字,很有诗意,包装独特,可谓独具匠心。它采用现代化的加工工艺,精选国内外优质烟叶,烟气细腻,余味津甜,回味悠长。运用了多重防伪技术及环保型材料,使吸烟不仅只是单纯感官的享受,而且成为倡导自然和原生态的生活追求。上市后,它成为中国卷烟工业新品投放历史上当年市场成长最快的品牌。

"吉祥云"包装设计隽永温文,采用了王羲之等古代大书法家的七种书法字体为主体图案,传递中国书法神韵;"云烟"及"yunyan"字体经精细压凸烫银工艺处理,充满立体感;印章式"吉祥"字样是神来之笔,点精商标祝福语——"吉祥如意"。整款烟标通体柔红、光泽莹润,充盈着文化韵味,其精美的包装设计荣获了中国十大烟标评选金奖。产品吸味醇正饱满,香气清雅圆润,丰满协调,上市后同样成为中国卷烟工业新品投放历史上当年市场成长最快的品牌。

"软珍品云"精选国内外优质烟叶及天然香料、利用现代卷烟工艺技术精制而成。烟草自然芳香突出,口味细腻、雅致、醇和,口感舒适。包装采用了象征皇家的朱砂红色,辅以放大的"云烟"书法字体作为底纹,富贵、典雅,独具中国特色。因此,上市几年来一直深受广大经销商和消费者的喜爱。

"醇香云"为大众时尚消费品牌,具有浓郁的中国风格。产品严格按新"卷烟国标"和ISO 9002国际质量标准,在充分继承传统老名牌的基础上进行了大胆的创新,重点改进内在质量,口味清香淡雅,自然醇和,余味纯净,着重体现"'醇香'云烟,妙在里面"的宗旨,适合现代人对优雅生活的追求。包装采用珠光白配金色篆刻体字和凸烫金如意图案,协调、美观、大方、高雅,色调柔和雅致,充分体现传统和创新的完美结合。

"硬珍品云"的包装秉承了中国元素风格,端庄高贵的深紫红色底上,一方方篆刻铁画金钩,宛如展开了一幅历史画卷,融时尚与高贵于一掌之握。防伪技术运用了国内首创的三维全息防伪和水印防伪技术,突出对消费者的责任感;产品配方独特,从云南丰富而独有的植物资源中,通过萃取、单离等现代提取方法,获取了富含多种 VC 的果类提取物、中草药提取物,融合了辛香、木香及花香,在丰富了自然烟香的同时,真正做到了入口后丰润绵长、生津回甜;烟丝经过人工逐片精选,用手工抽去烟筋,经自然醇化,在质量最佳时才应用于生产;采用专利技术——在烟丝中添加三元多孔梗颗粒,增加空气穿透空间,对降低一氧化碳、降低烟草杂气、改善吸味有着良好的辅助效果。整体产品顺应了中式卷烟"高香气、低焦油、低危害"的发展趋势,使用专属原料、专利技术和专线生产确保出众的品质。它在降低焦油等有害物质的同时,体现了非常好的满足感,这在高档卷烟中是不多见的,充分体现了红云集团拥有中式卷烟自主核心技术的高水平内涵,而且它的市场定位抓住了中国高档卷烟的价位空缺,因此上市后便表现不俗。

"硬印象云"在焦油量定位 12mg 的情况下,以天然产物为主体,运用高科技手段、特殊的设备对精选的烤烟进行加工,保证了烟香更加细腻醇和、余味更显纯净舒适,体现出了完美的嗅觉味觉享受,达到了烟草自然朴素的香吃味与人工修饰雕刻的和谐统一。产品包装设计大气、尊贵、古朴、浑厚,别具风情,充满盛产优质烟叶的高原特色,衬托了产品正宗烤烟的风华。产品的烟标、烟支很特别,一身深咖啡色,与众多品牌截然不同;烟支采用业内独创的浅棕色卷烟纸,突出了似雪茄般的高贵品质;小盒外包装左上角的那抹似隐欲现的"印象"图案,体现着云南高原的神秘和香烟带给人的神奇,这是点睛佳作。"硬印象云"能够在 2004 年超高档卷烟纷纷上市的情况下,独成一派,

其原创性设计功不可没。

"软礼印象云"是"云烟"创牌 50 年来的巅峰之作，是集"云烟"品牌 50 年精淬于一身、由具有数十年高档卷烟研发经验的权威专家历经 8 年精心设计、精雕细刻造就的"烟之奢侈品"。它融汇了 15 项专利技术，采用中国首创的暗纹防伪技术，寄托了"云烟"的恒久品质。原料来自百亩"印象庄园"专属生产，手工作坊挑选烟叶、精选每片烟叶 1/8 的精华，橡木桶储藏烟丝，添加贡嘎雪山水、野坝子蜂蜜和普洱茶萃取物，继承了"云烟"低焦、津甜、淡雅的吸味风格。"精雕细刻，只为尊贵一刻"，稀有、精致、完美，自然的灵性结合科技的精华，"软礼印象云"已不仅仅是一支好烟，更是一种可以品味的文化。

"云烟"的发展历史，也是云南卷烟工业崛起的历史。当时，云南纸烟厂是省内最大的烟草企业，拥有"大重九"等多个民族品牌，虽然实力不俗却没有一个能在全国叫得响的品牌。1955 年 12 月 23 日，时任全国人大常委会副委员长的宋庆龄视察云南纸烟厂。她鼓励说，云南有富足的优质卷烟原料，发展烟草工业的条件得天独厚，应该生产出更多更好的优质卷烟，为国家、为人民创造更多的财富，让云南烟草走遍天下。同时，在那个"超英赶美"的大跃进时代，轻工部指令云南纸烟厂研制一种新的卷烟产品，超过当时世界上声名显赫的英国王牌卷烟"茄力克"。于是，云南纸烟厂把研制新产品提上了议事日程，配备专人加快了新产品的开发试制步伐。1958 年，历经 5 个月夜以继日的刻苦研制，云南纸烟厂终于开发成功了高规格、高质量的卷烟新产品，经过慎重考虑和反复研究，它被定名为"云烟"。这是全国首次完全使用云南烟叶单一配方制造的甲级一品卷烟，它代表了当时云南卷烟最高研发和生产水平。

"云烟"诞生不久就名声大振，成为 1958 年春中共中央"成都会议"的献礼，受到了毛泽东主席的称赞。"云烟"品牌的创立，带动了云南卷烟工业的迅速发展，云产烟一度占据了全国大部分卷烟市场，改变了当时中国烟草的格局，中国烟草告别"上青天时代"，进入了"云产烟时代"。

坚金砺所利，玉琢器乃成。"云烟"的成功，除了其独特的、天然的原料优势外，其核心竞争力还有人才、技术、工艺、品牌运作等方面的雄厚实力。

"云烟"的发展历程并非一帆风顺、一路坦途，"云烟"的成功更不是一蹴而就的。云烟人有过幸福的时刻，也有过彷徨；有过取得胜利时的欢呼雀跃，也有过不幸失败时的郁郁寡欢；有推出新产品时的兴奋、激动，也有市场委靡时的低落；成功的路上永远布满荆棘，但凝聚了一代又一代云烟人辛勤的汗水和集体智慧结晶的"云烟"坚强走过。

20世纪90年代初期，"云烟"获得了长足发展，堪称云南烟草的开路先锋。从1994年"云烟"品牌开始了产品的升级换代，当年国庆前夕推出了"极品云"，引发了当时烟草界极品、高端品牌之战，带动了全国烟草市场风起云涌。

然而，到了20世纪90年代中期，"云烟"发展却遭遇到了一些困难。云烟人从自身找原因，致力于从产品的内在质量、外观包装和文化内涵上赋予"云烟"新的生命力。他们提出"烟叶第一车间"的概念，加大了对烟叶基地的建设。1997年，中国烟草第一个烟叶整理车间从云烟人手中诞生，"云烟"的品质从原料源头上得到了保证。

1999年，"云烟"再次遇到市场环境的挑战。当时，烟草业由卖方市场转变为买方市场，地区封锁加剧，"云烟"再次面临产品销量、税利水平、品牌市场占有率一度下滑的相对困难时期。云烟人没有气馁，针对问题积极寻找突破口，他们把市场作为"第一车间"，即原料服从生产、生产服从市场、一切为了市场，实现从"原料第一车间"到"市场第一车间"的转变；在生产流程上提出了标准化生产、柔性加工、订单生产等新方案；在产品研发方面，提出了"研制一代、储备一代、生产一代、消费一代"等方略。

2001年"软珍品云"、2002年"紫云"等系列产品相继成功上市，不仅提升了"云烟"的发展势头，更奠定了"云烟"雄厚的发展基础，使得如今的红云集团更加坚定了以"云烟"为主导品牌的发展方向。

"云烟"品牌的竞争力，不仅来自历史积淀，也来自行业改制所带来的重组优势。响应国家烟草专卖局的"大品牌、大市场、大企业"的发展战略，2003年，"云烟"所在的昆明卷烟厂控股山西昆明烟草有限责任公司，参股内蒙古昆明卷烟有限责任公司；2005年，昆明卷烟厂与曲靖卷烟厂、会泽卷烟厂、昆烟卷烟分厂、乌兰浩特卷烟厂等整合而成中国第二大烟草集团——红云集团，成为行业首家建立现代企业制度和现代产权制度的试点。利用"第一个吃螃蟹"的先行优势，整合了在专卖体制下企业发展壮大必不可少的生产计划资源，为"云烟"的发展开辟了一片崭新天地，为"云烟"成为中国烟草业最具盈利能力的品牌之一提供了良好的条件。

"云烟"低调与务实，并不以大规模见长，专注于技术、工艺的突破，精心雕琢配方，用心打造包装设计，严把质量关，以领先一招的高品味、高防伪、高科技技术的"三高"品牌理念及推陈出新经典、时尚、差异化的系列品牌形象延伸生命周期，使每支"云烟"中都蕴藏着"云烟"的典雅传承和制造者的虔诚，每款新产品的推出，都带给消费者以惊喜，推动"云烟"日渐发展壮大，使"云烟"成为中国最好的卷烟代表品牌之一。"云烟"有以下三大特色：第一，"云烟"的配方很独特。它致力于将消费者口腔、鼻腔对香烟的感受化为美的体验，一种源自烟草本香的和谐美。从面向大众的"醇香云"到被称为云南烟草复兴的典范之作的"印象云"，都具有一种特有的、无法克隆的香气。独特的工艺，独特的香气，使得"云烟"从诞生那一天起，就受到消费者的喜爱。第二，"云烟"的创新能力很强。在多年的发展过程中，云烟人不断进行体制创新、管理创新、营销创新、科技创新，从配方技术、生物技术、环保技术等方面不断加快中式卷烟特色工艺关键领域的突破研究，应用自主科研成果，成功完成了多个新产品的开发，自主创新成为促进"云烟"可持续发展的根本动力，永不停息的创新之路，使"云烟"迈向了更高层次和更高水平，实现了巅峰跨越。第三，"云烟"的原创性设计水平很高。无论是彰显尊贵神秘的"紫云"，还是荣获中国十大烟标评选金奖的"吉祥云"，无不以其独特的品牌气质，树立了"云烟"独特的品牌形象，为"云烟"积淀了品牌资产，并且难以克隆和模仿，成就了"云烟"今天的地位。

## （四）玉　溪

天下烟叶在云南，云烟之乡在玉溪。这里是享誉全球的黄金烟区，得天独厚的自然生态条件孕育了"玉溪"品牌。产品特征为香味清新、香味飘逸、幽雅而愉快、远扬而留暂、突出而清新。

以水喻人，以玉明志。自创牌以来，"玉溪"以牢固的市场根基、独具魅力的品牌文化、独具特色的原料优势、世界先进的研发力量，自成"清香"一系，品牌影响力不断提升，市场美誉度进一步彰显，成为国内高端消费的经典。

红塔集团高档卷烟品牌"玉溪"的名字，源于红塔集团所在地——云南省玉溪市。玉溪是一个美丽的高原水乡，诗人杨慎曾写下"百里湖光小洞庭，天然图画胜西湖"的句子，可见玉溪与水的无间关系。红河上游元江，珠江上游南盘江，抚仙湖、星云湖、杞麓湖以及难以计数的大小泉潭共同滋养着玉溪。因为水，玉溪散发出自然、灵动而又宽广的气息。而在玉溪市江川县李家山出土的古滇青铜文物，则反映出古人对"天人合一、崇尚自然"精神的追求，这样的精神追求同样源于水的影响。

"玉溪"卷烟从一开始就定位于高档产品，对品质的追求始终以最好为目标。在不断超越自我的过程中，"玉溪"的品牌理念也渐渐清晰。"玉溪"卷烟不仅代表着红塔集团的实力，还代表着玉溪的高原"水"文化。"玉溪"与"上善若水"这一理念悄然结合，"玉溪"品牌的德文化和品牌主张即"上善若水，德行天下"。其一，上善若水。"水善，利万物而不争。处众人之所恶，故几于道。居善地，心善渊，与善人，言善信，政善治，事善能，动善时。夫惟不争，故无尤。"其二，德行天下。德者，含仁、智、信、善、礼五目，其意非仅个人立德，乃胸怀民族大义，以无形大德服人心，而使天下安宁之道。旨在德服四邦，德昭海内，如此，天下化一也。"玉溪"品牌的德文化，体现的不仅仅是一种大度、睿智，一种处世的修养；更是一种以无形大德服人心而使天下安宁之道。同时,"玉溪"品牌的德文化在高端消费者身上也得到了充分的体现。他们往往是成功者中兼具文化修养和品位的人,具有文化修养和更多精神需求的内敛型成功人士。

水是阴柔的,同时也充满力量,并具有宽厚的包容性。水不仅自己向前运动,还能推动其他事物的发展;水总是在流动中不断探寻自己的前进方向,遇到障碍既能释放百倍能量,也可变通绕行;水可以用己之清澈洗它物之浊,以内敛的气质包容一切功过、是非、长短;水具有坚持性,她可以化为云雨雪雾但始终不失其本性。老子在《道德经》中说:"上善若水,水善利万物而不争,处众人之所恶,故几于道。居善地,心善渊,与善仁,言善信,政善治,事善能,动善时。夫唯不争,故无尤。"这段话中蕴含着几个影响中国人千年生活方式的观点:第一是不争,水滋养了万物却不凌驾于万物之上;第二是通变,遇到困难可以凭通变之能迂回前进;第三是处下,大成者往往自信而谦逊,以处下的姿态务实发展。"上善若水"与"玉溪"品牌的结合恰如其分。偏爱"玉溪"的消费者是一群事业有成、有品位且务实的男人。他们大多自信稳重而不浮夸,以谦逊的姿态寻求进取;他们对工作有期待却不好高骛远,对生活有品位却不凸显张扬。"玉溪"虽是高档品牌却不失亲和力,选择"玉溪"既达到了品味生活的目的,同时还体现出个人内敛平和的性格和务实的生活态度。"上善若水"的内涵正好对应了"玉溪"卷烟消费者的气质:谦逊、执着、变通、务实、与人为善。

玉溪是山水之乡,生于斯、长于斯的红塔集团在自己的品牌中同样寄予了山水情怀。如果说"山高人为峰"是一个不断攀登、不断否定自我的历程,那么"上善若水"则以一种大度、睿智超然于平静之上。"上善若水"是一种处世的修养,而"玉溪"品牌所追求的正是谦逊包容、通变处下、不争而胜的"若水"境界。"自然生香,宁静致远"的形象定位,"玉溪"自诞生之日就注定了其在中国烟草高端品牌阵营中的存在价值。几款新品的亮相,也充分显示出持续有效的创新实力和高端市场风潮的引领能力。需要特别注意的是,以清香型风格"立命"的"玉溪"品牌,推出新品的同时,没有忽略多年发展所聚集的"精气神"——以优质原料为基础,保证品质和风格的核心,在此之上谋求新理念、新技术、新材料的搭载,打造不可替代的质感。

从"第一车间"到"世界典范工厂",每一支"玉溪"新品至少要经过300道质量控制关卡,才能够带着"烟草本香"走向市场。在买方市场引发的新变化中,在烟草行业发展的关键时刻,经过时间淬炼的"玉溪"显示出了"藏技于品"的力量。

## 三、云南烟草中的传奇人物

近百年的云南烟草工业发展史,不仅仅沉淀了时代的印记、发展的浪潮,其中最为熠熠发光的是前仆后继的企业家、实干家、开创者。他们用自己的实干、探索、尝试、努力、艰辛,用青春、热情、付出、奉献乃至血泪,让烟草这一关联多方的产业,在彩云之南茁壮成长,为地方经济的发展做出了不可估计的贡献。以下提到的各位人物,与云南烟草的起步、发展、创新有着直接的关联。不管是毁誉参半还是壮志未酬,无论已经故去还是仍在实干,他们对云南烟草所做出的贡献,将铭记于史,历久而弥新;他们在推动云南烟草发展中体现出的精气神,也将为烟草文化增添不同的光彩。

### (一)唐继尧

唐继尧(1883—1927),又名荣昌,字莫赓,汉族,云南会泽人。滇军创始人与领导者,1883年8月14日出生。就读东京振武学校,后入日本陆军士官学校,后升入日本陆军士官学校第六期深造。

唐继尧参加过"重九起义",在镇压"二次革命"时,攻打四川熊克武率领的军队。在护国战争中,与蔡锷联合宣布云南独立,自任中华民国护国军总司令;护国战争结束后,任云南督军兼省长。护法运动中被推为护法军总裁之一，并任滇川黔鄂豫陕湘闽八省靖国联军总司令。

唐继尧 1913 年开始在云南执政。在近 14 年的执政期间，他聚焦于兴办教育、筹办市政、发展实业，做了若干件利民兴滇的大事，对云南的近代化事业起到很大的促进作用。但执政后期从下属到民间怨气甚大。1927 年失去云南政权，同年 5 月 23 日病逝于昆明，终年 44 岁。1935 年，国民政府感念唐护国之功，明令褒扬，于 1936 年改公葬为国葬，补行国葬仪式。

在烟草种植和产业发展方面，唐继尧的贡献不可忽视。20 世纪初期，英美烟草公司为寻找更好的卷烟原料来源，派遣专家赴滇考察。种植专家认为云南日照充足、四季温润且地质条件非常适合烟叶种植，便将一批美国烟种及栽培技术资料赠予当时任云南都督的唐继尧。唐继尧马上责成云南实业公司在玉溪地区试种了 72 亩。春种秋收，美种烟叶的产量、质量均优于本土烟叶。当黄灿灿的烟叶收割的时候，这一捆捆美丽的烟叶获得了专家们的肯定。于是当局以《云南省政府训令第十八号》推广全省。从此，中国有了自己的优质烟叶品种，云南这块神奇的土地也受到了世界烟草巨头的垂青。1922 年，唐继尧更是扶持庾恩锡的亚细亚烟草公司开始使用机器生产卷烟，同时为了支持和发展本省的民族工业，曾对亚细亚烟草公司采取了减免税的政策。这样的优惠条件，使亚细亚烟草公司在抗衡英美烟草公司的过程中，处于有利地位。这些都是唐继尧后期治滇的政绩，说明他对云南经济文化的发展还是有所贡献的，特别是为烟草工业的发展打下了一定的基础。

## （二）庾恩锡

庾恩锡（1886—1950），字晋侯，云南墨江人。1920 年出任云南水利局局长，1922 年创办云南第一家机制卷烟企业——亚细亚烟草公司，成为云南烟草工业的开山鼻祖。1929 年 9 月，庾恩锡任昆明市长。辞去市长职务后，庾恩锡对卷烟事业锲而不舍。1936 年，龙云聘请庾恩锡任工程处主任，在两寺广植花木、增建院舍、访求和护持古迹。1950 年自杀身亡。

庾家是云南墨江名门望族，祖辈世代经商，拥有良田千亩。庾恩锡父母早逝，留下年幼的庾恩锡和小哥庾恩旸，大哥庾恩荣少年老成，在省城昆明经商，把两个弟弟接到昆明读书。庾恩锡从小聪慧，读中学期间就协助长兄经商，而小哥庾恩旸却喜欢军事，从小崭露出很好的领导才能。

中学毕业后，大哥庾恩荣将他们都送到日本留学。庾恩旸留学日本陆军士官学校，其间加入了中国同盟会，归国后担任云南陆军讲武堂校长。而庾恩锡自小喜爱园林，攻读的是园艺专业，学成回国后却一时无用武之地。庾恩锡于是倾其才学，将昆明庾家老宅改建成园林式住宅，堪为园林艺术精品。后来在大哥资助下，庾恩锡开办了"明良煤矿公司"，走出经商第一步。

武昌起义爆发后，云南革命党在重阳节举行起义，起义取得胜利，活捉了云贵总督李经羲，史称"重九起义"。庾恩旸在起义中立下大功，成为民国时期云南风云人物，担任靖国军第三军总司令。1918年2月，庾恩旸在黔遇刺身亡。

庾恩锡曾集资在上海创建南方烟草公司。但由于上海烟草行业竞争激烈，维持了不到两年，只好偃旗息鼓，庾恩锡携带着几台卷烟机，回到昆明。1922年，庾恩锡以家产抵押向银行大举借款，在昆明创办了云南第一家机制卷烟厂——亚细亚烟草公司（今昆明卷烟厂前身）。从此，云南的卷烟进入了机器卷制时代，庾恩锡被誉为云南烟草工业开山鼻祖。

庾恩锡推出的"重九"牌商标，其盾牌图形寓意"众志成城、全民抗日"的坚强信念；"七七"牌烟标上，一位抗日勇士高举带刺刀步枪、持手榴弹做投掷状……一枚枚烟标的方寸之间，国事危急、艰难壮烈的情绪跃然其中，力图唤醒国人振作的精神和奋起战斗的激情。

亚细亚烟草公司支撑了8个年头，仍旧难和外烟抗衡，负债累累。正处在困境之中，时任云南省政府主席的龙云，知道庾恩锡有一技之长，特请他出任昆明市长。1929年9月到1930年年底，庾恩锡在市长任内终于找到为地方发挥专长的机会，对市属翠湖、古幢、金碧等公园，或培护，或改建，特别是邀请了研究园艺有素的书画家赵鹤清襄助，重新设计、彻底扩建了大观公园。

昆明市当时由民政厅直辖。庾恩锡以"事权不一"、市政建设诸多掣肘为由，毅然提出辞职。经省务会议挽留无效，省方只得同意，聘他另任省府建设委员。

庾恩锡担任市长13个月，薪俸分文未领。交卸后，历来存薪得一次结清，发给本人。此时，这位有所建树的园艺家，宣布把应领的滇币6245.1元全数捐赠全市警长、警士，"作为各级长、警津贴之补助"，巡官以上的警官不给，警长、警士每名发给10元。

辞去市长职务后，庾恩锡对卷烟事业依然锲而不舍。庾恩锡一手创办的"重九"，至今流行于全国。

20世纪40年代，庾恩锡任省参议员。新中国成立初，昆明市文教局发掘专业人才，曾拟聘他参加全市园林管理工作，后因故未成。1950年，庾恩锡投滇池自杀身亡，享年64岁。

## （三）克莱尔·李·陈纳德

克莱尔·李·陈纳德（Claire Lee Chennault，1893—1958），美国陆军航空队少将、飞行员。1893年9月6日生于美国德克萨斯州康麦斯，1936年6月3日，宋美龄任命陈纳德为中国空军顾问，帮助建立中国空军。1941年8月1日，中国空军美国航空志愿队成立，陈纳德担任上校队长。1942年7月4日，美国航空志愿队转变为美国驻华空军特遣队，陈纳德担任准将司令。1958年7月27日，陈纳德逝世，美国国防部以最隆重的军礼将其安葬于华盛顿阿灵顿军人公墓。2015年9月，中国国家主席习近平向陈纳德遗孀颁发了抗战胜利70周年纪念章。

1942年冬，云南省主席龙云发布1140号训令，饬令省烟草改进所在玉溪等地推广种植美烟，美国烟种推广种植工作正式大规模开展。1945年，时任云南烟草改进所副所长的农学家徐天骝向龙云汇报，"金元"烟种已经发生退化，严重影响云南烟草发展。龙云下决心破除外国烟草公司的阻挠和垄断，请"飞虎队"队长陈纳德回国后帮助云南购买真正的弗吉尼亚优质烟种。1946

年，云南烟草改进所收到了陈纳德从美国寄来的弗吉尼亚烟种，有"大金元""特字 400 号""特字 401 号"3 个品种，"大金元"开始在全省广泛种植。陈纳德将军将美种"大金元"引入云南，中式卷烟发展轨迹因此发生了巨大的变革。"大金元"非常适应云南独特的自然环境，其烟叶所含成分与内在质量均达到了当时中国烟叶最高水平。时光荏苒，1956 年云南烤烟种植面积已达 106.4 万亩，其中 80% 是"大金元"，为云南成为全国烟草大省和烟叶原料基地奠定了根基。

## （四）郑一斋

郑一斋（1891—1942），云南玉溪人，祖籍南京。郑一斋先生是位爱国的工商业者，是昆明大商号——景明号的经理。

1913 年，曾以第一名的成绩考进师范学校国文科学习中国文学和历史，毕业后因在校学习成绩优良，曾受聘于昆明劝学所教书数年。他时常给学生们介绍大文豪托尔斯泰等人的著作，对学生有着良好的影响。此间，因为他已有 5 个孩子，仅靠教师微薄的收入生活难以维持，就和老伴开了一家夫妻纸烟店，后经营发达，才辞去教师工作专心经商。由于他注重信誉，经营有方，业务发展蒸蒸日上。他所经营的各种名牌香烟及染料，由零售发展为批发，成了中国南洋兄弟烟草公司和英美烟草公司在昆明的总经销商。后来，"景明号"到上海设立办事处，从而成了昆明的大商号之一。一斋的胞弟郑易里（原名郑雨笙，曾用名郑重良）留学日本毕业后回国定居上海，是公司经营发展得力的助手。

郑易里在上海一面著书，一面代"景明号"在上海代办签订一些业务合同，因而使景明号由经营杂货逐渐发展到专门代理、代销业务，如中国南洋兄弟烟草公司云南总代理，上海永泰和公司（英美烟草公司分支机构）云南总经销等。该公司生产的名牌香烟名目繁多，如驰名全省的"白金龙""黄金龙""高塔""红锡包""白锡包""金片""炮台""仙岛"等为主销商品。

"红锡包"香烟首先是昆明市张宝兴号运来 10 大件试销,因"景明号"上海有人,一个电报拍出去,雨笙签订了代销合同,这 10 大件香烟运抵昆明时仍然交给景明号。

1930 年,郑易里定居上海后,郑一斋将云南土特产运到上海,再由郑易里负责批发给各个商号。经营所得一部分用于采购上海货品发往昆明,一部分则作为出版经费资助由郑易里、黄洛峰筹办的"读书生活出版社"出版革命进步书籍等。同时,郑易里还在上海为"景明号"代办签订一些业务合同,使"景明号"由经营杂货逐渐发展到专门代理、代销业务。到了 1937 年,"景明号"在昆明的声望达到了有口皆碑的地位,郑一斋在同行业中被称为"儒商"。

玉溪现在成了著名的云烟之乡,说起玉溪的种烟史,郑一斋先生应算开山鼻祖之一。景明号是中国南洋兄弟烟草公司在云南的总经销商号。抗日战争前,各种名牌香烟的原料主要来自河南许昌,北方许多地区沦陷之后,烟草来源也就断绝了。在郑一斋先生的协助下,南洋兄弟烟草公司派专员到云南考察,发现云南适宜种植烟草。经商议,决定由南洋兄弟烟草公司提供烟草种子,并派人做技术指导,景明号负责在玉溪(江川)江川(江川)等地试种。试种取得成功后,逐步扩大了种植面积,不仅缓和了当时烟叶原料供应紧张的状况,也为后来我省烟草种植的发展打下了坚实的基础。

郑老先生经营有方,且仗义疏财。他说:"我做生意完全是为了生活,不是为发财和享受。有了钱要会用,要用在社会福利事业上,绝不能做钱的奴隶。钱用的适当,就会发挥有益的作用,用之不当,会造成不良后果,甚至成为罪恶之源。"他不但这样讲,而且一直是这样做的。

得到他经济支援的革命同志有很多。早在 1936 年时,救国会"七君子"(即沈钧儒、邹韬奋、沙千里、李公朴、王造时、章乃器和史良)突然被当局逮捕入狱。李公朴先生被捕后,他主办的"生活书店"陷于困境,在缺乏资金面临停业的旦夕,就是郑易里同志转请郑一斋出资一两千块大洋而改组为"读书生活出版社",使得该社重振旗鼓,由艾思奇同志管编务,黄洛峰同志任经理，郑易里主管财务。后来，"读书生活出版社"在宣传科学文化，宣扬马列主义，在国统区占领文化阵地起了积极作用。

在平、津、沪、宁相继沦陷以后，全国文学、艺术、教育界人士纷纷来滇，在职业无着、国统区物价飞涨的情况下，云集昆明的许多"穷朋友"都得到了郑老先生的资助。关未然同志（黄河大合唱的作者）曾经讲述道："1941年，'皖南事变'发生之后，西南局按照周恩来同志的指示，决定将一部分党员由重庆疏散开去。于是组织上决定派一批党员由重庆去昆明。我就是其中的一个。我们到了昆明以后，组织上又决定派我们到缅甸去，在华侨中开展抗日宣传和组织工作。1942年仰光沦陷前夕，我们才离开仰光，当时公路交通已中断，桥梁被炸毁，我们还带了一批缅甸华侨青年，靠步行回国，当时真是落荒而逃。到了昆明，住没住的，吃没吃的，正在这时，郑一斋先生给了我们大力的援助，让我们就住在他的家中，给我们每人都发了生活费，这样我们才在昆明立下了脚跟。"

1942年7月，郑一斋在昆明被一辆美军吉普撞倒，因伤势严重与世长辞，终年51岁。他逝世的消息传出后，许多爱国人士为之悲痛。据记载，当时李公朴、光未然、赵枫等人还为他合写了一首歌曲，名为《你的光辉永远不灭》。

## （五）褚时健

褚时健（1928—　），云南玉溪红塔集团原董事长，曾经是有名的"中国烟草大王"。

褚时健1928年1月23日出生于一个农民家庭。参加过云南武装边纵游击队，任边纵游击队2支队14团9连指导员；曾任盘西区区长、区委书记，玉溪地区行署人事科长。1958—1978年，被打成右派，下放红光农场改造，后任新平县畜牧场、堵岭农场副场长，曼蚌糖厂、戛洒糖厂厂长。1979年10月，褚时健出任玉溪卷烟厂厂长，开启了中国烟草的"红塔山"时代。1994年，褚时健被评为全国"十大改革风云人物"。他使"红塔山"成为中国名

牌，使玉溪卷烟厂成为亚洲第一、世界前列的现代化大型烟草企业。1999年1月9日，褚时健因经济问题被处无期徒刑、剥夺政治权利终身，后减刑为有期徒刑17年。古稀之年入狱，75岁东山再起。2002年，保外就医后，与妻子在哀牢山承包荒山开始种橙。2012年11月，85岁的褚时健种植的"褚橙"通过电商开始售卖，褚橙品质优良，常被销售一空。褚时健从"烟王"变身成为"中国橙王"。

对于云南烟草工业而言，褚时健具有不可忽视的代表意义。

1979年，刚刚摘掉右派帽子的褚时健被委任到濒临破产的玉溪卷烟厂。在充分的调查研究之后，他认为要想获得好的卷烟品质，一要有先进设备，二要有优质原料，而最重要的是第三条，要有好的管理机制。

说到设备，彼时的玉溪卷烟厂，90%的机器已经运行了几十年，老旧程度不堪入目，改造起来并不容易。经过不懈的努力，褚时健获得了批准，能够去欧洲进口设备。而为了引进先进设备建新厂，褚时健突破各种限制，亲自北上，直接找到了时任国务院副总理同时兼任国家计委主任的邹家华，最终获得投资8亿上新厂——关索坝工程的许可。

设备更新后，随之而来的是原料即烟叶的问题。他研究了"万宝路"等国际香烟品牌，发现它们与国内香烟最大的区别就是烟丝品质。褚时健明白"产品品质三分靠设备，七分靠原料"的道理。烟叶的原料品质是决定烟厂命运的关键所在。而对于有产品品质"洁癖"的褚时健来说，只有先进设备没有优质原料，仍然是一大遗憾。

把烟田作为"第一车间"是他的第二个对策。他在职工大会上讲，要烟厂职工将烟田视作厂里的"第一车间"。"第一车间"的大面积开拓，保证了玉溪卷烟厂90%的原料供应。

烟厂在玉溪地区培养了3000名烤烟技术辅导员，让辅导员们下到每户烟农的地里，手把手地辅导以贯彻执行"十条规范"。一个村子40到50户烟农，烟厂分配两三个辅导员蹲点，烟草生长的每一个环节都把握好，每一个数据都控制好，从根本上解决传统的栽种过密、肥料结构单一、过早收割的问题。

到 1988 年，玉溪卷烟厂从烟叶基地收获的上等烟叶已经占到了全部烟叶的四成，中上等烟叶比例已经达到 85%。

褚时健在烟草原料上的第三个创举是争取到"三合一"，这是褚时健的大胆的想法，他是要把烟草公司和专卖合同并入烟厂体系。受到当时省委领导的支持，玉溪范围内可以推行褚时健的构想。

烟草公司、烟厂、专卖局的合并给了烟厂充分的自主权，褚时健利用烟草公司设置质检岗位的权利，设置了 31 个质检人员，对收购来的烟叶进行全面检验，规定：初检不合格的要进行复检，复检再不合格就要处理。

这三个举措释放出了巨大的能量，因为烟叶有一个 3 年的自然纯化过程，褚时健从 1985 年开始试行的烟叶基地"第一车间"，到 1987 年和 1988 年即释放出了巨大的能量。1987 年，玉溪卷烟厂向国家上缴税利 7.63 亿元，年增长率为 49.7%；1988 年，玉溪卷烟厂上缴税利 11.9 亿元；1989 年更是达到 20.3 亿元。褚时健的改革和他部署的"第一车间"以及烟草"三合一"的管理模式得到了广泛认可，到 1993 年，玉溪卷烟厂发展到了巅峰时期，当年创税利达到 85 亿元，相当于当年 360 个中等农业县一年财政收入的总和。褚时健用 18 年的时间使玉溪卷烟厂效益不断提高，为国家累计创造税利超过千亿，培育出的红塔品牌在世界名列前茅。

褚时健年过半百赶上改革，在困难重重的条件下大干一场，为国企走出了条新的生路，打造了"红塔山"帝国；而在他 71 岁高龄，也就是最辉煌的时候，摊上了个人和家庭的不幸，晚节不保、铓铛入狱；在出狱后又以 75 岁高龄进入哀牢山十几年，开发出了广受欢迎的"褚橙"。

2014 年 12 月 18 日，褚时健荣获由人民网主办的第九届人民企业社会责任奖特别致敬人物奖。获奖词："褚时健，红塔集团原董事长，以 75 岁高龄开始了冰糖橙种植事业，褚橙开创者。十年以来，他已经以个人名义为华宁县捐助总计将近一千万人民币，用于修剪灌溉设施、路桥建设以及村民的住宅建设。褚时健对中华工商传统的传承和创新、对企业家社会责任感方面的示范，注定了他是中华工商史无法绕开的人物。"

# 参考文献

[1] [美] 戴维·考特莱特. 上瘾五百年——烟、酒、咖啡和鸦片的历史 [M]. 薛绚, 译. 北京：中信出版社, 2014.

[2] [美] 阿兰·布兰特. 香烟的世纪——香烟的沉浮史告诉你一个真美国 [M]. 苏琦, 译. 北京：东方出版社, 2011.

[3] [英] 桑德尔·吉尔曼, 周迅, 等. 吸烟史——对吸烟的文化解读 [M]. 汪方挺, 高妙永, 唐红, 张薇, 译. 北京：九州出版社, 2008.

[4] [法] 迪迪埃·努里松. 烟火撩人——香烟的历史 [M]. 陈睿, 李敏, 译, 北京：生活·读书·新知三联书店, 2013.

[5] [美] 理查德·克鲁格. 烟草的命运——美国烟草业百年争斗史 [M]. 徐再荣, 等, 译. 海口：海南出版社中, 2000.

[6] [英] 伊恩·盖特莱：尼古丁女郎——烟草的文化史 [M]. 沙淘金, 李丹, 译. 上海：上海人民世纪出版社, 2004.

[7] [英] 迈克尔·格索普. 毒品离你有多远? [M]. 冯君雪, 译. 天津：天津人民出版社, 2013.

[8] [日] 川床邦夫. 中国烟草的世界 [M]. 张静, 译. 北京：商务印书馆, 2011.

[9] [美] 汤姆·斯坦迪奇. 舌尖上的历史——食物、世界大事件与人类文明的发展 [M]. 杨雅婷, 译. 北京：中信出版社, 2014.

[10] [美] 杰弗里·M. 皮尔彻. 世界历史上的食物 [M]. 张旭鹏, 译. 北京：商务印书馆, 2015.

[11] 郑天一，徐斌，等．烟文化［M］．北京：中国社会科学出版社，1992.

[12] 周克清．烟草行业对国家财政的贡献度研究［M］．//西南财经大学财政税务学院．光华财税年刊（2008—2009）．成都：西南财经大学出版社，2010.

[13] 汪银生．中国烟文化［M］．合肥：安徽人民出版社，1993.

[14] 汪银生．中国烟草的历史现状与未来［M］．合肥：安徽大学出版社，2000.

[15] 杨国安．中国烟业史汇典［M］．北京：光明日报出版社，2002.

[16]《中华闲趣》编委会．中华闲趣之茶·酒·烟文化［M］．北京：中国经济出版社，1999

[17] 胡德伟，毛正中．中国烟草控制的经济研究［M］．北京：经济科学出版社，2008.

[18]（清）陈琮．烟草谱．清嘉庆二十年（1815）刻本．国家图书馆．

[19] 明炉，雪娃．中国烟文化史稿［M］．北京：中国青年出版社，2003.

[20] 邵岩，木霁弘．烟文化说［M］．北京：中国科学技术出版社，2005.

[21] 国家烟草专卖局科技教育司，中国烟草学会．烟云漫话［M］．北京：当代世界出版社，2001.

[22] 国家烟草专卖局科技教育司，中国烟草学会．烟标藏奇［M］．北京：当代世界出版社，2001.

[23] 中共中央党校课题组．烟草控制国际经验与中国战略［M］．北京：中共中央党校出版社，2013.

[24] 肖诗华，童怀章，祁锦章，余彦文．相思草［M］．武汉：湖北科学技术出版社，2004.

[25] 徐传快，王振海，别毅兵．烟草密码［M］．北京：中国发展出版

社，2015.

[26] 周瑞增，武俊瑶．中国烟草文化要览［M］．北京：经济日报出版社，1997.

[27] 周瑞增，程永照．WHO《烟草控制框架公约》对案及对中国烟草影响对策研究［M］．北京：经济科学出版社，2006.

[28] 流苏．烟的故事［M］．长沙：岳麓书社，2004.

[29] 大丰，朝晖．中国烟民与烟文化［M］．长沙：岳麓书社，2007.

[30] 李德生．烟画中国：昔日摩登女郎［M］．南昌：江西教育出版社，2009.

[31] 成高．烟文化［M］．北京：中国经济出版社，1995.

[32] 刘杰．烟草史话［M］．北京：社会科学文献出版社，2014.

[33] 王安珠．中国烟具文化［M］．天津：百花文艺出版社，2004.

[34] 彭巨彦，付胜．青城水烟［M］．兰州：甘肃人民出版社，2012.

[35] 高加龙．中国的大企业——烟草工业中的中外竞争（1890—1930）［M］．北京：商务印书馆，2001.

[36] 冉隆中，段平．重九，重九［M］．昆明：云南人民出版社，2012.

[37] 云南省烟草学会．云南烟俗文化［M］．昆明：云南民族出版社，2005.

[38] 昆明卷烟厂志编纂委员会．昆明卷烟厂志（1922—2005）［M］．昆明：云南人民出版社，2008.

[39] 红云红河集团．红云红河年鉴（2008—2016年）．内部资料．

[40] 黄鹤楼品牌文化研究所．烟草与文化：时空中的激情燃烧（黄鹤楼学院专用教材）．黄鹤楼漫天游文化传播有限公司，2010.

[41] 朱俊峰．中国烟草产业发展研究［D］．长春：吉林农业大学，2008.

[42] 杨国安．云南烤烟发展史述略［J］．中国烟草，1992（4）．

[43] 吴启纲．明清时期的烟文化现象初探［J］．社会科学论坛2011（8）．

[44] 蒋慕东，王思明．烟草在中国的传遍及其影响［J］．中国农史，2006（2）．

[45] 汪从文．《烟草谱》与烟草文学［J］．山西农业大学学报：社会科学版，2013，12（2）．

[46] 李春琳．"十二五"期间云南省烟草产业发展风险研究［J］．中小企业管理与科技旬刊，2012（1）．

[47] 姜琳．中国烟草对外贸易研究［J］．现代商贸工业，2008（8）．

[48] 吴婷婷，方刚．烟草的符号性隐喻及其在烟草广告中的应用［J］．科技和产业，2013（3）．

[49] 戎国荣，王安珠．源自天上的烟雾［J］．生命世界，2006（5）．

[50] 戎国荣．中国老烟标的文化底蕴［J］．收藏界，2002（2）．

[51] 戎国荣．烟标：烟草文化的缩影［J］．生命世界，2006（5）．

[52] 朱德发．梁启超的"中国文艺复兴"观——解读《清代学术概论》［J］．东方论坛，2012（5）．

[53] 冷冰．烟斗：男人的至爱［J］．西部论丛，2008（5）．

[54] 张光茫．嗜好烟斗的大师［J］．上海企业，2012（1）．

[55] 湖南中烟．"芙蓉王"：一支烟 一个群体 一个时代［J］．湖南烟草，2014（4）．

[56] 王红艳．北美印第安文化的缩影——烟斗仪式的历史与现实意义探究［J］．楚雄师范学院学报，2014（10）．

[57] 陪伴一生的烟斗［J］．中华手工，2009（11）．

[58] 冷松筠．它从海上来——鼻烟壶传奇［J］．大美术，2004（1）．

[59] 田宝川，褚艳．内画鼻烟壶艺术的发展及其鉴赏［J］．河北科技大学学报：社会科学版，2006（3）．

[60] 屈雅君．社会性别辨义［J］．南开学报：哲学社会科学版，2006（6）．

[61] 范媛媛．FCTC下方寸之间的智慧——浅析烟标设计现阶段的局限及趋势［J］．艺术与设计：理论版，2011（2）．

[62] 王平. 民国《呼伦贝尔志略》的史料价值 [J]. 中国地方志, 2015 (2).

[63] 达妮莎. 蒙古族习俗禁忌与民间手工艺 [J]. 艺术理论, 2009 (10).

[64] 徐强. 禁烟与烟草产业矛盾如何协调 [J]. 发展, 1997 (7).

[65] 韩彦东. 烟草税利对国家财政贡献的分析 [J]. 中国烟草, 2013 (17).

[66] 王慧英. 专卖制度下我国烟草产业的改革与发展 [J]. 上海经济研究, 2009 (4).

[67] 李春琳. "十二五"期间云南省烟草产业发展风险研究 [J]. 中小企业管理与科技旬刊, 2012 (1).

[68] 张远宾, 熊理然. 烟草产业对地区经济增长贡献的实证分析——以云南省玉溪市为例 [J]. 科技和产业, 2014 (10).

[69] 陈涛. 烟草产业对云南省经济增长的带动效应研究 [J]. 北方经济, 2012 (8).

[70] 窦玉青, 沈轶, 等. 新型烟草制品发展现状及展望 [J]. 中国烟草科学, 2016 (10).

[71] 胡峰, 等. 论全球化中烟草控制的国际政策协调 [J]. 云南民族大学学报, 2008 (6).

[72] 冉井富. 烟草控制的正当性与有效性 [J]. 环球法律评论, 2012 (1).

[73] 王建新. 我国地方性控烟立法研究 [J]. 行政法学研究, 2011 (4).

[74] 杨功焕. 国际烟草控制框架公约与国内政策的差距分析 [J]. 中国卫生政策研究, 2009 (3).

[75] 杨功焕. 我国控烟的现状和未来 [J]. 法治论丛, 2010 (4).

[76] 凌成兴. 深入实施创新驱动发展战略 加快推进创新型行业建设——在全国烟草科技创新大会上的讲话 [J]. 中国烟草, 2016 (24).

[77] 曹务栋, 黄国友, 王唯, 唐新苗. 关于发展现代烟草农业科技创新问题的探讨 [J]. 现代农业科技, 2009 (13).

[78] 杨启兰. 发展主业多种经营——浅谈烟草进出口企业的发展新路 [J]. 中国烟草,1996（7）.

[79] 霍晨,韩彦东,丁冬. 中国烟草对国家财政收入贡献到底有多大? [N]. 中国烟草报,2016-05-11.

[80] 赵晓阳,曲振明,张妍. 烟史屐痕 [N]. 东方烟草报,2004-05-13.

[81] 烟草：爱恨之间的纠结 [N]. 北京日报,2011-03-16.

[82] 让吸烟者有适度羞耻感 [N]. 北京晨报,2014-09-01.

[83] 王吉涛. 云南烟草的崛起之路,云南信息报,2008-10-05.

[84] 郑子宁. 烟与女权——姑娘们是什么时候变成烟民的 [EB/OL]. 百度百家之大象公会,2015-06-05.

[85] 烟斗的由来 [EB/OL]. 华夏收藏网,2012-09-24.

[86] 高莹莹. 始务宽大 浸至盈握 [EB/OL]. 凤凰网,2010-07-23.

[87] 程赤兵. 人类还能战胜烟草吗?——没有胜利过的禁烟之战 [EB/OL]. 腾讯·大家,2014-08-02.

[88] 烟民一点烟,国家就发笑? [EB/OL]. 壹读,2017-04-10.

[89] 王晓磊. 往事：想不如烟都不行 [EB/OL]. 烟草在线,2012-02-15.

[90] 李保江. 烟草行业"万亿税利"从何而来——烟草税利来源及结构简析 [EB/OL]. 烟草在线,2014-11-07.

[91] 朱尊权. 从卷烟发展史看"中式卷烟" [J]. 中国烟草学报,2004,10（2）.

[92] 张建中. 在国际禁烟狂潮中烟草业如何应对 [EB/OL]. 中国烟草市场,2006-05-28.

[93] 烟草控制框架公约履约工作部际协调领导小组. 中国烟草控制规划 (2012—2015年). 2013-01-21.

[94] 中华人民共和国广告法. 2015-04-24.

[95] 世界卫生组织、国际烟草控制政策评估项目（ITC项目）、中国疾病预防控制中心. 中国无烟政策——效果评估及政策建议（2015）.